U0231806

内 容 简 介

　　本书从代数学的发展简史出发,深入浅出地阐述近世代数的基本理论、基本问题和基本方法.全书共分为五章,内容包括:代数学发展简史、同态与同构、群、环和域等.本书每节主题鲜明,内容翔实丰富,既有理论阐述,又有实际应用举例.本书的另一特色在于以读者熟悉的高等代数知识作为背景知识,类比地引入近世代数中相应的概念,使读者能够更好地理解和掌握相关的内容.另外,不惜笔墨介绍代数学的发展简史,说明近世代数的产生、发展过程,这样既能激发学生学习的积极性和主动性,又方便教师根据历史线索,结合教学实际,有侧重地安排教学内容.本书每节配有适量的习题,书末附有习题答案与提示,以便于教师教学和学生自学.

　　本书既可作为高等院校数学与应用数学专业近世代数课程的教材,也可作为非数学专业该课程的教学参考书,还可作为相关科研人员的参考书.

　　为了方便教师多媒体教学,作者提供与教材配套的相关内容的电子资源(包括电子教案、ppt 课件、习题解答、试题库等),需要者请电子邮件联系 chengxiao-liang92@163.com.

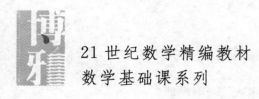

21 世纪数学精编教材
数学基础课系列

近世代数

主　编　杜奕秋　　程晓亮
副主编　王　丽　　张　平
　　　　王　琦　　张安玲

北京大学出版社
PEKING UNIVERSITY PRESS

图书在版编目(CIP)数据

近世代数/杜奕秋,程晓亮主编. —北京：北京大学出版社,2013.8
(21世纪数学精编教材·数学基础课系列)
ISBN 978-7-301-23017-6

Ⅰ. ①近… Ⅱ. ①杜… ②程… Ⅲ. ①抽象代数－高等学校－教材 Ⅳ. ①O153

中国版本图书馆 CIP 数据核字(2013)第 183220 号

书　　　名：近世代数
著作责任者：杜奕秋　程晓亮　主编
责 任 编 辑：曾琬婷
标 准 书 号：ISBN 978-7-301-23017-6/O · 0947
出 版 发 行：北京大学出版社
地　　　址：北京市海淀区成府路 205 号　100871
网　　　址：http://www.pup.cn　新浪官方微博:@北京大学出版社
电 子 信 箱：zyjy@pup.cn
电　　　话：邮购部 62752015　发行部 62750672　编辑部 62767347　出版部 62754962
印 刷 者：北京宏伟双华印刷有限公司
经 销 者：新华书店
　　　　　787mm×980mm　16 开本　10 印张　220 千字
　　　　　2013 年 8 月第 1 版　2022 年 1 月第 3 次印刷
印　　　数：5001—7000 册
定　　　价：25.00 元

前　言

近世代数即抽象代数,近世代数课程是数学与应用数学专业的必修课程.近世代数是现代数学的重要基础,主要研究群、环、域等代数结构.它的概念与思想渗透到所有数学分支,而其理论与方法在统计学、信息论、计算机科学、近代物理、化学以及其他许多科学与工程领域中都有广泛而深入的应用.本书从代数学的发展简史出发,深入浅出地阐述近世代数的基本理论、基本问题和基本方法.

全书共分为五章,内容包括:代数学发展概述、集合与整除、群、环及域等.第一章介绍了初等代数与近世代数的发展简史,让学生从整体把握本门课程的脉络,在学习中能居高临下地审视课程内容,增强其学习的积极性和主动性.第二章介绍了集合与关系、映射、代数运算与运算律、同态、同构与自同构等内容.近世代数的主要内容就是研究所谓的代数系统,即带有运算的集合,因此集合也是近世代数中一个最基本的概念.虽然在高等代数中集合、映射、关系等一些基本概念已经有详细介绍,但是在这里,我们为了内容的完整和学生自学的需要也稍做简要阐述.第三章由群的概念与基本性质出发,从纯粹抽象的角度讨论了两个群没有差别的本质,即群同态或同构,其中具体讨论了子群结构的基本性质以及循环群的存在问题、数量问题和结构问题(在同构的意义下);讨论了比循环群略微复杂一点的有限交换群是循环群的充分必要条件;讨论了子群的陪集和非空有限集合上的变换群;从多角度讨论了原群及其子结构的性质,即商群,再利用商群介绍了群的同态基本定理与同构定理.第四章介绍了一种重要的代数系统——环.环可以看成我们熟悉的整数集和数域上多项式函数集等代数系统的推广.第五章介绍了域理论.域理论是研究特定种类偏序集合(通常叫做域)的数学分支.因此域理论可以看做序理论的分支.域是定义了两个代数运算的代数系统,是可以进行四则运算的数集的抽象.它是同时具有顺序关系和代数运算的集合,在数学上起着非常重要的作用.

在本书的编写过程中,全国十余所兄弟院校的同行提出了许多宝贵的建议,本书的出版也得到了北京大学出版社的大力支持,我们在此表示诚挚的谢意.

本书既可作为高等院校数学与应用数学专业近世代数课程的教材,也可作为非数学专业该课程的教学参考书,还可作为相关科研人员的参考书.

本书内容虽然经过各编者多次讨论、审阅、修改,但限于编者的水平,不妥之处仍然会存在,诚恳希望广大同行和读者给予批评指正.

编　者

2013 年 3 月

目　　录

目录

第一章

代数学发展简史

正如德国数学家希尔伯特(D. Hilbert)所言:"数学科学是一个不可分割的整体,它的生命正是在于各个部分之间的联系."数学根据自身发展过程中不同时期表现出的不同特点,分为初等数学和高等数学;根据数学问题研究的内容特点分为代数学、几何学、概率与统计学等;作为教育任务的数学内容,则从知识结构和逻辑关系进行编排整理,分为不同门类,以便于让学生理解和掌握具体的数学概念与数学问题.从数学史发展的角度重新认识所教授的数学内容,从数学文化新视角开展教学活动,用崭新的数学发展历史来解释数学形成过程,以达到数学教学与数学真实的和谐统一,这对学生未来的发展是大有益处的.本章主要介绍代数学发展史.

§1.1 代数学概述

公元 8 世纪,阿拉伯第一位伟大的数学家阿尔·花拉子米(al-Khowārizmī)的著名数学著作《还原和对消计算》(或翻译成《论复位及调整》),是代数学成为数学独立分支的重要标志.此书名由阿拉伯文译为拉丁文"*Ludus algebrae et almucgrabalaeque*",简称为"algebra".1859 年,我国清代数学家李善兰首次把"algebra"译成"代数学".

代数学从广义而言,是研究符号形式的运算的科学.其发展经历了三个阶段:文辞阶段、缩写阶段、符号阶段.文辞阶段的代数的特点就是完全不用符号.缩写阶段的代数,首先是在埃及发展起来的,其特点是用某些常用的字逐渐缩写来表示运算,缩写已经成为一种符号.公元 3 世纪,希腊数学家丢番图(Diophantus)在著作《算术》中用的全部符号都是缩写.丢番图将符号引入到数学中,研究的对象就变为一个完全抽象物,成为某一指定运算的运算符号.公元 7 世纪,印度数学家和天文学家婆罗摩笈多(Brahmagupta)创造了一套用颜色表示未知数的符号,即用相应颜色名称的字头作为未知数的符号.我国古代也曾用不同字表示常数(已知数)或未知数,在南宋数学家李冶的著作中,用"元"表示未知数,"太"表示已知数.代数学史的转折点是 16 世纪法国人弗朗西斯科·韦达(Franciscus Vieta)用 A 和其他大写字母表示未知量,使代数学进入了符号化时代.韦达在前人经验的基础上,有意识、系统地用字母表示数.在他的作品《分析入门》中,把代数学看做一门完全符号化的科学,引入了抽象的符号,用元音字母表示未知数,用辅音字母表示已知数.他被西方人称为"代数之父".1637 年,法国数学家笛卡儿(Descartes)用小写字母 $a,b,c,\cdots$ 表示已知数,用 $x,y,z,\cdots$ 表示未知数,初步建立了代数学符号系统,发展成为今天的习惯用法.初等代数是算术的推广,即用字母表示数,进行数、字母与表达式之间的运算.字母将代数学从字句的制约下解放出来,使得方程的研究获得了新的生命.方程的解法使人们获得了打开未知世界的金钥匙.由此,方程的研究成为代数学研究的中心问题之一.

在方程发展与完善的历史长河中,随着字母表示数参与的运算体系的形成,直到十六七世纪,代数方程体系在韦达奠定的基础上,由笛卡儿基本完成.伴随数域的扩张,方程理论跨入了现代化.代数的发展由古代的算术、代数、几何的相互交融的初等代数时期,逐渐发展到了高等代数和抽象代数的广阔领域.

§1.2 代数学的发展

一、代数学的发展基础——算术

算术是数学中最古老的一个分支,它的一些结论是在长达数千年的时间里,缓慢而逐渐地建立起来的.算术有两种含义:一种是从中国传下来的,相当于一般所说的"数学",如《九章算术》中的"算术";另一种是从欧洲数学翻译过来的,源自希腊语,有"计算技术"之意.现在一般所说的"算术",往往指自然数的四则运算.如果是在高等数学中,则有"数论"的含义.作为现代小学课程内容的算术,主要讲的是自然数、正分数以及它们的四则运算,并通过由计数和度量而引出的一些最简单的应用题加以巩固.

《九章算术》是世界上最早系统叙述了分数运算的著作,其中"盈不足"的算法更是一项令人惊奇的创造;"方程"章还在世界数学史上首次阐述了负数及其加减运算法则.在代数方面,《九章算术》在世界数学史上最早提出负数概念及正、负数加减运算法则.现在中学讲授的线性方程组的解法和《九章算术》介绍的方法大体相同.《九章算术》是我国几代人共同劳动的结晶,它的出现标志着我国古代数学体系的形成.唐、宋两代都由国家明令规定它为教科书.1084 年,由当时的北宋朝廷对《九章算术》进行刊刻,这是世界上最早的印刷本数学书.后世的数学家,大多数都是从《九章算术》开始学习和研究数学知识的.所以,《九章算术》是我国为世界数学发展做出的杰出贡献.

19 世纪中叶,德国数学家格拉斯曼(Grassmann)第一次成功地挑选出一个基本公理体系,来定义加法与乘法运算,而算术的其他命题,可以作为逻辑的结果从这一体系中被推导出来.后来,意大利数学家皮亚诺(G. Peano)进一步完善了格拉斯曼的体系,形成了皮亚诺公理.

算术的基本概念和逻辑推论法则,以人类的实践活动为基础,深刻地反映了世界的客观规律性.尽管它是高度抽象的,但由于它概括的原始材料是如此广泛,因此我们几乎离不开它.同时,它又构成了数学其他分支的最坚实的基础.

二、代数学成为独立分支——初等代数

作为中学数学课程主要内容的初等代数,其中心内容是方程理论.代数方程理论在初等代数中是由一元一次方程向两个方面扩展的:其一是增加未知数的个数,考查由几个未知数的若干个方程所构成的二元或三元方程组(主要是一次方程组);其二是增高未知数的次数,考查一元二次方程或准二次方程(即双二次方程,其一般形式为 $ax^4+bx^2+c=0(a,b\neq 0)$).初等代数的主要内容在 16 世纪便已基本上发展完备.

公元前 19 世纪至前 17 世纪,古巴比伦人解决了一次和二次方程问题.欧几里得(Euclid)的《几何原本》(公元前 4 世纪)中有用几何形式解二次方程的方法.我国的《九章算术》(公元 1 世纪)中有三次方程和一次联立方程组的解法,并运用了负数.3 世纪,丢番图用有理数求一次、二次不定方程的解.13 世纪,我国出现的天元术(见李冶的《测圆海镜》)是有关一元高次方程的数值解法.16 世纪,意大利数学家塔尔塔利亚(N. Tartaglia)、费拉里(L. Ferrari)先后成功地得到了三次和四次方程的求根公式.16 世纪,法国数学家韦达开始有意识地系统使用数学符号,他不仅用字母表示未知数及其方幂,而且还用字母表示方程的系数和常数项.韦达认为,代数与算术是不同的,算术仅研究关于具体数的计算方法,而代数则研究关于事物的类或形式的运算方法.字母表示数的思想方法是代数学发展史上的一个重大转折,从此,代数从算术中很快分离出来,成为一门独立的学科.

三、代数学的深化阶段——高等代数

随着生产力的进一步发展,许多数量关系问题,都被归结为代数方程的求解问题.人们开始把注意力集中到关于方程和方程组求解的一般理论研究上.对二次以上方程求解问题的研究发展成为多项式理论;对一次方程组(即线性方程组)求解问题的研究发展成为线性代数理论.

16 世纪初,人们开始研究 5 次以至更高次代数方程的根式解法.在随后的三个世纪中,许多数学家为此付出了大量的精力,最后由挪威数学家阿贝尔(Abel)完成了定理"次数大于 4 的一般代数方程不可能有根式解"的证明.1830 年,法国数学家伽罗瓦(E. Galois)解决了

方程有根式解的充分必要条件这个意义更为广泛的问题,创立了伽罗瓦理论.代数方程的另一个极其重要的成果是代数学基本定理,即:一元 n 次复系数多项式方程在复数域内有且只有 n 个根(重根按重数计算).在瑞士数学家欧拉(Euler)、法国数学家达朗贝尔(d'Alembert)研究的基础上,由德国数学家高斯(Gauss)于1799年圆满地完成了它的证明.

17世纪,日本数学家关孝和(Seki Kowa)提出了行列式的概念,他在1683年写了一部叫做《解伏题之法》的著作,意思是"解行列式问题的方法",书里对行列式的概念和它的展开已经有了清楚的叙述.而在欧洲,第一个提出行列式概念的是德国的数学家、微积分学奠基人之一——莱布尼茨(Leibnitz).17世纪下半叶,从研究线性方程组的解法出发,在莱布尼茨、英国数学家凯莱(Cayley)等人的努力下,建立了以行列式、矩阵、线性变换等为主要内容的线性代数.这标志着高等代数理论体系的建立.

1750年,瑞士数学家克莱姆(Cramer)在他的《线性代数分析导言》中发表了求解线性系统方程的重要基本公式(即人们熟悉的克莱姆法则).

1764年,法国数学家贝祖(Bezout)把确定行列式每一项的符号的方法系统化.对给定含 n 个未知量的 n 个齐次线性方程,贝祖证明了系数行列式等于零是这方程组有非零解的条件.法国数学家范德蒙(Vandermonde)是第一个对行列式理论进行系统阐述(即把行列式理论与线性方程组的求解相分离)的人,并且给出了一条法则,用二阶子式和它们的余子式来展开行列式.针对行列式本身进行研究这一点而言,他是这门理论的奠基人.1772年,法国数学家拉普拉斯(Laplace)在《对积分和世界体系的探讨》中证明了范德蒙的一些规则,并推广了行列式展开的方法:在 n 阶行列式中,任意取定 r 行(列)$(1 \leqslant r \leqslant n)$,由这 r 行(列)组成的所有 r 阶子式与它们的代数余子式的乘积之和等于其行列式.这个方法现在仍然以他的名字命名,称为拉普拉斯定理.1841年,德国数学家雅可比(Jacobi)总结并提出了行列式的最系统的理论.另一个研究行列式的是法国最伟大的数学家柯西(Cauchy),他大大发展了行列式的理论.在行列式的记号方面,他把元素排成方阵并首次采用了双重足标的新记法;与此同时,他发现两行列式相乘的公式,还改进并证明了拉普拉斯的展开定理.

1848年,英格兰的西尔维斯特(J.J.Sylvester)首先提出了"矩阵"这个词,它来源于拉丁语,代表一排数.矩阵代数在1855年得到了凯莱的进一步发展.凯莱研究了线性变换的组成并提出了矩阵乘法的定义,使得复合变换 ST 的系数矩阵变为矩阵 S 和矩阵 T 的乘积.他还进一步研究了那些包括矩阵的逆在内的代数问题.1858年,凯莱在他的矩阵理论文集中提出著名的 Cayley-Hamilton 理论:在矩阵 A 的特征方程中,以 A 代替变量,则得到一个零矩阵.利用单一的字母 A,B 等来表示矩阵对矩阵代数发展是至关重要的.在发展的早期,公式 $\det(AB)=\det(A)\det(B)$ 为矩阵代数和行列式之间提供了一种联系.柯西首先给出了特征方程的术语,并证明了阶数超过3的矩阵有特征值及任意阶实对称矩阵都有实特征值;给出了相似矩阵的概念,并证明了相似矩阵有相同的特征值;研究了代换理论.

数学家试图研究向量代数,但在任意维数中并没有两个向量乘积的自然定义.第一个涉及不可交换向量积(即 $V \times W$ 不等于 $W \times V$)的向量代数是德国数学家格拉斯曼(Grassmann)在他的《线性扩张论》(1844 年)一书中提出的.他的观点还被引入一个列矩阵和一个行矩阵的乘积中,结果就是现在称之为秩为 1 的矩阵,或简单矩阵.19 世纪末,美国数学物理学家吉布斯(Willard Gibbs)发表了关于《向量分析基础》的著名论述,其后物理学家 P. A. M. Dirac 提出了行向量和列向量的乘积为标量.我们习惯的列矩阵和向量都是由物理学家在 20 世纪给出的.

矩阵的发展是与线性变换密切相连的,到 19 世纪它还仅占线性变换理论形成中有限的空间.第二次世界大战后,随着现代数字计算机的发展,矩阵又有了新的含义,特别是在矩阵的数值分析等方面.由于计算机的飞速发展和广泛应用,许多实际问题可以通过离散化的数值计算得到定量的解决.于是作为处理离散问题的线性代数,成为从事科学研究和工程设计的科技人员必备的数学基础.

四、代数学的抽象化阶段——近世代数

近世代数又称抽象代数,它产生于 19 世纪.近世代数是研究各种抽象的公理化代数系统的数学学科.由于代数可处理实数与复数以外的物集,例如向量、矩阵、变换等的集合,这些物集分别是依它们各有的演算定律而定的,而数学家将每个物集中的个别演算经由抽象手法把共有的内容升华出来,并因此而达到更高层次,这就诞生了近世代数.近世代数包含群论、环论、伽罗瓦理论、格论、线性代数等许多分支,并与数学其他分支相结合产生了代数几何、代数数论、代数拓扑、拓扑群等新的数学学科.近世代数已经成了当代大部分数学的通用语言.

被誉为天才数学家的伽罗瓦是近世代数的创始人之一.他深入研究了一个方程能用根式求解所必须满足的本质条件,他提出的"伽罗瓦域"、"伽罗瓦群"和"伽罗瓦理论"都是近世代数所研究的最重要的课题.伽罗瓦群理论被公认为 19 世纪最杰出的数学成就之一,它给方程可解性问题提供了全面而透彻的解答,解决了困扰数学家们长达数百年之久的问题.伽罗瓦群论还给出了判断几何图形能否用直尺和圆规作图的一般方法,圆满解决了三等分任意角和倍立方体的问题都是不可解的.最重要的是,群论开辟了全新的研究领域,以结构研究代替计算,把从偏重计算研究的思维方式转变为用结构观念研究的思维方式,并把数学运算归类,使群论迅速发展成为一门崭新的数学分支,对近世代数的形成和发展产生了巨大影响.同时这种理论对于物理学、化学的发展,甚至对于 20 世纪结构主义哲学的产生和发展都产生了巨大的影响.

1843 年,爱尔兰数学家哈密顿(W. R. Hamilton)发明了一种乘法交换律不成立的代数——四元数代数.第二年,格拉斯曼推演出更具有一般性的几类代数.他们的研究打开了

近世代数的大门. 实际上,减弱或删去普通代数的某些假定,或将某些假定代之以别的假定(与其余假定是兼容的),就能研究出许多种代数体系.

1870 年,德国数家克罗内克(Kronecker)给出了有限阿贝尔群的抽象定义;德国数学家戴德金(R. Dedekind)开始使用"体"的说法,并研究了代数体;1893 年,德国数学家韦伯(Weber)定义了抽象的体;1910 年,德国数学家施坦尼茨(Steinitz)展开了体的一般抽象理论;戴德金和克罗内克创立了环论;1910 年,施坦尼茨总结了包括群、代数、域等在内的代数体系的研究,开创了近世代数学.

有一位杰出女数学家被公认为近世代数奠基人之一,被誉为"代数女皇",她就是德国数学家诺特(E. Noether). 诺特的工作在代数拓扑学、代数数论、代数几何的发展中有重要影响. 1907—1919 年,她主要研究代数不变式及微分不变式. 她给出了三元四次型不变式的完全组,还解决了有理函数域的有限有理基的存在问题,对有限群的不变式具有有限基给出了一个构造性证明. 她不用消去法而用直接微分法生成微分不变式,讨论连续群(李群)下不变式问题,给出了诺特定理,把对称性、不变性和物理的守恒律联系在一起. 1916 年后,她开始由古典代数学向近世代数学过渡. 1920 年,她已引入"左模"、"右模"的概念. 1921 年,她完成的《整环的理想理论》是交换代数发展的里程碑,其中建立了交换诺特环理论,证明了准素分解定理. 1926 年,她发表了《代数数域及代数函数域的理想理论的抽象构造》,给戴德金环一个公理刻画,指出素理想因子唯一分解定理的充分必要条件. 诺特的这套理论也就是现代数学中的"环"和"理想"的系统理论. 一般认为近世代数形成的时间就是 1926 年,从此代数学研究对象由研究代数方程根的计算与分布,进入到研究数字、文字和更一般元素的代数运算规律和各种代数结构,完成了古典代数到近世代数的本质的转变. 诺特的思想通过她的学生、荷兰数学家范·德·瓦尔登(Van der Waerden)的名著《近世代数学》得到广泛的传播,她的主要论文收在《诺特全集》(1982)中.

1930 年,美国数学家伯克霍夫(G. Birkhoff)建立格论,它源于 1847 年的布尔代数. 第二次世界大战后,出现了各种代数系统的理论和布尔巴基学派. 1955 年,法国数学家亨利·嘉当(Henri Cartan)、法国数学家格洛辛狄克(A. Grothendieck)和美国数学家艾伦伯格(S. Eilenberg)建立了同调代数理论.

到现在为止,数学家们已经研究过二百多种代数结构,其中最主要的若当代数和李代数是不服从结合律的例子. 这些工作的绝大部分属于 20 世纪,它们使一般化和抽象化的思想在现代数学中得到了充分的反映.

第二章

同态与同构

> 本章所要介绍的内容是在以后各章中都要用到的基本概念，是学习本书后面各个代数系统的必备知识. 它们分别是：集合与关系、映射、代数运算与运算律、同态、同构与自同构、可除性、欧几里得算法、算术基本定理及同余式.

§2.1　集合与关系

近世代数的主要内容就是研究所谓的代数系统，即带有运算的集合. 因此，集合是近世代数中一个最基本的概念. 关于集合的一些基本运算和性质，也是我们研究代数系统必不可少的理论工具.

定义 1　若干个（有限个或无限个）固定事物的全体，叫做一个**集合**（简称**集**）.

通常用大写英文字母 $A, B, C, \cdots$ 来表示集合. 特别地，$\mathbf{C}$ 表示复数集，$\mathbf{R}$ 表示实数集，$\mathbf{Q}$ 表示有理数集，$\mathbf{Z}$ 表示整数集，$\mathbf{N}$ 表示自然数集；$\mathbf{C}^*$ 表示非零复数集，$\mathbf{R}^+$ 表示正实数集，$\mathbf{R}^-$ 表示负实数集.

定义 2　组成一个集合的各个事物称为这个集合的**元素**（简称**元**）.

通常用小写英文字母 $a, b, c, \cdots$ 来表示元素. 当 a 是集合 A 的元素时，称 a **属于** A，记做 $a \in A$；当 a 不是集合 A 的元素时，称 a **不属于** A，记做 $a \notin A$ 或 $a \bar{\in} A$.

定义 3　由所讨论的全部元素组成的集合称为**全集**，记为 U.

定义 4　不含任何元素的集合称为**空集**，记为 $\varnothing$.

定义 5　包含有限个元素的集合称为**有限集**；否则，称为**无限集**. 有限集 A 所包含的元素个数是一个非负整数，记为 $|A|$.

特别地，有 $|\varnothing| = 0$.

表示一个集合的方法通常有两种：

（1）列举法，即列出它的所有的元素，并且用一对花括号括起来.

例如，$A = \{1, 2, 3\}$，$B = \left\{ 1, \dfrac{1}{2}, \dfrac{1}{3}, \dfrac{1}{4}, \cdots \right\}$.

（2）描述法，即用它的元素所具有的特性来刻画．

例如，$A=\{x\,|\,x^2-2x-3=0\}$．

定义 6　如果集合 A 的每个元素都属于集合 B，则称 A 是 B 的一个**子集**，记做

$$A\subseteq B \quad 或 \quad B\supseteq A.$$

定义 7　如果 A 是 B 的一个子集，而且 B 中至少有一个元素不属于 A，则称 A 是 B 的一个**真子集**，记做 $A\subset B$ 或 $B\supset A$．

例如，对于任何集合 A，都有 $A\subseteq A$；又如，$\{1,2\}\subset\{1,2,3\}$．

空集被认为是任意集合的一个子集．

集合的包含关系（子集）具有下列性质：

（1）**自反性**：对于任意的集合 A，有 $A\subseteq A$；

（2）**传递性**：若 $A\subseteq B$，$B\subseteq C$，则 $A\subseteq C$．

定义 8　设 A，B 是两个集合．若 $A\subseteq B$，且 $B\subseteq A$，则称 A 与 B **相等**，记做 $A=B$．

两个相等的集合包含相同的元素．

定义 9　设 A 是一个给定的集合，由 A 的全体子集所组成的集合称为 A 的**幂集**，记做 2^A．

例如，设 $A=\{1,2,3\}$，则 $2^A=\{\varnothing,\{1\},\{2\},\{3\},\{1,2\},\{1,3\},\{2,3\},\{1,2,3\}\}$．

下面再讨论一下集合的相关运算．

定义 10　由集合 A 和集合 B 的所有共同元素组成的集合叫做 A 与 B 的**交集**（简称**交**），用符号 $A\bigcap B$ 来表示，即 $A\bigcap B=\{x\,|\,x\in A \text{ 且 } x\in B\}$．

定义 11　由属于集合 A 或集合 B 的所有元素组成的集合叫做 A 与 B 的**并集**（简称**并**），用符号 $A\bigcup B$ 来表示，即 $A\bigcup B=\{x\,|\,x\in A \text{ 或 } x\in B\}$．

定义 12　在全集 U 中取出集合 A 的全部元素，余下的所有元素组成的集合称为 A 的**余集**，记做 A'，即

$$A'=\{x\,|\,x\in U,x\notin A\}.$$

特别地，有 $U'=\varnothing$，$\varnothing'=U$．

定义 13　设 A，B 是全集 U 的两个子集，由属于 A 而不属于 B 的所有元素组成的集合称为 B 在 A 中的**差集**，记做 $A\backslash B$，即

$$A\backslash B=\{x\,|\,x\in A \text{ 且 } x\notin B\}=\{x\,|\,x\in A \text{ 且 } x\in B'\}=A\bigcap B'.$$

例如，设 $U=\{x\,|\,2\leqslant x\leqslant 10,x\in\mathbf{Z}\}$，$A=\{2,4,6,8\}$，$B=\{2,3,5,7\}$，则

$A\bigcup B=\{2,3,4,5,6,7,8\}$，　$A\bigcap B=\{2\}$，　$A'=\{3,5,7,9,10\}$，　$B'=\{4,6,8,9,10\}$．

集合的上述三种运算具有下列性质：

定理 1　设 A，B，C 是集合 U 的三个子集，则有

（1）**交换律**：$A\bigcup B=B\bigcup A$，$A\bigcap B=B\bigcap A$；

(2) 结合律：$(A\cup B)\cup C=A\cup(B\cup C)$，$(A\cap B)\cap C=A\cap(B\cap C)$；

(3) 分配律：$A\cup(B\cap C)=(A\cup B)\cap(A\cup C)$，$A\cap(B\cup C)=(A\cap B)\cup(A\cap C)$；

(4) 模律：如果 $A\subseteq C$，那么 $A\cup(B\cap C)=(A\cup B)\cap C$；

(5) 幂等律：$A\cup A=A$，$A\cap A=A$；

(6) 吸收律：$A\cup(A\cap B)=A\cap(A\cup B)=A$；

(7) 两极律：$A\cup U=U$，$A\cap U=A$，$A\cup\varnothing=A$，$A\cap\varnothing=\varnothing$；

(8) 补余律：$A\cup A'=U$，$A\cap A'=\varnothing$；

(9) 对合律：$(A')'=A$；

(10) 对偶律：$(A\cup B)'=A'\cap B'$，$(A\cap B)'=A'\cup B'$.

定义 14 设 A,B 是两个集合，作一个新的集合：$\{(a,b)\,|\,a\in A,b\in B\}$，称这个集合是 A 与 B 的**笛卡儿积**（简称**卡氏积**），记做 $A\times B$.

注意：(a,b) 是一个有序元素对，从而

$$B\times A=\{(b,a)\,|\,b\in B,a\in A\}.$$

一般来说，$A\times B$ 并不等于 $B\times A$. 例如，设 $A=\{1,2,3\}$，$B=\{4,5\}$，则

$$A\times B=\{(1,4),(1,5),(2,4),(2,5),(3,4),(3,5)\},$$
$$B\times A=\{(4,1),(4,2),(4,3),(5,1),(5,2),(5,3)\}.$$

然而，当 A,B 都是有限集时，$A\times B$ 与 $B\times A$ 包含元素的个数是相同的，都等于 $|A|\cdot|B|$.

卡氏积的概念可以推广，n 个集合 $A_1,A_2,\cdots,A_n$ 的卡氏积定义为

$$A_1\times A_2\times\cdots\times A_n=\{(a_1,a_2,\cdots,a_n)\,|\,a_i\in A_i,i=1,2,\cdots,n\}.$$

通常将 $A_1\times A_2\times\cdots\times A_n$ 简记为 $\prod\limits_{i=1}^{n}A_i$.

定义 15 设 A,B 是两个集合，则 $A\times B$ 的子集 R 称为 A,B 间的一个**二元关系**. 对 $\forall a\in A,b\in B$，当 $(a,b)\in R$ 时，称 a 与 b 具有关系 R，记做 aRb；当 $(a,b)\notin R$ 时，称 a 与 b 不具有关系 R，记做 $aR'b$.

定义 16 设 R 是 $A\times B$ 的子集，则 R 在 $A\times B$ 中的余集 $R'=(A\times B)\backslash R$ 也是 $A\times B$ 的子集，所以 R' 也是 A,B 间的一个二元关系，称为 R 的**余关系**.

定义 17 设 R 是 $A\times B$ 的子集，则 $\{(b,a)\,|\,(a,b)\in R\}$ 是 $B\times A$ 的子集，从而是 B,A 间的一个二元关系，称为 R 的**逆关系**，记做 R^{-1}.

例如，设 $A=B=\mathbf{R}$，则

$$R_1=\{(a,b)\,|\,(a,b)\in\mathbf{R}\times\mathbf{R},a=b\},\qquad R_2=\{(a,b)\,|\,(a,b)\in\mathbf{R}\times\mathbf{R},a\leqslant b\},$$
$$R_3=\{(a,b)\,|\,(a,b)\in\mathbf{R}\times\mathbf{R},a=2b\},\qquad R_4=\{(a,b)\,|\,(a,b)\in\mathbf{R}\times\mathbf{R},a^2+b^2=1\}$$

都是实数集 $\mathbf{R}$ 间的二元关系，而且 $aR_1b\Longleftrightarrow a=b$，所以 R_1 就是实数间的"相等"关系；$aR_2b\Longleftrightarrow a\leqslant b$，所以 R_2 就是实数间的"小于或等于"关系. 另外，R_1 的逆关系 R_1^{-1} 就是 R_1；R_1 的余关

第二章 同态与同构

系 R'_1 就是实数间的"不等"关系；R_2 的逆关系 R_2^{-1} 就是实数间的"大于或等于"关系；R_2 的余关系 R'_2 就是实数间的"大于"关系.

定义 18 $A \times A$ 的子集 R 称为集合 A 上的一个二元关系.

有一种常见的特殊的二元关系，叫做等价关系.

定义 19 设 $\sim$ 是集合 A 上的一个二元关系. 若 $\sim$ 满足以下条件：

(1) 自反性：对 $\forall a \in A$，有 $a \sim a$；

(2) 对称性：对 $\forall a,b \in A$，有 $a \sim b \Longrightarrow b \sim a$；

(3) 传递性：对 $\forall a,b,c \in A$，有 $a \sim b, b \sim c \Longrightarrow a \sim c$，

则称 $\sim$ 是 A 上的一个**等价关系**. 这时，若 $a \sim b$，则称 a 与 b **等价**.

定义 20 若把集合 A 的全体元素分成若干互不相交的子集，即任意两互异子集都无公共元素，则每个这样的子集叫做 A 的一个**类**，类的全体叫做 A 的一个**分类**.

集合的分类与集合的等价关系之间有密切的联系. 集合 A 的一个分类可以决定 A 上的一个等价关系；反之，集合 A 上的一个等价关系也可以决定 A 的一个分类. 下面的两个定理刻画了这种关系.

定理 2 集合 A 的一个分类决定 A 的一个等价关系.

证明 利用给的分类来作一个二元关系，即规定

$$a \sim b \Longleftrightarrow a \text{ 与 } b \text{ 在同一类.}$$

这样规定的 $\sim$ 显然是 A 上的一个二元关系. 下面证明它是一个等价关系：

(1) a 与 a 在同一类，所以 $a \sim a$.

(2) 若 a 与 b 在同一类，那么 b 与 a 也在同一类. 所以 $a \sim b \Longrightarrow b \sim a$.

(3) 若 a,b 在同一类，b,c 在同一类，那么 a,c 也在同一类. 所以

$$a \sim b, b \sim c \Longrightarrow a \sim c.$$

定理 3 集合 A 的一个等价关系决定 A 的一个分类.

证明 利用给定的等价关系来作 A 的一些子集：把所有同 A 的一个固定的元素 a 等价的元素都放在一起，作成一个子集，这个子集用符号 $[a]$ 来表示. 所有这样得到的子集就组成 A 的一个分类. 下面我们分三步来证明这一点：

(1) 证明 $a \sim b \Longrightarrow [a] = [b]$.

假定 $a \sim b$，那么由等价关系的条件(3)及 $[a],[b]$ 的定义有

$$c \in [a] \Longrightarrow c \sim a \Longrightarrow c \sim b \Longrightarrow c \in [b], \quad \text{即} \quad [a] \subseteq [b].$$

但由等价关系的条件(2)，$b \sim a$，因此同样可推得 $[a] \supseteq [b]$. 故 $[a] = [b]$.

(2) 证明 A 的每一个元素 a 只能属于一个类.

假定 $a \in [b], a \in [c]$，那么由 $[b],[c]$ 的定义有 $a \sim b, a \sim c$. 这样，由等价关系的条件(2),(3)有 $b \sim c$. 由前面的(1)可得 $[b] = [c]$.

（3）证明 A 的每一个元素 a 的确属于某一类.

由等价关系的条件（1）及上述类的定义有 $a\in[a]$.

定义 21　设 $\sim$ 是集合 A 上的一个等价关系，由 A 在这一等价关系下的全体不同等价类所组成的集合称为 A 关于 $\sim$ 的**商集**，记做 $A/\sim$.

习　题　2.1

1. 设集合 $M=\{a,c,e,h\}$，$N=\{a,d,e,f,g\}$，全集 $U=\{a,b,c,d,e,f,g,h\}$，求 $M\cup N$，$M\cap N$，$M\backslash N$，$N\backslash M$，M'，N'，$M'\cup N'$，$M'\cap N'$.

2. 设 A，B 是两个集合. 若 $A\cap B=A\cup B$，证明：$A=B$.

3. 设集合 $A=\{x\,|\,x^2-2x-3=0\}$，写出 A 的幂集 2^A.

4. 设 A 为整数集，对 $\forall a,b\in A$，规定

$$aRb\Longleftrightarrow 4\,|\,(a+b),$$

问：R 是否为 A 上的一个二元关系？是否满足自反性、对称性和传递性？

5. 设 A 是实数集，问以下各关系是否为 A 上的等价关系：

（1）对 $\forall a,b\in A$，$aRb\Longleftrightarrow a\leqslant b$；　　（2）对 $\forall a,b\in A$，$aRb\Longleftrightarrow a=b$；

（3）对 $\forall a,b\in A$，$aRb\Longleftrightarrow ab\geqslant 0$；　　（4）对 $\forall a,b\in A$，$aRb\Longleftrightarrow a^2+b^2\geqslant 0$.

6. 指出上题中等价关系所决定的分类.

7. 下列集合 A 上的二元关系是不是等价关系？为什么？

（1）设 $S=\{1,2,3\}$，$A=2^S$，规定二元关系 R：$xRy\Longleftrightarrow x\subseteq y$ $(x,y\in A)$；

（2）设 $A=\{$平面上所有直线$\}$，规定二元关系 R_1，R_2：

$$l_1R_1l_2\Longleftrightarrow l_1/\!/l_2 \text{ 或 } l_1=l_2\,(l_1,l_2\in A);\quad l_1R_2l_2\Longleftrightarrow l_1\perp l_2\,(l_1,l_2\in A);$$

（3）设 $A=\mathbf{C}$，规定二元关系 R：$aRb\Longleftrightarrow \arg a=\arg b$ $(a,b\in A)$.

8. 设集合 $M_n(F)=\{$数域 F 上所有 n 阶矩阵$\}$，规定二元关系 $\sim$ 如下：

$$\boldsymbol{A}\sim\boldsymbol{B}\Longleftrightarrow\text{存在可逆阵 }\boldsymbol{P},\boldsymbol{Q}\text{，使得 }\boldsymbol{A}=\boldsymbol{PBQ}.$$

证明：$\sim$ 是 $M_n(F)$ 上的一个等价关系.

§2.2　映　射

映射是在两个集合之间建立的一种联系，它也是近世代数中最基本的概念之一. 通过映射来研究代数系统，这是近世代数中最重要的方法之一.

定义 1　设 A 和 B 是两个非空集合. 如果有一个法则 f，它对于 A 中的每个元素 a，在 B 中都有唯一确定的一个元素 b 与之对应，则称 f 为 A 到 B 的一个**映射**，记做

$$f:A\rightarrow B \quad \text{或} \quad A\xrightarrow{\ f\ }B,$$

其中 b 称为 a 在映射 f 下的**像**，a 称为 b 在映射 f 下的**原像**，记做 $b=f(a)$ 或 $f:a\mapsto b$.

集合 A 到集合 B 的一个法则 f，在满足以下三个条件时才是一个映射：

(1) f 对于 A 中的每个元素都必须有确定的像；

(2) A 中相等元素的像也必须相等，亦即 A 中每个元素的像是唯一的；

(3) A 中每个元素的像都必须属于 B.

映射是通常函数概念的一种推广，集合 A 相当于定义域. 不过应注意，集合 B 包含值域，但不一定是值域. 也就是说，在映射 f 之下，B 中的每个元素不一定都有原像.

定义 2　设 f 是集合 A 到集合 B 的一个映射.

(1) 若 $S\subseteq A$，则称 B 的子集 $\{f(x)\,|\,x\in S\}$ 为 S 在 f 下的像，记做 $f(S)$. 特别地，当 $S=A$ 时，称 $f(A)$ 为**映射 f 的像**，记做 $\mathrm{Im}f$.

(2) 若 $T\subseteq B$，则称 A 的子集 $\{x\in A\,|\,f(x)\in T\}$ 为 T 在 f 下的**完全原像**，记做 $f^{-1}(T)$. 特别地，当 T 是单元素集 $\{b\}$ 时，$f^{-1}(\{b\})$ 也可记做 $f^{-1}(b)$.

例如，设集合 $A=\{a,b,c\}$，$B=\{1,2,3,4\}$，则

$$f:a\mapsto 1,b\mapsto 2,c\mapsto 3\ \text{是 } A \text{ 到 } B \text{ 的一个映射；}$$

$$g:a\mapsto 2,b\mapsto 2,c\mapsto 2\ \text{也是 } A \text{ 到 } B \text{ 的一个映射；}$$

$$h:a\mapsto 1,b\mapsto 2\ \text{不是 } A \text{ 到 } B \text{ 的映射（因为 } c\in A \text{ 在法则 } h \text{ 下没有像）.}$$

而且，我们有

$$\mathrm{Im}f=f(A)=\{1,2,3\},\quad f^{-1}(2)=\{b\},\quad f^{-1}(4)=\varnothing,$$
$$\mathrm{Im}g=g(A)=\{2\},\quad g^{-1}(2)=\{a,b,c\}=A,\quad g^{-1}(4)=\varnothing.$$

又设 $S=\{a,b\}$，它是 A 的一个子集，$T=\{2,3,4\}$，它是 B 的一个子集，则

$$f(S)=\{1,2\},\quad f^{-1}(T)=\{b,c\};\quad g(S)=\{2\},\quad g^{-1}(T)=\{a,b,c\}=A.$$

定义 3　设 f,g 均是集合 A 到集合 B 的映射，且对 $\forall x\in A$，都有 $f(x)=g(x)$，则称 f 与 g **相等**，记做 $f=g$.

例如，设 $A=\{1,2,3\}$，$B=\{1,2,\cdots,16\}$ 是两个集合，则

$$f:n\mapsto 2^n,\quad g:n\mapsto n^2-n+2$$

是 A 到 B 的两个映射. 因为

$$f(1)=2=g(1),\quad f(2)=4=g(2),\quad f(3)=8=g(3),$$

所以 $f=g$. 但是，如果将 A 改为 $D=\{1,2,3,4\}$，并把 f,g 看做 D 到 B 的映射，因为 $f(4)=16$，$g(4)=14$，所以 $f\neq g$.

定义 4　设 A,B,C 是三个集合，f 是 A 到 B 的映射，g 是 B 到 C 的映射，规定

$$h:x\mapsto g(f(x)),\quad \forall x\in A,$$

则 h 是 A 到 C 的映射，称为 f 与 g 的**合成**（或**乘积**），记做 $h=g\circ f$ 或 $h=gf$，即

$$(g\circ f)(x)=gf(x)=g(f(x)),\quad \forall x\in A.$$

定义 5　设 f 是集合 A 到集合 B 的一个映射.

(1) 若对 $\forall a_1, a_2 \in A$,当 $a_1 \neq a_2$ 时,有 $f(a_1) \neq f(a_2)$,则称 f 为 A 到 B 的一个**单射**;

(2) 若对 $\forall b \in B$,$\exists a \in A$,使得 $f(a) = b$,则称 f 为 A 到 B 的一个**满射**;

(3) 若 f 既是满射,又是单射,则称 f 为一个**双射**.

定理 1　设 f 是集合 A 到集合 B 的一个映射,则 f 是 A 到 B 的一个双射当且仅当 f 为"双方单值",即在映射 f 下,A 中的每个元素在 B 中只有一个像,且 B 中的每个元素在 A 中有且只有一个原像.

证明　设在映射 f 下,A 中的每个元素在 B 中只有一个像,且 B 中的每个元素在 A 中有且只有一个原像,则 f 当然是 A 到 B 的一个满射.

又设 $x_1, x_2 \in A$,且 $f(x_1) = y_1, f(x_2) = y_2$.如果 $y_1 = y_2$,则由于其原像唯一,故 $x_1 = x_2$.所以 f 为 A 到 B 的单射,从而 f 为 A 到 B 的一个双射.

反之,设 f 为 A 到 B 的一个双射,则 A 中的每个元素在 B 中只能有一个像.由于 f 是满射,故 B 中的每个元素都有原像,又由于 f 是单射,因此 B 中的每个元素只能有一个原像.

定义 6　设 f 为集合 A 到集合 B 的一个双射,且 $f(x) = y$,则法则

$$f^{-1}: y \mapsto x, \quad \text{即} \quad f^{-1}(y) = x$$

便是集合 B 到集合 A 的一个双射.称 f^{-1} 为 f 的**逆映射**.

显然,f^{-1} 的逆映射就是 f,即 $(f^{-1})^{-1} = f$.

对两个有限集合 A 与 B 来说,显然它们之间能建立双射的充分必要条件是 $|A| = |B|$,即二者包含的元素个数相等.特别地,有如下结论:

定理 2　设 A 与 B 是两个有限集合,且 $|A| = |B|$,则 A 到 B 的映射 f 是满射当且仅当 f 是单射.

证明　设 $|A| = |B| = n$,且 $A = \{x_1, x_2, \cdots, x_n\}$,$B = \{y_1, y_2, \cdots, y_n\}$,又

$$f: x_i \mapsto y_{k_i} \quad (i = 1, \cdots, n; 1 \leqslant k_i \leqslant n)$$

是 A 到 B 的一个映射.

若 f 是满射,则由 $x_1 \neq x_2$,必有 $y_{k_1} \neq y_{k_2}$.因若 $y_{k_1} = y_{k_2}$,则 $f(A) = \{y_{k_2}, y_{k_3}, \cdots, y_{k_n}\}$ 最多有 $n-1$ 个元素,因此 $f(A) \neq B$.这与 f 是满射矛盾.这种讨论对 A 中的任意两个元素都成立,因此 f 是单射.

反之,设 f 是单射,则由于 A 中不同元素的像也不同,故 $|f(A)| = n = |B|$.但是 $f(A) \subseteq B$,故 $f(A) = B$,即 f 是满射.

推论　如果 A 与 B 是两个所含元素个数相等的有限集合,则 A 到 B 的映射 f 是双射当且仅当 f 是满(单)射.

我们再介绍一种特殊的映射——A 到自身的映射.

定义 7　集合 A 到自身的映射叫做集合 A 上的**变换**.

同样可定义满射变换、单射变换和双射变换. A 上的双射变换也称为 A 上的**一一变换**. 集合 A 中每个元素与自身对应的变换,是 A 上的一个双射变换,称为集合 A 上的**恒等变换**.

习　题　2.2

1. 设集合 $A=\{1,2,3,\cdots,100\}$,试给出一个 $A\times A$ 到 A 的映射.

2. 设 M 是数域 F 上全体 $n(n>1)$ 阶方阵组成的集合,问:$f:\boldsymbol{A}\mapsto|\boldsymbol{A}|$ （$\forall \boldsymbol{A}\in M$)是否为 M 到 F 的一个映射(其中 $|\boldsymbol{A}|$ 为 $\boldsymbol{A}$ 的行列式)? 若是映射,是否为满射或单射?

3. 设 m 是一个正整数,对 $\forall n\in \mathbf{Z}$,做带余除法:

$$n=mq+r \quad (0\leqslant r<m).$$

规定法则 $f:n\mapsto r$,问:f 是否为 $\mathbf{Z}$ 到 $\mathbf{Z}$ 的映射? 若是映射,是否为单射或满射?

4. 设集合 $A=\{1,2,3\}$,$B=\{a,b,c\}$,问:

(1) 有多少个 A 到 B 的映射?

(2) 有多少个 A 到 B 的单射、满射及双射?

5. 给出整数集上的两个不同的双射.

§2.3　代数运算与运算律

在本章开始已经说过,我们要研究带有运算的集合. 现在我们利用映射的概念,来定义"代数运算"这个概念,以严格指出所谓"带有运算"究竟是什么意思.

定义 1　一个 $A\times B$ 到 D 的映射叫做一个 $A\times B$ 到 D 的**二元代数运算**(简称**代数运算**). 特别地,当 $A=B=D$ 时,$A\times A$ 到 A 的代数运算简称为 A 上的代数运算.

通常用"∘"来表示代数运算,并将 (a,b) 在∘下的像记做 $a\circ b$.

按照我们的定义,一个代数运算只是一种特殊的映射. 假定我们有一个 $A\times B$ 到 D 的代数运算,按照定义,给定 A 中的任意一个元素 a 和 B 中的任意一个元素 b,就可以通过这个代数运算,得到一个 D 的元素 d. 我们也可以说,所给代数运算能够对 a 和 b 进行运算,而得到一个结果 d. 这正是普通的计算法的特征. 比方说,普通加法也不过是能够把任意两个数加起来,而得到另一个数.

例如,设 $A=\{$所有整数$\}$,$B=\{$所有不等于零的整数$\}$,$D=\{$所有有理数$\}$,则

$$\circ:(a,b)\mapsto \frac{a}{b}=a\circ b$$

是一个 $A\times B$ 到 D 的代数运算,它也就是普通的除法.

又如,设 $A=\{$所有整数$\}$,则 $\circ:(a,b)\mapsto \sqrt{a^2+b^2}=a\circ b$ $(a,b\in A)$ 不是 A 上的代数运

算. 因为, 尽管对任意整数 a, b 来说, $\sqrt{a^2+b^2}$ 是唯一确定的实数, 但却不一定是整数, 如

$$1 \circ 2 = \sqrt{1^2+2^2} = \sqrt{5}.$$

从代数运算的定义我们可以看出, 一个代数运算是可以任意规定的, 并不一定要有多大意义. 假如我们任意取几个集合, 任意给它们规定几个代数运算, 我们就很难希望可以由此算出什么好的结果来. 因此, 我们就要对集合的代数运算加以限制. 事实上, 数、多项式、矩阵、函数等的普通运算, 一般都满足通常所熟悉的运算规则, 诸如结合律、分配律或交换律等. 近世代数在研究各种代数系统时, 也不能脱离开这些运算律.

定义 2 设 $\circ$ 是集合 A 上的一个代数运算. 若对 $\forall a_1, a_2, a_3 \in A$, 都有

$$(a_1 \circ a_2) \circ a_3 = a_1 \circ (a_2 \circ a_3),$$

则称 $\circ$ 满足**结合律**.

当然, 数、多项式、矩阵及函数等对普通加法与乘法运算都满足结合律. 但是, 一般的代数运算不一定满足结合律.

例如, 自然数集 $\mathbf{N}$ 上的代数运算 $a \circ b = ab+1$ 不满足结合律, 因为

$$(a \circ b) \circ c = abc+c+1, \quad a \circ (b \circ c) = abc+a+1,$$

而一般 $abc+c+1 \neq abc+a+1$, 即 $(a \circ b) \circ c \neq a \circ (b \circ c)$, 除非 $a=c$.

今后我们主要讨论满足结合律的代数运算. 下面我们来看一下, 满足结合律的代数运算对元素的运算会带来什么样的影响.

设集合 A 有代数运算 $\circ$, 现在从 A 中任取四个元素 a, b, c, d, 则写法

$$a \circ b \circ c \circ d$$

应该说是毫无意义的. 因为, 代数运算每次只能对两个元素进行运算, 四个元素只能采取加括号的方法逐步加以计算. 但易知, 这四个元素共有以下五种加括号的方法:

$$[(a \circ b) \circ c] \circ d, \quad a \circ [(b \circ c) \circ d], \quad [a \circ (b \circ c)] \circ d, \quad a \circ [b \circ (c \circ d)], \quad (a \circ b) \circ (c \circ d),$$

其中每一个都是 A 中一个确定的元素. 一般来说, 这五个确定的元素不一定相等. 但是当 $\circ$ 满足结合律时, 下面将知道这五种加括号方法所得的结果是相等的, 即它们是 A 中同一个元素. 这时便可以不加括号, 而把这个共同的元素记为

$$a \circ b \circ c \circ d.$$

在这种规定下, 写法 $a \circ b \circ c \circ d$ 才有确定的意义.

对任意有限个元素可以作完全类似的规定.

一般地, 对 A 中的 n 个元素 $a_1, a_2, \cdots, a_n$, 可以证明 (请读者自证) 共有

$$s = \frac{(2n-2)!}{n! \cdot (n-1)!}$$

种加括号的方法, 分别表示成

$$\Pi_1(a_1 \circ a_2 \circ \cdots \circ a_n), \quad \Pi_2(a_1 \circ a_2 \circ \cdots \circ a_n), \quad \cdots, \quad \Pi_s(a_1 \circ a_2 \circ \cdots \circ a_n).$$

定理 1 若集合 A 的代数运算。满足结合律,则对 A 中任意 $n(n \geqslant 3)$ 个元素无论怎样加括号,其结果都相等.

证明 对元素个数 n 用数学归纳法.

由于代数运算。满足结合律,故当 $n = 3$ 时定理当然成立.

假设对元素个数 $\leqslant n - 1$ 时定理成立,则任取

$$\Pi_j(a_1 \circ a_2 \circ \cdots \circ a_n), \quad 1 \leqslant j \leqslant s,$$

不管其怎样加括号,其最后一步总是 A 中两个元素结合,设为

$$\Pi_j(a_1 \circ a_2 \circ \cdots \circ a_n) = b_1 \circ b_2,$$

且设 b_1 是 $a_1, a_2, \cdots, a_n$ 中前 $k(1 \leqslant k < n)$ 个元素结合所得的结果,b_2 是后 $n - k$ 个元素结合所得的结果. 由归纳假设,它们都是唯一确定的,故

$$\begin{aligned}
\Pi_j(a_1 \circ a_2 \circ \cdots \circ a_n) &= b_1 \circ b_2 = (a_1 \circ a_2 \circ \cdots \circ a_k) \circ (a_{k+1} \circ \cdots \circ a_n) \\
&= [a_1 \circ (a_2 \circ \cdots \circ a_k)] \circ (a_{k+1} \circ \cdots \circ a_n) \\
&= a_1 \circ [(a_2 \circ \cdots \circ a_k) \circ (a_{k+1} \circ \cdots \circ a_n)] \\
&= a_1 \circ (a_2 \circ \cdots \circ a_n).
\end{aligned}$$

由归纳假设,由于 $a_2 \circ \cdots \circ a_n$ 是 A 中唯一确定的元素,因此 $a_1 \circ (a_2 \circ \cdots \circ a_n)$ 是 A 中唯一确定的元素,从而每个 $\Pi_j(a_1 \circ a_2 \circ \cdots \circ a_n)$ 都等于这个确定的元素.

根据这个定理,对于满足结合律的代数运算来说,任意 n 个元素只要不改变元素的前后次序,就可以任意结合而不必再加括号.

由于数、多项式、矩阵和线性变换的普通加法与乘法运算都满足结合律,从而在对这些对象进行这两种运算时便可以任意结合,而不必加括号. 这一结论不仅在中学数学中,而且在高等代数或其他课程中从未证明过,甚至从未提及过,而现在则由定理 1 全部统一解决了. 这一点充分说明,正是由于近世代数所讨论的代数系统具有抽象性,从而决定了其具有较广泛的应用范围.

定义 3 设。是集合 A 上的一个代数运算. 若对 $\forall a_1, a_2 \in A$,都有

$$a_1 \circ a_2 = a_2 \circ a_1,$$

则称。满足**交换律**.

例如,设 A 是一个非空集合,则 A 的子集的并与交是幂集 2^A 上的两个代数运算,且满足结合律和交换律.

满足结合律和交换律的代数运算有以下重要意义:

定理 2 若集合 A 上的代数运算。既满足结合律又满足交换律,则对 A 中任意 $n(n \geqslant 2)$ 个元素进行该代数运算时可以任意结合和交换元素的前后次序,其结果均相等.

证明 对元素的个数 n 用数学归纳法.

当 $n = 2$ 时,结果显然成立.

假设对元素个数为 $n-1$ 时结论成立,考虑 n 个元素的情形.

在 A 中任取 n 个元素 $a_1,a_2,\cdots,a_n$,并设 $a_{i_1},a_{i_2},\cdots,a_{i_n}$ 是它的任意一个排列,我们下面证明 $a_{i_1}\circ a_{i_2}\circ\cdots\circ a_{i_n}=a_1\circ a_2\circ\cdots\circ a_n$.

在 $i_1,i_2,\cdots,i_n$ 中必有一个等于 n,不妨设 $i_k=n$,那么由归纳假设有

$$
\begin{aligned}
a_{i_1}\circ a_{i_2}\circ\cdots\circ a_{i_n}&=(a_{i_1}\circ\cdots\circ a_{i_{k-1}})\circ a_n\circ(a_{i_{k+1}}\circ\cdots\circ a_{i_n})\\
&=(a_{i_1}\circ\cdots\circ a_{i_{k-1}})\circ(a_{i_{k+1}}\circ\cdots\circ a_{i_n})\circ a_n\\
&=(a_{i_1}\circ\cdots\circ a_{i_{k-1}}\circ a_{i_{k+1}}\circ\cdots\circ a_{i_n})\circ a_n\\
&=(a_1\circ a_2\circ\cdots\circ a_{n-1})\circ a_n\\
&=a_1\circ a_2\circ\cdots\circ a_n,
\end{aligned}
$$

即对 n 个元素无论怎样加括号和交换,其结果都是相等的.

定义 4　设 $\odot$ 是 $B\times A$ 到 A 的代数运算,$\oplus$ 是 A 上的代数运算.若对 $\forall a_1,a_2\in A,b\in B$,都有

$$
b\odot(a_1\oplus a_2)=(b\odot a_1)\oplus(b\odot a_2),
$$

则称 $\odot$ 对 $\oplus$ 满足**左分配律**.

定义 5　设 $\otimes$ 是 $A\times B$ 到 A 的代数运算,$\oplus$ 是 A 上的代数运算.若对 $\forall a_1,a_2\in A,b\in B$,都有

$$
(a_1\oplus a_2)\otimes b=(a_1\otimes b)\oplus(a_2\otimes b),
$$

则称 $\otimes$ 对 $\oplus$ 满足**右分配律**.

定理 3　设 A 上的代数运算 $\oplus$ 满足结合律.

(1) 若 $B\times A$ 到 A 的代数运算 $\odot$ 对于 $\oplus$ 满足左分配律,则对于 A 中任意 $n(n\geqslant 2)$ 个元素 $a_1,a_2,\cdots,a_n$ 及 B 中任意元素 b,都有

$$
b\odot(a_1\oplus a_2\oplus\cdots\oplus a_n)=(b\odot a_1)\oplus(b\odot a_2)\oplus\cdots\oplus(b\odot a_n);
$$

(2) 若 $A\times B$ 到 A 的代数运算 $\otimes$ 对于 $\oplus$ 满足右分配律,则对于 A 中任意 $n(n\geqslant 2)$ 个元素 $a_1,a_2,\cdots,a_n$ 及 B 中任意元素 b,都有

$$
(a_1\oplus a_2\oplus\cdots\oplus a_n)\otimes b=(a_1\otimes b)\oplus(a_2\otimes b)\oplus\cdots\oplus(a_n\otimes b).
$$

定理证明请读者自己完成.

定义 6　设 $\circ$ 是集合 A 上的一个代数运算.

(1) 若对 $\forall a,b,c\in A$,有 $a\circ b=a\circ c\Longrightarrow b=c$,则称 $\circ$ 满足**左消去律**.

(2) 若对 $\forall a,b,c\in A$,有 $b\circ a=c\circ a\Longrightarrow b=c$,则称 $\circ$ 满足**右消去律**.

例如,数的加法运算与非零数的乘法运算都适合左消去律、右消去律.

当 A,B 是有限集时,$A\times B$ 到 D 的代数运算常常用一个矩形表给出.例如,设 $A=\{a_1,a_2,\cdots,a_m\},B=\{b_1,b_2,\cdots,b_n\}$,则 $A\times B$ 到 $D=\{d_{ij}\,|\,i=1,2,\cdots,m;j=1,2,\cdots,n\}$ 的一

个代数运算 $a_i \circ b_j = d_{ij}$ 可以表示为

$\circ$	b_1	b_2	$\cdots$	b_n
a_1	d_{11}	d_{12}	$\cdots$	d_{1n}
a_2	d_{21}	d_{22}	$\cdots$	d_{2n}
$\vdots$	$\vdots$	$\vdots$		$\vdots$
a_m	d_{m1}	d_{m2}	$\cdots$	d_{mn}

这个表通常称为**运算表**或 **Cayley 表**.

交换律在运算表上很容易得到检验. 当 A 是有限集时, A 上的代数运算 $\circ$ 满足交换律的充分必要条件是在 $\circ$ 的运算表中关于主对角线对称的元素都相等.

例 1　设集合 $A = \{1,2\}$, $B = \{1,2\}$, $D = \{$奇, 偶$\}$, 则

$$\circ: (1,1) \mapsto 奇, \quad (2,2) \mapsto 奇, \quad (1,2) \mapsto 奇, \quad (2,1) \mapsto 偶$$

是 $A \times B$ 到 D 的一个代数运算. 该代数运算的运算表为

$\circ$	1	2
1	奇	奇
2	偶	奇

例 2　判定有理数集 $\mathbf{Q}$ 上的下列代数运算 $\circ$ 是否满足结合律、交换律:

(1) $a \circ b = a + b + ab$;   (2) $a \circ b = (a+b)^2$;

(3) $a \circ b = a$;   (4) $a \circ b = b^3$.

解　(1) 对 $\forall a, b, c \in \mathbf{Q}$, 因为

$$(a \circ b) \circ c = (a+b+ab) \circ c = (a+b+ab) + c + (a+b+ab)c$$
$$= a + b + c + ab + bc + ac + abc,$$
$$a \circ (b \circ c) = a \circ (b+c+bc) = a + (b+c+bc) + a(b+c+bc)$$
$$= a + b + c + ab + bc + ac + abc,$$

所以 $(a \circ b) \circ c = a \circ (b \circ c)$. 又

$$a \circ b = a + b + ab = b + a + ba = b \circ a,$$

因此, $\mathbf{Q}$ 上的代数运算 $\circ$ 适合结合律和交换律.

(2) 对 $\forall a, b \in \mathbf{Q}$, 有

$$a \circ b = (a+b)^2 = (b+a)^2 = b \circ a,$$

因此 $\mathbf{Q}$ 上的代数运算 $\circ$ 满足交换律.

但是, 取 $a = 1$, $b = 2$, $c = 3$, 有

$$(1 \circ 2) \circ 3 = [(1+2)^2 + 3]^2 = (9+3)^2 = 144,$$

$$1 \circ (2 \circ 3) = [1 + (2 + 3)^2]^2 = (1 + 25)^2 = 676,$$

因此 $\mathbf{Q}$ 上的代数运算。不满足结合律.

（3）对 $\forall a, b, c \in \mathbf{Q}$，因为

$$(a \circ b) \circ c = a \circ c = a, \quad a \circ (b \circ c) = a \circ b = a,$$

所以 $(a \circ b) \circ c = a \circ (b \circ c)$，即 $\mathbf{Q}$ 上的代数运算。满足结合律.

但是，取 $a = 1, b = 2$，有 $1 \circ 2 = 1, 2 \circ 1 = 2$，因此 $\mathbf{Q}$ 上的代数运算。不满足交换律.

（4）因为

$$(1 \circ 3) \circ 2 = 3^3 \circ 2 = 2^3 = 8, \quad 1 \circ (3 \circ 2) = 1 \circ 2^3 = 8^3 = 512,$$

又

$$1 \circ 2 = 2^3 = 8, \quad 2 \circ 1 = 1^3 = 1,$$

因此 $\mathbf{Q}$ 上的代数运算。既不满足结合律，也不满足交换律.

习 题 2.3

1. 设集合 $A = \{a, b, c\}$，给出 A 上的两个不同的代数运算.

2. 设 A 是正整数集，下列各法则哪些是 A 上的代数运算？

（1）$a \circ b = a^b$；　　（2）$a \circ b = a + b - 2$；　　（3）$a \circ b = a$.

3. 设 $\mathbf{R}^* = \{x \mid x \in \mathbf{R}, x \neq 0\}$，$\mathbf{R}^*$ 上的代数运算。是普通除法运算，这个代数运算是否满足结合律、交换律？

4. 设集合 $A = \{a, b, c\}$ 上的代数运算。满足结合律和交换律，试完成下列运算表中的计算：

$\circ$	a	b	c
a	a		
b	b	c	a
c	c		

5. 证明定理 3.

6. 设集合 $A = \{0, a, b, c\}$ 上的两个代数运算 $\oplus$ 与 $\odot$ 由下列运算表给出：

$\oplus$	0	a	b	c
0	0	a	b	c
a	a	0	c	b
b	b	c	0	a
c	c	b	a	0

$\odot$	0	a	b	c
0	0	0	0	0
a	0	0	0	0
b	0	a	b	c
c	0	a	b	c

证明：$\odot$ 对于 $\oplus$ 满足左、右分配律.

§2.4　同　态

由于近世代数主要研究带有代数运算的集合,因此,近世代数很少考查一般的映射,而主要考查的是与代数运算相联系的映射.

我们考虑两个集合 A 和 $\overline{A}$.假定有一个 A 上的代数运算 $\circ$ 和一个 $\overline{A}$ 上的代数运算 $\bar{\circ}$,并且有一个 A 到 $\overline{A}$ 的映射 φ.

如果 a 和 b 是 A 的两个元素,那么 $\varphi(a\circ b)$ 和 $\varphi(a)\,\bar{\circ}\,\varphi(b)$ 都有意义,它们都是 $\overline{A}$ 的元素.一般来说,有

$$\varphi(a\circ b)\neq\varphi(a)\,\bar{\circ}\,\varphi(b),$$

因为 φ 与 $\circ,\bar{\circ}$ 这两个代数运算一般没有什么关系,φ 下 $a\circ b$ 的像 $\varphi(a\circ b)$,未必就刚好是 $\varphi(a)\,\bar{\circ}\,\varphi(b)$.现在我们来考虑若 $\varphi(a\circ b)=\varphi(a)\,\bar{\circ}\,\varphi(b)$ 会有怎样的结果.

定义 1　设集合 A 与 $\overline{A}$ 各有代数运算 $\circ$ 及 $\bar{\circ}$,且 φ 是 A 到 $\overline{A}$ 的一个映射.如果 φ 满足以下条件:对 $\forall a,b\in A$,在 φ 之下,由

$$a\mapsto\bar{a},\quad b\mapsto\bar{b}$$

总有

$$a\circ b\mapsto\bar{a}\,\bar{\circ}\,\bar{b},\quad 即\quad \varphi(a\circ b)=\varphi(a)\,\bar{\circ}\,\varphi(b),$$

则称 φ 为 A 到 $\overline{A}$ 的一个**同态映射**.A 到自身的同态映射称为 A 上的**自同态映射**(简称**自同态**).

例如,设集合 $A=\{所有整数\}$,A 上的代数运算是普通加法,$\overline{A}=\{1,-1\}$,$\overline{A}$ 的上代数运算是普通乘法.

(1) 法则

$$\varphi_1:a\mapsto 1,\quad \forall a\in A$$

是 A 到 $\overline{A}$ 的同态映射.

事实上,显然 φ_1 是一个 A 到 $\overline{A}$ 的映射.此外,对于 A 中的任意两个整数 a 和 b,我们有

$$a\mapsto 1,\quad b\mapsto 1,\quad a+b\mapsto 1=1\times 1.$$

(2) 法则

$$\varphi_2:a\mapsto -1,\quad 若 a 是奇数,$$
$$a\mapsto 1,\quad 若 a 是偶数$$

是 A 到 $\overline{A}$ 的满射的同态映射.

事实上,显然 φ_2 是 A 到 $\overline{A}$ 的满射.此外,对于 A 中的任意两个整数 a 和 b,我们有:
若 a,b 都是偶数,那么

$$a\mapsto 1,\ b\mapsto 1,\quad a+b\mapsto 1=1\times 1;$$

若 a,b 都是奇数,那么
$$a \mapsto -1, \quad b \mapsto -1, \quad a+b \mapsto 1=(-1)\times(-1);$$

若 a 是奇数,b 是偶数,那么
$$a \mapsto -1, \quad b \mapsto 1, \quad a+b \mapsto -1=(-1)\times 1;$$

若 a 是偶数,b 是奇数,那么
$$a \mapsto 1, \quad b \mapsto -1, \quad a+b \mapsto -1=1\times(-1).$$

A 到 $\overline{A}$ 的满射的同态映射对于讨论两个集合的代数运算之间的关系比较重要. 为此,关于这种同态映射,我们需要给出一个定义.

定义 2　假如对于代数运算 $\circ$ 和 $\bar\circ$ 来说,有一个 A 到 $\overline{A}$ 的满射的同态映射存在,那么就称这个映射为**同态满射**. 这时也说,对于代数运算 $\circ$ 和 $\bar\circ$,A 与 $\overline{A}$ 同态,记为 $A \sim \overline{A}$.

同态满射的最大用处在于比较两个代数系统. 现在我们证明两个定理,来看一看同态满射在比较两个代数系统时的作用.

定理 1　设集合 A 与 $\overline{A}$ 分别有代数运算 $\circ$ 与 $\bar\circ$,且 $A \sim \overline{A}$,则

(1) 当 $\circ$ 满足结合律时,$\bar\circ$ 也满足结合律;

(2) 当 $\circ$ 满足交换律时,$\bar\circ$ 也满足交换律.

证明　(1) 设 φ 是 A 到 $\overline{A}$ 的同态满射. 任取 $\bar{a},\bar{b},\bar{c}\in\overline{A}$. 由于 φ 是满射,可令在 φ 下
$$a\mapsto\bar{a}, \quad b\mapsto\bar{b}, \quad c\mapsto\bar{c} \quad (a,b,c\in A).$$
又由于 φ 是同态映射,故在 φ 下
$$(a\circ b)\circ c \mapsto \overline{(a\circ b)}\,\bar\circ\,\bar{c}=(\bar{a}\,\bar\circ\,\bar{b})\,\bar\circ\,\bar{c},$$
$$a\circ(b\circ c) \mapsto \bar{a}\,\bar\circ\,\overline{(b\circ c)}=\bar{a}\,\bar\circ\,(\bar{b}\,\bar\circ\,\bar{c}).$$
但 $\circ$ 满足结合律,故 $(a\circ b)\circ c=a\circ(b\circ c)$,从而
$$(\bar{a}\,\bar\circ\,\bar{b})\,\bar\circ\,\bar{c}=\bar{a}\,\bar\circ\,(\bar{b}\,\bar\circ\,\bar{c}),$$
即 $\bar\circ$ 也满足结合律.

(2) 类似地,任取 $\bar{a},\bar{b}\in\overline{A}$,且设在 φ 下
$$a\mapsto\bar{a}, \quad b\mapsto\bar{b} \quad (a,b\in A),$$
则在 φ 下
$$a\circ b\mapsto\bar{a}\,\bar\circ\,\bar{b}, \quad b\circ a\mapsto\bar{b}\,\bar\circ\,\bar{a}.$$
当 $\circ$ 满足交换律时,$a\circ b=b\circ a$,故有
$$\bar{a}\,\bar\circ\,\bar{b}=\bar{b}\,\bar\circ\,\bar{a},$$
即 $\bar\circ$ 也满足交换律.

定理 2　设集合 A 有代数运算 $\circ$ 及 $\oplus$,集合 $\overline{A}$ 有代数运算 $\bar\circ$ 及 $\overline{\oplus}$,又 φ 是 A 到 $\overline{A}$ 的一个满射,且对 $\circ$ 与 $\bar\circ$ 以及 $\oplus$ 与 $\overline{\oplus}$ 同态,则当 $\circ$ 对 $\oplus$ 满足左(右)分配律时,$\bar\circ$ 对 $\overline{\oplus}$ 也满足左(右)分配律.

证明　我们只证明满足左分配律的情况,满足右分配律时可完全类似地证明.

取 $\overline{A}$ 的任意三个元素 $\bar{a},\bar{b},\bar{c}$,并且假定在 φ 下

$$a \mapsto \bar{a}, \quad b \mapsto \bar{b}, \quad c \mapsto \bar{c} \quad (a,b,c \in A),$$

那么在 φ 下

$$a \circ (b \oplus c) \mapsto \bar{a} \,\bar{\circ}\, (\overline{b \oplus c}) = \bar{a} \,\bar{\circ}\, (\bar{b} \,\overline{\oplus}\, \bar{c}),$$

$$(a \circ b) \oplus (a \circ c) \mapsto (\overline{a \circ b}) \,\overline{\oplus}\, (\overline{a \circ c}) = (\bar{a} \,\bar{\circ}\, \bar{b}) \,\overline{\oplus}\, (\bar{a} \,\bar{\circ}\, \bar{c}).$$

而当 $\circ$ 对 $\oplus$ 满足左分配律时,有 $a \circ (b \oplus c) = (a \circ b) \oplus (a \circ c)$,所以

$$\bar{a} \,\bar{\circ}\, (\bar{b} \,\overline{\oplus}\, \bar{c}) = (\bar{a} \,\bar{\circ}\, \bar{b}) \,\overline{\oplus}\, (\bar{a} \,\bar{\circ}\, \bar{c}),$$

即 $\bar{\circ}$ 对 $\overline{\oplus}$ 也满足左分配律.

习　题　2.4

1. 设集合 $A=\{$所有实数 $x\}$ 上的代数运算是普通乘法,以下映射是不是 A 到 A 的一个子集 $\overline{A}$ 的同态满射?

(1) $x \mapsto |x|$；　　　　　(2) $x \mapsto 2x$；

(3) $x \mapsto x^2$；　　　　　(4) $x \mapsto -x$.

2. 假定 A 和 $\overline{A}$ 对于代数运算 $\circ$ 和 $\bar{\circ}$ 来说同态,$\overline{A}$ 和 $\overline{\overline{A}}$ 对于代数运算 $\bar{\circ}$ 和 $\overline{\bar{\circ}}$ 来说同态,证明:A 和 $\overline{\overline{A}}$ 对于代数运算 $\circ$ 和 $\overline{\bar{\circ}}$ 来说同态.

§2.5　同构与自同构

同态满射一般不是一一映射,它在比较两个代数系统时的效果,在上一节已看到.但一个同态满射可能同时是一个一一映射.这种加强的同态映射在比较代数系统时更有效,也更重要.

定义　设 φ 是 A 到 $\overline{A}$ 的一个(关于代数运算 $\circ$ 及 $\bar{\circ}$ 的)同态满射.如果 φ 又是单射,则称 φ 为 A 到 $\overline{A}$ 的一个**同构映射**(简称**同构**).若集合 A 到 $\overline{A}$ 存在同构映射,则称 A 与 $\overline{A}$ **同构**,记为 $A \cong \overline{A}$；否则,即 A 到 $\overline{A}$ 不存在任何同构映射,则称 A 与 $\overline{A}$ **不同构**. A 到自身的同构映射叫做 A 上的**自同构映射**(简称**自同构**).

例如,设 A 是整数集,$\overline{A}$ 是偶数集,则映射

$$\varphi: n \mapsto 2n, \quad \forall n \in A$$

对 A 与 $\overline{A}$ 的普通加法来说,是 A 到 $\overline{A}$ 的一个同构映射；但对普通乘法来说,它不是 A 到 $\overline{A}$ 的同构映射.

又如, 令 A 是正有理数集, 其上的代数运算为普通乘法, 则映射

$$\varphi: a \mapsto \frac{1}{a}, \quad \forall a \in A$$

是 A 上的一个自同构. 但对普通加法来说, φ 不是 A 的自同构, 因为

$$\varphi(2+3) = \varphi(5) = \frac{1}{5}, \quad 而 \quad \varphi(2) + \varphi(3) = \frac{1}{2} + \frac{1}{3} = \frac{5}{6} \neq \frac{1}{5},$$

即

$$\varphi(2+3) \neq \varphi(2) + \varphi(3).$$

同构具有以下性质:

(1) 对任意非空集合 A, 有 $A \cong A$.

事实上, A 上的恒等映射总是 A 到 A 的一个同构映射, 即 A 上的自同构, 故总有 $A \cong A$.

(2) 若 $A_1 \cong A_2$, 则 $A_2 \cong A_1$. 事实上, 设

$$\varphi: x \mapsto y, \quad 即 \quad \varphi(x) = y \ (\forall x \in A_1)$$

是 A_1 到 A_2 的一个同构映射, 则易知 φ 的逆映射

$$\varphi^{-1}: y \mapsto x, \quad 即 \quad \varphi^{-1}(y) = x \ (\forall y \in A_2)$$

便是 A_2 到 A_1 的一个同构映射. 因此 A_2 与 A_1 同构.

(3) 若 $A_1 \cong A_2$, $A_2 \cong A_3$, 则 $A_1 \cong A_3$.

事实上, 分别设 τ, σ 为它们间的同构映射, 则根据映射的合成知, 乘积 $\sigma\tau$ 即

$$\sigma\tau(x) = \sigma(\tau(x)) \quad (\forall x \in A_1)$$

是 A_1 到 A_3 的映射, 且易知它是 A_1 到 A_3 的同构映射. 因此 $A_1 \cong A_3$.

可见, 同构具有自反性、对称性及传递性. 所以说, 同构是等价关系.

最后, 再特别强调一下代数系统同构的意义.

设 $A = \{a, b, c, \cdots\}$ 是一个有代数运算 $\circ$ 的代数系统, 而 $\bar{A} = \{\bar{a}, \bar{b}, \bar{c}, \cdots\}$ 是另一个有代数运算 $\bar{\circ}$ 的代数系统. 如果 $A \cong \bar{A}$, 且在这个同构之下

$$a \mapsto \bar{a}, \ b \mapsto \bar{b}, \ c \mapsto \bar{c}, \cdots,$$

则根据同构的定义, $a \circ b = c$ 当且仅当 $\bar{a} \bar{\circ} \bar{b} = \bar{c}$. 这就是说, 除去元素本身的性质和代数名称与所用符号的不同外, 从运算的性质看, A 与 $\bar{A}$ 并没任何实质性的差别. 更具体地说, 就是由 A 仅根据代数运算所推演出来的一切性质和结论, 都可以自动地全部转移到与 A 同构的一切代数系统上去. 抽象地来看, A 与 $\bar{A}$ 没有什么区别, 只有命名上的不同. 因此, 在近世代数中常常把同构的代数系统等同起来, 甚至有时候不加区分. 这正表现出这门学科所研究的问题的实质所在.

以上的同态映射与同构映射是只对有一个代数运算的代数系统来说的, 实际上也可以类推到有两个或两个以上的代数运算的代数系统上去, 对此不再赘述.

习　题　2.5

1. 设集合 $A = \{a, b, c\}$，A 上的代数运算。由下面的运算表给定：

∘	a	b	c
a	c	c	c
b	c	c	c
c	c	c	c

找出所有 A 的一一变换. 对于代数运算。来说，这些一一变换是否都是 A 上的自同构？

2. 设集合 $A = \mathbf{Q}$，找一个 A 上的对于普通加法的自同构（映射 $x \mapsto x$ 除外）.

第三章 群

本章由群的概念与基本性质出发,从纯粹抽象的角度讨论两个群没有差别的本质,即群同态或同构.首先讨论子群的基本性质以及循环群的存在问题、数量问题及结构问题;再讨论有限交换群是循环群的充分必要条件;然后,利用子群的基本性质将群中的元素进行分类,即研究子群的陪集;最后,介绍非空有限集合上的变换群和商群,并利用商群,介绍群的同态基本定理与同构基本定理.

§3.1 群的基本概念及性质

群是只有一种代数运算的代数系统,它是环和域的基础.这一节,我们介绍群的基本概念与基本性质.

定义1 设非空集合 S 上有一个称为乘法的二元代数运算,记为·,即对于 S 中的任意两个元素 a,b, S 中有唯一确定的元素 c 与之对应,记做 $c=a \cdot b$. 如果 S 关于运算·满足结合律(即对于集合 S 中任意三个元素 a,b,c,总有 $(a \cdot b) \cdot c=a \cdot (b \cdot c)$),则称代数系统 $(S, \cdot)$ 是一个**半群**.在不会引起误解的情形下,将 $(S, \cdot)$ 简记为 S.

这里的乘法·与数的通常意义的乘法很可能完全不一致,仅仅是借用这个记号与名称而已.另外,在不引起混淆的情况下,我们也常常把运算符号·省略,即常常将 $a \cdot b$ 简写为 ab. 由于一个非空集合上可以定义多种代数运算,因此这个集合对于某种代数运算可能成为半群,但对于另外一种代数运算可能不成为半群.所以,我们说一个非空集合是关于某种代数运算成为(或不成为)半群.使用数学中常用的符号,可以把上述半群的定义描述为:

设非空集合 S 上有乘法运算.若对 $\forall a,b,c \in S$,总有 $(ab)c=a(bc)$,则称 S 为一个半群.

定义2 如果半群 S 对于乘法满足交换律(即对 S 中的任意两个元素 a,b,总有 $ab=ba$),则称 S 为**交换半群**.

定义 3 如果半群 S 对于乘法有**单位元**(即 S 中有一个元素 e,对于 S 的任意元素 a,总有 $ae=ea=a$),则称 S 为**幺半群**.

定义 4 如果幺半群 G 中的任意元素对于乘法均有**逆元**(即对于 G 中的任意元素 a,G 中总存在元素 b,使得 $ab=ba=e$,其中 e 为幺半群 G 的单位元),则称 G 为一个**群**.若群 G 关于乘法满足交换律,则称群 G 为**交换群**或 **Abel 群**.

注 (1) 对于幺半群与群,除特别说明外,我们总用 e 来表示它们的单位元.

(2) 当群 G 是交换群时,我们常常把该群的代数运算称为加法,并用"$+$"来表示.这时称交换群的单位元为**零元**,记为 0;元素 a 的逆元称为**负元**,记为 $-a$.

群 G(作为集合)的元素的个数称为群 G 的**阶**,记为 $|G|$.如果群 G 的阶为有限数,则称群 G 为**有限群**;否则,称群 G 为**无限群**.

例 1 整数集 **Z** 关于数的普通加法构成无限交换群.

事实上,由于 $0 \in \mathbf{Z}$,所以 **Z** 是非空集合.数的普通加法为整数集 **Z** 上的代数运算;整数的加法满足结合律;对于任意整数 a,总有 $0+a=a+0=a$,所以 0 是 **Z**(关于数的普通加法)的单位元(零元);对于任意整数 a,总有 $a+(-a)=(-a)+a=0$,所以 a 的逆元(负元)是其相反数 $-a$.因此 **Z**(关于数的普通加法)构成群.又整数的加法满足交换律,所以 **Z** 还是交换群.显然 **Z** 的阶是无限的.

需要注意的是,**Z** 关于数的普通乘法并不能构成群.这是因为,虽然对于任意的整数 n,总有 $1 \times n=n \times 1=n$,但是如果 $n \neq \pm 1$,那么 **Z**(关于数的普通乘法)中没有 n 的逆元.虽然 **Z** 关于数的普通乘法不构成群,但是它是有单位元的半群,即是幺半群.

例 2 有理数集 **Q** 在数的普通加法下也构成无限交换群,0 是其单位元(零元),任何有理数 a 的逆元(负元)是 a 的相反数 $-a$.

虽然 **Q** 关于数的普通乘法并不是群(但是 **Q** 关于数的普通乘法是幺半群),但是非零有理数组成的集合 $\mathbf{Q} \backslash \{0\}$ 关于数的普通乘法能构成无限交换群,该群的单位元是数 1,任何非零有理数 $\dfrac{m}{n}$($m, n \in \mathbf{Z}, mn \neq 0$)的逆元是其倒数 $\dfrac{n}{m}$.

实数集 **R** 和复数集 **C** 关于数的普通加法也构成无限交换群,且有与有理数集 **Q** 类似的结论.不过,对于例 1 中的整数集 **Z**,并不能使 $\mathbf{Z} \backslash \{0\}$ 关于数的普通乘法构成群,但它也是幺半群.

例 3 数域 F($F=\mathbf{Q}, \mathbf{R}, \mathbf{C}$)上的 $m \times n$ 矩阵全体 $M_{m \times n}(F)$ 对于矩阵加法构成无限交换群,零矩阵 $\boldsymbol{O}$ 是其单位元(零元);矩阵 $\boldsymbol{A}$ 的逆元(负元)是其负矩阵 $-\boldsymbol{A}$.

特别地,当 $m=1$(或 $n=1$)时,$M_{1 \times n}(F)$ 是 F 上 n 维行向量的全体(或 $M_{m \times 1}(F)$ 是 F 上 m 维列向量的全体).更一般地,设 V 是数域 F 上 n 维向量的全体,则 V 关于向量加法构成无限交换群.零向量是它的单位元(零元),任意向量 $\boldsymbol{\alpha}$ 的负向量 $-\boldsymbol{\alpha}$ 是其逆元(负元).

与例 2 不同的是,$M_{m \times n}(F) \setminus \{O\}$ 对于矩阵乘法不能构成群. 即使在 $m = n$ 的情况下,$M_{n \times n}(F)$ 与 $M_{n \times n}(F) \setminus \{O\}$ 关于矩阵乘法也不能构成群,但它们均可以构成幺半群(常常将 $M_{n \times n}(F)$ 简写为 $M_n(F)$).

F 上所有 n 阶可逆矩阵的全体关于矩阵乘法构成无限群,称为 F 上的 n **阶一般线性群**,记做 $GL_n(F)$. 当 $n > 1$ 时,$GL_n(F)$ 是非交换群.

事实上,由于可逆矩阵的乘积是可逆矩阵,所以 $GL_n(F)$ 关于乘法封闭;单位矩阵 I 是其单位元;可逆矩阵 A 的逆元是 A 的逆矩阵 A^{-1};矩阵乘法满足结合律,但不满足交换律.

$GL_n(\mathbf{R})$ 中全体正交矩阵组成的集合 $O_n(\mathbf{R})$ 关于矩阵乘法也构成一个群,称为 $\mathbf{R}$ 上的 n **阶正交群**.事实上,在线性代数中,我们已经知道,正交矩阵的逆矩阵、乘积矩阵还是正交矩阵;单位矩阵 I 就是其单位元;正交矩阵 A 的逆元就是 A 的逆矩阵 A^{-1}.

$GL_n(F)$ 中行列式等于 1 的矩阵的全体组成的集合 $SL_n(F)$ 关于矩阵乘法也构成一个群,称为 F 上的 n **阶特殊线性群**.

再进一步,$\mathbf{R}$ 上行列式等于 1 的 n 阶正交矩阵的全体组成的集合 $SO_n(\mathbf{R})$ 关于矩阵乘法也构成一个群,称为 n **阶特殊正交群**.

例 4 设 n 是一个正整数,方程 $z^n = 1$ 在复数集 $\mathbf{C}$ 上的所有根组成的集合关于复数的普通乘法构成一个群,称为 n **次单位根群**,记做 U_n. U_n 是有限交换群.

事实上,在中学我们已经知道

$$U_n = \{z_k = \mathrm{e}^{\frac{2k\pi}{n}\mathrm{i}} \mid k = 0, 1, 2, \cdots, n-1; \mathrm{i}^2 = -1\},$$

其中 $z_k z_l = z_r (k + l = nq + r, 0 \leqslant r \leqslant n-1)$. 显然,$z_0 = 1$ 是 U_n 的单位元;z_0 的逆元是它本身,$z_k (k \geqslant 1)$ 的逆元是 z_{n-k}.

例 5 设集合 $G = \{e\}$,G 上的乘法是 $ee = e$,则易知 G 关于如此定义的乘法构成一个群. 这是我们看见的阶最小的群,后面我们将对它进行更深入的讨论.

特别地,当 e 为数 1,乘法为数的普通乘法时,G 关于数的乘法就是阶为 1 的交换群;又当 e 为数 0,乘法为数的普通加法时,G 关于数的加法也是阶为 1 的交换群.

例 6 设集合 $G_1 = \{0, 1\}$,$G_2 = \{$偶数,奇数$\}$. 我们对 G_1 和 G_2 做些稍微复杂的讨论:

(1) 在 G_1 上定义一个代数运算,称为加法,用"+"来表示,规定如下:

$$0 + 0 = 1 + 1 = 0, \quad 0 + 1 = 1 + 0 = 1.$$

我们首先证明 G_1 对于给定的加法"+"构成 2 阶交换群.

事实上,由上面加法的定义易知,G_1 上的加法是有意义的,即 G_1 关于该加法运算是封闭的;0 是其零元;G_1 中每个元素的负元就是它自身. 另外,容易验证 G_1 关于此加法满足结合律和交换律. 所以 G_1 在所给的加法运算下构成一个 2 阶交换群.

由例 5 知,G_1 的子集 $\{0\}$ 关于 G_1 上的加法也构成一个群.

同时,在 G_1 的子集 $G_1^* = G_1 \setminus \{0\} = \{1\}$ 上定义乘法"$\times$"为 $1 \times 1 = 1$,则 G_1^* 也构成一个

交换群,即 G_1 中非零元在此乘法下也构成一个交换群. 这个例子说明,给定了一个群(群的代数运算定义为加法),我们很有可能还可以在其非零元的子集上再定义一种运算(称为乘法),使这两个集合都构成群. 这是后面两章要重点研究的对象,即环与域.

但是 G_1^* 关于 G_1 的加法不构成群. 这是因为 G_1^* 关于 G_1 的加法不封闭. 具体地,是因为 $1+1=0 \notin G_1^*$.

显然 G_1 中的元素并不符合中小学中关于数的加法定义. 也就是说,G_1 中的元素虽然写成了普通数的形式,但是它早已失去了普通数的意义,因此我们并不称 G_1 中的元素为数,而仅仅是借用数的形式罢了.

既然 G_1 中的元素在指定的代数运算下在现实生活中"好像"并不存在,或者说不合理,那么我们就会想到这样的问题:为什么我们还要讨论它呢? 它对我们有什么用吗? 这个问题将在稍后给予解释.

(2) 在 G_2 上也定义一个称为加法的代数运算. 为了与 G_1 上的加法"$+$"区别开来,我们记 G_2 上的加法为"$\oplus$",规定如下:

$$奇数 \oplus 奇数 = 偶数 \oplus 偶数 = 偶数,$$

$$奇数 \oplus 偶数 = 偶数 \oplus 奇数 = 奇数.$$

完全仿照讨论 G_1 时所使用的方法与过程,知 G_2 对于给定的加法也构成一个 2 阶交换群,其中"偶数"是它的零元,每个元素的负元也是它本身.

同样地,G_2 的子集{偶数}关于 G_2 上的加法也构成一个群.

另外,如果在 G_2 的子集 $G_2^* = G_2 \backslash \{偶数\}$ 上也定义乘法"$\otimes$"(主要是为了与 G_1^* 上的乘法"$\times$"相区别)为

$$奇数 \otimes 奇数 = 奇数,$$

则 G_2^* 也构成一个群,即 G_2 中非零元在此乘法下也构成一个群.

同样地,G_2^* 关于 G_2 的加法也不构成群. 这是因为 G_2^* 关于 G_2 的加法不封闭. 具体地,是因为奇数 $\oplus$ 奇数 = 偶数 $\notin G_2^*$.

我们再对 G_2 作点说明:虽然这次我们使用的加法或乘法运算符号与习惯性的表示方法不一样,但是我们发现这些结果与中小学里所熟知的结论完全一致,符合现实生活并且具有明显的纯粹"数学"的意义.

例 7 指定一个非负整数 n,把 n 的所有整数倍组成的集合记为 $n\mathbf{Z}$,即

$$n\mathbf{Z} = \{kn \mid k=0,\pm 1,\pm 2,\cdots\},$$

则 $n\mathbf{Z}$ 关于数的普通加法构成交换群.

事实上,显然 $n\mathbf{Z}$ 是非空集合;n 的两个倍数的和还是 n 的倍数,即 $n\mathbf{Z}$ 关于数的普通加法封闭;数的普通加法满足交换律、结合律;对于任意整数 m,总有 $0+m=m$,因此 0 是 $n\mathbf{Z}$ 的零元;$n\mathbf{Z}$ 中的任意元素 kn 的相反数 $-kn$ 就是它的负元. 所以 $n\mathbf{Z}$ 关于数的普通加法构成

交换群.

特别地,当 $n=0$ 时,$0\mathbf{Z}$ 是仅有一个元素的集合 $\{0\}$;当 $n=1$ 时,$1\mathbf{Z}$ 就是整数集 $\mathbf{Z}$;当 $n=2$ 时,$2\mathbf{Z}=\{2k\,|\,k\in\mathbf{Z}\}$ 是全体偶数组成的集合.当 $n>0$ 时,$n\mathbf{Z}$ 是无限阶的.

当 $n>0$ 时,令 $\mathbf{Z}_n=\{[0],[1],[2],\cdots,[n-1]\}$.在 $\mathbf{Z}_n$ 上定义如下的加法:

$$[i]+[j]=[i+j] \quad (i+j\leqslant n-1),$$
$$[i]+[j]=[i+j-n] \quad (i+j>n-1),$$

则 $\mathbf{Z}_n$ 构成 n 阶交换群,称它为 **Z 关于模 n 的剩余类加群**.

事实上,显然 $\mathbf{Z}_n$ 关于此加法封闭,且关于这个加法满足交换律与结合律;$[0]$ 是 $\mathbf{Z}_n$ 的零元;$[0]$ 的负元是它本身,$[k]$($k>0$)的负元是 $[n-k]$.所以 $\mathbf{Z}_n$ 关于所给的加法构成 n 阶交换群.

例 8 设集合 $H=\{\pm 1,\pm i,\pm j,\pm k\}$,规定 H 上的乘法如下:

$$i^2=j^2=k^2=-1, \quad ij=-ji=k, \quad jk=-kj=i, \quad ki=-ik=j,$$

则 H 在此乘法下构成一个群,称为 **Hamilton 四元数群**.

事实上,显然 H 是非空集合,H 在该乘法下封闭;1 是 H 的单位元;± 1 的逆元是它本身,$\pm i,\pm j,\pm k$ 的逆元分别是 $\mp i,\mp j,\mp k$;显然 H 关于乘法满足结合律,不满足交换律.因此,H 构成一个 8 阶非交换群.

下面我们讨论群的若干最基本的性质,它们对于构造一个群和对群的分类都是至关重要的.

定理 设 G 是群,则 G 具有以下基本性质:

(1) G 只有唯一一个单位元.

(2) 对于 G 的任何一个元素 a,a 的逆元是唯一的,记做 a^{-1}.

(3) 对于 G 中的任意三个元素 a,b,c,若 $ab=ac$,则 $b=c$;若 $ba=ca$,则 $b=c$(这两个性质分别称为群的**左消去律**和**右消去律**).

(4) 对于 G 中的任意两个元素 a,b,方程 $ax=b$ 在 G 中有唯一解,其解为 $x=a^{-1}b$;方程 $ya=b$ 在 G 中也有唯一解,其解为 $y=ba^{-1}$.

(5) 对于 G 中的任意两个元素 a,b,有 $(ab)^{-1}=b^{-1}a^{-1}$.特别地,如果 G 是交换群,则有

$$(ab)^{-1}=a^{-1}b^{-1}.$$

证明 (1) 设 e,e' 是群 G 的两个单位元.一方面,由于 e 是群 G 的单位元,有 $ee'=e'$;另一方面,e' 也是 G 的单位元,所以有 $ee'=e$.因此 $e=e'$,即一个群的单位元是唯一的.

(2) 设 a 是群 G 中的任意一个元素,b 与 b' 均是 a 的逆元,则

$$b=be=b(ab')=(ba)b'=eb'=b'.$$

这就表明群 G 中任意元素 a 的逆元是唯一的.

(3) 因为 $a\in G$,由性质(2)知 G 中有唯一的 a^{-1},使得 $a^{-1}a=e$(e 是 G 的单位元).如果

$ab=ac$, 在等式两边同时左乘 a^{-1}, 得 $a^{-1}(ab)=a^{-1}(ac)$. 而

$$a^{-1}(ab)=(a^{-1}a)b=eb=b, \quad a^{-1}(ac)=(a^{-1}a)c=ec=c,$$

于是 $b=c$.

同理可证, 如果 $ba=ca$, 则有 $b=c$.

(4) 在方程 $ax=b$ 两边同时左乘 a^{-1}, 得

$$a^{-1}(ax)=a^{-1}b, \quad 即 \quad ex=x=a^{-1}b,$$

因此方程 $ax=b$ 在 G 中有唯一解, 其解是 $x=a^{-1}b$.

同理可证方程 $ya=b$ 在 G 中也有唯一解 $y=ba^{-1}$.

(5) 由于 $(ab)(b^{-1}a^{-1})=a(bb^{-1})a^{-1}=aea^{-1}=aa^{-1}=e$, 又群中任何元素的逆元是唯一的, 所以 $(ab)^{-1}=b^{-1}a^{-1}$.

如果 G 是交换群, 则有 $ab=ba$, 从而有 $(ab)^{-1}=(ba)^{-1}=a^{-1}b^{-1}$.

注意: 一般群的乘法没有交换律, 所以在进行群的乘法运算时, 不能随意改变元素之间的相对位置. 比如, 性质 (3) 中的左消去律和右消去律是两个不同的消去律. 同样地, (4) 中的方程 $ax=b$ 与 $ya=b$ 也是两个不同的方程.

由于群 G 对于乘法满足结合律, 即对于 G 中的任意三个元素 a,b,c, 有 $(ab)c=a(bc)$, 因此表达式 abc 是有意义的, 它既可表示 $(ab)c$ 的结果, 也可表示 $a(bc)$ 的结果, 其结果都是一样的.

由群的乘法结合律可以十分方便地将这种表达式推广到任意有限多个元素的情形. 对于群 G 中的任意 n 个元素 $a_1,a_2,\cdots,a_n$, 表达式 $a_1a_2\cdots a_n$ 是有意义的, 它表示在不改变元素的相对顺序的前提下, 这些元素任意加括号 (即结合) 运算的结果. 这称为群 G 关于乘法的**广义结合律**.

利用群的广义结合律, 我们可以方便地表示元素与自身的乘积. 对群 G 中的任意元素 a, 称 n (n 是正整数) 个 a 的乘积为元素 a 的 n **次幂**, 记做 a^n. 我们规定 $a^0=e$. 于是有

$$a^m a^n=a^{m+n}, \quad (a^m)^n=a^{mn} \quad (m,n\in\mathbf{Z},m,n\geqslant 0).$$

进一步, 借助逆元, 规定 $a^{-n}=(a^{-1})^n$ ($n\in\mathbf{N}$), 则有

$$(a^{-1})^{-1}=a, \quad a^k a^l=a^{k+l}, \quad (a^k)^l=a^{kl}, \quad a^k a^{-l}=a^{k-l} \quad (k,l\in\mathbf{Z}).$$

如果群 G 是交换群, 那么还有

$$(ab)^k=a^k b^k \quad (a,b\in G,k\in\mathbf{Z}).$$

类似地, 如果群 G 上定义的代数运算称为加法, 我们称 n 个 a 的和为元素 a 的 n **倍**, 记做 na. 规定 $(-1)a=-a, a+(-1)b=a-b$, 则对任意的整数 k,l, 有

$$ka+la=(k+l)a, \quad -(-a)=a, \quad k(la)=(kl)a.$$

在本节最后, 我们再介绍一个概念, 这个概念是根据群 G 的唯一的单位元 e 来确定的.

定义 5 使群 G 中的元素 a 满足 $a^n=e$ 的最小正整数 n 称为元素 a 的**阶**, 记做 $|a|$ 或

$o(a)$. 如果这样的正整数 n 不存在,则称元素 a 的阶是无穷大.

显然,任何群的单位元的阶均为 1;有限群中的任意元素的阶是有限数.

习　题　3.1

1. 判断下面的集合关于矩阵乘法是否构成群:

$$G=\left\{\begin{pmatrix}1&0\\0&1\end{pmatrix},\begin{pmatrix}-1&0\\0&1\end{pmatrix},\begin{pmatrix}1&0\\0&-1\end{pmatrix},\begin{pmatrix}-1&0\\0&-1\end{pmatrix}\right\}.$$

2. 设集合 $G=\{(a,b)\,|\,a,b\in\mathbf{R},\text{且 }a\neq0\}$. 在 G 上定义乘法:$(a,b)(c,d)=(ac,ad+b)$. 求证:G 关于该乘法构成一个群. G 是交换群吗?

3. 设 V 为数域 K 上的线性空间,V^* 是 V 的对偶空间(即 V^* 是 V 到 K 的全体线性函数),在 V^* 上定义加法如下:设 $f,g\in V^*,v\in V$,则 $(f+g)(v)=f(v)+g(v)$. 证明:V^* 关于这个加法构成为一个交换群.

4. 若群 G 中的每个元素的逆元均是它自身,等价地,对 $\forall a\in G$,均有 $a^2=e$(单位元),证明:G 是交换群.

5. 如果对于群 G 中的任意两个元素 a,b,均有 $(ab)^2=a^2b^2$,证明:G 是交换群.

6. 证明:阶为偶数的群必有元素 a,使得 $a\neq e,a^2=e$(等价地,阶为偶数的有限群里必有元素,其阶为 2).

7. 证明以下命题等价:

(1) G 是群;

(2)(群的第二定义)G 是半群,并且 G 中存在元素 e_r(或 e_l),使得对 G 中的任意元素 a,均有 $ae_r=a$(或 $e_la=a$);对于 G 中的任意元素 b,G 中都有元素 b_r(或 b_l),使得 $bb_r=e_r$(或 $b_lb=e_l$). 称 e_r(或 e_l)为群 G 的右(或左)单位元;称 b_r(或 b_l)为元素 b 的右(或左)逆元.

(3)(群的第一定义)G 是半群,且对于 G 中的任意两个元素 a,b,方程 $ax=b$ 和方程 $ya=b$ 在 G 中都有解.

8. 设 G 是有限非空集合,并在 G 上定义了乘法运算,求证:如果 G 关于此乘法运算满足结合律、左消去律(即对 G 中的任意三个元素 a,b,c,若 $ab=ac$,则 $b=c$)和右消去律(即对 G 中的任意三个元素 a,b,c,若 $ba=ca$,则 $b=c$),则 G 是群. 如果不要求 G 是有限集合,G 一定是群吗?

§3.2　变　换　群

在这节,我们讨论一种具有重要理论意义与应用意义的群,即变换群. 变换群是刻画事物对称性的有力工具,它不仅可以刻画几何图形的对称性和多元函数的对称性,还可以刻画物理系统的对称性. 变换群是一种非常具体的群. 由于变换群中的每一个元素都具有非常明确的具体的意义, 从而元素之间的运算也具有非常具体的意义. 同时, 从某种意义上讲, 变换群具有普遍性. 通过著名的 Cayley 定理 (见 §3.8), 我们知道它代表了一切群.

一、变换群

前面我们已经介绍过变换和一一变换的概念: 设 A 是非空集合, τ 是 A 到自身的一个映射, 则称 τ 为集合 A 上的一个变换. 特别地, 当 τ 是 A 到自身的双射时, 称 τ 为 A 上的一一变换.

例 1　设集合 $A = \{1, 2\}$, 则 A 上的所有可能的变换是:

$$\tau_1: 1 \mapsto 1, 2 \mapsto 1; \quad \tau_2: 1 \mapsto 1, 2 \mapsto 2; \quad \tau_3: 1 \mapsto 2, 2 \mapsto 1; \quad \tau_4: 1 \mapsto 2, 2 \mapsto 2.$$

显然, τ_2, τ_3 是一一变换, 且 $\tau_2 = i$ 是恒等变换.

现在我们来看看集合 A 上的这四个变换所组成的集合 S 是否构成群. 显然 A 上的变换的乘积 (合成) 还是 A 上的变换, 即集合 A 上的变换的全体 S 对于变换的乘法是封闭的. 由于变换的乘法满足结合律, 且 $\tau_k i = i \tau_k = \tau_k (k = 1, 2, 3, 4)$, 因此 S 构成幺半群. 但是 τ_1, τ_4 不可逆, 因此在变换的乘法下它们均没有逆元, 从而 S 不构成群.

既然如果一些变换的集合要构成群, 就要求每个元素都有逆元, 而对于变换的乘法, 可逆变换的逆变换是其逆元, 不可逆变换在变换的乘法下就没有逆变换, 即没有逆元, 那么一个自然的问题就是: 把那些不可逆的变换去掉, 余下的变换所组成的集合是否一定构成群? 或者说, 一个非空集合上的所有一一变换组成的集合 G 是否可以构成群? 我们还是以例 1 的集合 A 为例来看. 集合 A 上的可逆变换只有两个: τ_2, τ_3. 设 $G = \{\tau_2, \tau_3\}$. 由于 τ_2 是恒等变换, 从而肯定有 $\tau_2 \tau_3 = \tau_3 \tau_2 = \tau_3$, 同时还有 $\tau_3 \tau_3 = \tau_2$, 所以 G 关于变换的乘法封闭, 且 τ_2 是 G 的单位元. 由于 $\tau_3^2 = i = \tau_2$, 所以 G 中的每个元素均有逆元. 由线性代数的知识知, 变换的乘法是满足结合律的. 所以 G 的确构成一个群.

这个例子告诉我们, 一个非空集合 A (A 的元素个数大于 1 时) 上的所有变换在变换的乘法下不能构成群, 其根本原因就是不可逆变换 (非一一变换) 没有逆元; 而 A 上的所有一一变换却可以构成一个群. 于是我们有下面的结论:

定理 1　设 G 是非空集合 A 上的某些变换所组成的集合. 如果 G 在变换的乘法下是群, 则 G 中只有一一变换, 且含有恒等变换.

证明　由于 G 是群, 所以 G 有单位元且唯一, 而显然恒等变换 i 满足单位元的定义, 故 $i \in G$. 如果 $\tau \in G$, 则必有 $\tau' \in G$, 使得 $\tau' \tau = \tau \tau' = i$. 对 A 中的任意元素 a, 有 $\tau(\tau'(a)) = a$, 即 $\tau'(a)$ 是 a 在 τ 下的原像, 所以 τ 是满射. 又若 $\tau(a) = \tau(b)$, 则

$$a = i(a) = \tau'(\tau(a)) = \tau'(\tau(b)) = (\tau' \tau)(b) = i(b) = b,$$

从而 τ 是单射. 所以 τ 是双射. 这就说明 G 中的任意元素均是一一变换.

定义 1 非空集合 A 上的若干一一变换关于变换的乘法构成的群,称为集合 A 上的**变换群**.

由前面的分析知,非空集合 A 上的任意变换群的单位元必是恒等变换 i.

对任意一个代数系统(群是其中之一)的讨论,我们总要讨论三个问题:存在问题、数量问题及结构问题.定义 1 告诉了我们什么是变换群,但还没有回答任意非空集合 A 上是否有变换群,即存在问题.

定理 2 非空集合 A 上的所有一一变换组成的集合关于变换的乘法构成 A 上的一个变换群,称为 A 上的**全变换群**或**对称群**,记为 S_A.

证明 设 $G=\{A$ 上的一一变换$\}$.由于 G 中的任意元素都是一一变换,而一一变换的乘积也是一一变换,所以 G 关于变换乘法封闭.任意变换的乘法满足结合律,一一变换当然也不例外.显然,恒等变换 i 是 G 的单位元.G 中任何元素 τ 的逆变换 τ^{-1} 就是 τ 的逆元.所以 G 是群,即 A 的所有一一变换关于变换的乘法构成一个群.

需要说明的是,对于给定的非空集合 A,除了全变换群 S_A 外,A 可能还有其他的变换群.实际上,S_A 是 A 上的所有变换群中"最大"的群.

我们在中小学数学及线性代数中已接触过很多变换群,下面举一些例子.

例 2 设 $a,b\in\mathbf{R},a\neq0$,$\mathbf{R}$ 上的变换
$$f_{(a,b)}:\mathbf{R}\to\mathbf{R},$$
$$x\mapsto f_{(a,b)}(x)=ax+b.$$
把 $\mathbf{R}$ 上的所有这样的变换 $f_{(a,b)}$ 组成一个集合 G,即 $G=\{f_{(a,b)}\,|\,a,b\in\mathbf{R},a\neq0\}$.非常明显,$G$ 关于这样的变换的乘法封闭,任意的 $f_{(a,b)}\in G$ 是 $\mathbf{R}$ 上的一一变换,满足结合律,且
$$f_{(a,b)}f_{(1,0)}=f_{(1,0)}f_{(a,b)}=f_{(a,b)},\quad f_{(a,b)}f_{(1/a,-b/a)}=f_{(1/a,-b/a)}f_{(a,b)}=f_{(1,0)},$$
即 G 的单位元是 $f_{(1,0)}$,$f_{(a,b)}$ 的逆元是 $f_{(1/a,-b/a)}$.因此 G 是 $\mathbf{R}$ 上的一个变换群.显然 G 不是 $\mathbf{R}$ 的全变换群.

另外,当 $ad+b\neq bc+d$ 时(显然这是能实现的),有
$$f_{(a,b)}f_{(c,d)}(x)=acx+(ad+b)\neq f_{(c,d)}f_{(a,b)}(x)=acx+(bc+d),$$
因此 G 是非交换群.

其实,$f_{(a,b)}$ 就是我们中学里非常熟悉的一次函数.我们称 $f_{(a,b)}$ 为 $\mathbf{R}$ 上的**线性变换**.特别地,$f_{(a,0)}$ 是正比例函数,称为 $\mathbf{R}$ 上的**倍法变换**.

例 3 设 V 是数域 $F=\mathbf{Q},\mathbf{R},\mathbf{C}$ 上的 n 维线性空间.V 上的可逆线性变换全体组成的集合关于变换的乘法构成群,称为 V 上的**一般线性群**,记做 $GL_n(V)$.当 $n>1$ 时,$GL_n(V)$ 是非交换群.

$GL_n(V)$ 中行列式等于 1 的全体变换组成的集合 $SL_n(V)$ 关于变换的乘法也构成一个群,称为 V 上的**特殊线性群**.对于实数集 $\mathbf{R}$ 上的 n 维欧氏空间 $\mathbf{R}^n$,其上的正交变换全体组成

的集合 $O_n(\mathbf{R}^n)$ 关于变换的乘法构成群,称为 $\mathbf{R}^n$ 上的**正交变换群**. 更进一步,n 维欧氏空间 $\mathbf{R}^n$ 上的行列式等于 1 的正交变换全体组成的集合 $SO_n(\mathbf{R}^n)$ 关于变换的乘法也构成群,称为 $\mathbf{R}^n$ 上的**特殊正交变换群**.

二、图形的对称性群

现在我们讨论平面上或空间中的图形的对称性群,从而体会群在刻画图形的对称性方面的应用.

定义 2 对于平面上(或空间中)的图形 Γ,使图形 Γ 变到与自身重合(在不引起误会的情形下,简单地说成"保持图形不变")的平面上(或空间中)的正交变换称为图形 Γ 的**对称性变换**.

图形的对称性是由其对称性变换确定的. 我们可证明如下的定理:

定理 3 图形 Γ 的全体对称性变换所组成的集合关于变换的乘法构成一个群,称为图形 Γ 的**对称性群**.

证明 设 G 是由图形 Γ 的全体对称性变换所组成的集合. 若 $T_1,T_2 \in G$,则 T_1,T_2 均是正交变换. 由线性代数的知识知,它们的积 $T_1 T_2$ 也是正交变换. 因为 T_1,T_2 均把图形 Γ 变到与自身重合,当然它们的积 $T_1 T_2$ 也把图形 Γ 变到与自身重合. 这就说明 G 关于变换的乘法是封闭的. 恒等变换是 G 的单位元;正交变换都是可逆变换,且正交变换的逆变换仍是正交变换,因此它的逆变换就是其逆元;任意变换的乘法都有结合律,正交变换当然也不例外. 所以 G 关于变换的乘法构成一个群.

例 4 平面上正三角形的对称性群是
$$D_3 = \{T_0,T_1,T_2,S_1,S_2,S_3\},$$
其中 $T_i(i=0,1,2)$ 表示绕正三角形的中心逆时针旋转 $i \cdot 120°$;$S_i(i=1,2,3)$ 表示关于三条中线的反射. 一般地,平面上任意正 n $(n \geqslant 3)$ 边形的对称性群是
$$D_n = \{T_{i-1},S_i \mid i=1,2,\cdots,n\},$$
其中 $T_{i-1}(i=1,2,\cdots,n)$ 表示绕正 n 边形的中心逆时针旋转 $(i-1) \cdot \dfrac{360°}{n}$;而 $S_i(i=1,2,\cdots,n)$ 表示关于各对称轴的反射.

这里,我们对一般情形略作些讨论. T_1 是绕正 n 边形中心逆时针旋转 $\dfrac{360°}{n}$ 的旋转,于是保持与正 n 边形重合的任意旋转都可以写为 T_1^k 的形式 $\left(T_1^k\right.$ 表示绕该图形的中心逆时针旋转 $k \cdot \dfrac{360°}{n}$ 的旋转$\left.\right)$;S_i 表示关于预先编号的第 i 边的对称轴 l_i 的反射,于是有 $S_i^2 = T_0$,并且 $S_i^{-1} T_1 S_i = T_1^{-1}$. 按这样容易证明 D_n 是群.

我们可以仿照平面上的正多边形的对称性群来进行正多面体的对称性群的讨论. 但由于正多面体是空间图形(三维图形),借助正交矩阵做抽象的讨论来得更简洁. 不过,与平面上的正多边形相比,还是略显复杂一些,这里我们不打算对其进行详细阐述,有兴趣的读者可参看文献[7].

三、多元对称函数的对称性群

我们在中学数学中讨论一元二次方程 $ax^2+bx+c=0\,(a\neq0)$ 时给出了根与系数的关系:设 x_1,x_2 是此方程的两个根(我们总假设方程有根),那么有

$$x_1+x_2=-\frac{b}{a},\quad x_1x_2=\frac{c}{a}.$$

在线性代数的多项式理论中,我们也有类似的结论,从而引入了具有如下形式的初等对称多项式:

$$x_1+x_2+\cdots+x_n,$$
$$x_1x_2+x_1x_3+\cdots+x_1x_n+x_2x_3+\cdots+x_2x_n+\cdots+x_{n-1}x_n,$$
$$\cdots\cdots\cdots\cdots$$
$$x_1x_2\cdots x_n.$$

现在我们来看看为什么把上面这些多项式称为初等对称多项式,即"对称"的本质究竟是什么.

实际上,在考查初等对称多项式时,我们关心的是多项式中字母的下标. 显然,这些字母的下标组成了集合 $A=\{1,2,\cdots,n\}$. 对于任意一个初等对称多项式,我们把它们的下标进行一次任意的重排列,不妨设 i 变为 $\sigma_i\,(i=1,2,\cdots,n)$,由于这是一个重排列,所以 $\{\sigma_i\,(i=1,2,\cdots,n)\}=A$. 于是我们得到 A 上的一个变换:

$$\sigma:A\rightarrow A,$$
$$i\mapsto\sigma_i=\sigma(i).$$

这样,σ 是 A 上的一一变换,并且任意初等对称多项式在变换 σ 下仍变为原来的多项式,如在 σ 下,第一个初等对称多项式变为 $x_{\sigma(1)}+x_{\sigma(2)}+\cdots+x_{\sigma(n)}$,而它仍是 $x_1+x_2+\cdots+x_n$. 简单地说,在集合 A 上的一一变换下,任意初等对称多项式依旧变为与其相同的初等对称多项式.

又显然,对于集合 A 上的任意一个一一变换 σ,就确定了集合 A 中的元素的一个重排列;反之,集合 A 中的元素的任意一个重排列也就确定了 A 上的唯一一个一一变换.

在线性代数中,n 元对称多项式也具有上述初等对称多项式的特征. 于是,我们引入下面的定义.

定义 3 设 $f(x_1,x_2,\cdots,x_n)$ 是数域 F 上的一个 n 元多项式. 对 $1,2,\cdots,n$ 进行任意一个

重排列,记此重排列所引起的变换(一一变换)为 σ. 若对 $f(x_1,x_2,\cdots,x_n)$ 的字母的下标进行变换 σ 之后,所得的多项式与 $f(x_1,x_2,\cdots,x_n)$ 完全相同,则称 $f(x_1,x_2,\cdots,x_n)$ 是 F 上的一个 n 元对称多项式.

根据定义,显然初等对称多项式是对称多项式.

多项式理论告诉我们,对称多项式的乘积仍是对称多项式,且任意对称多项式都可以表示为初等对称多项式的多项式的形式. 这就是所谓的对称多项式基本定理.

既然我们称某些多项式为对称多项式,那么一定有不是对称多项式的多项式. 事实的确如此,如 $f(x_1,x_2,x_3)=x_1x_2$ 就不是对称多项式,因为满足 $\sigma(1)=2,\sigma(2)=3,\sigma(3)=1$ 的变换 σ 是集合 $\{1,2,3\}$ 上的一一变换,但非常明显,$f(x_1,x_2,x_3)=x_1x_2$ 在此变换下变成了另外一个多项式 $g(x_1,x_2,x_3)=x_2x_3$.

定义 4 设 $f(x_1,x_2,\cdots,x_n)$ 是数域 F 上的一个 n 元多项式,σ 是 $\{1,2,\cdots,n\}$ 上的一个一一变换. 若 $f(x_{\sigma(1)},x_{\sigma(2)},\cdots,x_{\sigma(n)})=f(x_1,x_2,\cdots,x_n)$,则称变换 σ 是 $f(x_1,x_2,\cdots,x_n)$ 的一个**对称性变换**.

完全仿照图形的对称性群的证明方法可得如下定理:

定理 4 设 $f(x_1,x_2,\cdots,x_n)$ 是数域 F 上的一个 n 元多项式,则 $f(x_1,x_2,\cdots,x_n)$ 的所有对称性变换组成的集合构成一个群,称为多项式 $f(x_1,x_2,\cdots,x_n)$ 的对称性群.

群是带有一种代数运算的代数系统,群的理论(群论)是近世代数中的一个极其重要的分支,它在物理、化学、生物、信息科学及数学本身等许多领域均有十分广泛的应用,如可使用对有限点集作置换来研究图形或物理系统的对称性,分子结构与晶体的对称性,数字通信的可能、保密与解密性,建筑装饰图案的对称性,尺规作图,正多面体染色,生物基因序列图等问题.

习 题 3.2

1. 找出集合 $A=\{1,2,3\}$ 上的对称群及所有的变换群.
2. 讨论下列图形的对称性群:
(1) 正方形; (2) 矩形; (3) 菱形; (4) 圆.

§3.3 群 的 同 构

研究任何一个代数系统总要研究它的存在问题、数量问题及结构问题. 从前面列举的群的例子可以看出,我们能构造出无限多个各种各样的群. 但这对我们的研究也许并没有多大帮助,甚至可能还会把简单的事情变得更复杂. 为此,我们希望能设计某种标准,使用它可以判断两个群在"本质"上是否完全一样,从而简化对群的研究,而且还可以避免重复工作. 本节介绍的群同态与群同构将解决这些问题.

一、群的同态和同构的基本概念

定义 1 设 G_1,G_2 是两个群, f 是从 G_1 到 G_2 的映射. 如果 G_1 中任何两个元素的积(关于 G_1 的乘法)在 f 下的像恰好是它们的像的积(关于 G_2 的乘法), 即对 $\forall a,b \in G_1$, 总有

$$f(ab)=f(a)f(b),$$

则称 f 为群 G_1 到群 G_2 的同态映射, 简称**群同态**或**同态**. 如果同态 f 是单映射, 则称它为**单同态**; 如果同态 f 是满映射, 则称它为**满同态**. 简单地讲, 所谓群 G_1 到 G_2 的满同态是保持运算的满射. 此时也称群 G_1 与群 G_2 **同态**, 记做 $G_1 \sim G_2$. 是双射的群同态称为**群同构**. 如果两个群 G_1,G_2 之间有同构映射, 则称这两个群**同构**, 记做 $G_1 \cong G_2$.

特别地, 群到自身的同态、单同态、满同态或同构分别称为群上的自同态、单自同态、满自同态或自同构.

例 1 设 G_1 是任意一个群, $G_2 = \{e\}$ 关于乘法 $ee=e$ 构成群(见 §3.1 例 5), 则如下的映射 f 是群 G_1 到群 G_2 的满同态:

$$f:G_1 \to G_2,$$
$$a \mapsto e,$$

其中 a 是 G_1 中的任意元素.

事实上, 对于群 G_1 中的任意两个元素 a,b, 有 $f(a)=f(b)=e$, 于是

$$f(ab)=e=ee=f(a)f(b).$$

显然 f 是满射. 因此 f 是 G_1 到 G_2 的满同态.

需要说明的是, 如果群 G_1 至少有两个元素, a 是 G_1 中的某个元素, $G_2 = \{e\}$, 则映射

$$g:G_2 \to G_1,$$
$$e \mapsto a$$

不一定是群 G_2 到群 G_1 的同态映射. 事实上, 若 G_1 如 §3.1 例 6 所示, 而 G_2 为该例中的 G_2^*, 即 $e =$ 奇数, 则如上定义的映射 g 显然不保持群的运算. 这说明群同态是有方向性的. 从下面的例子将看到, 群的同构是相当自由的, 而没有方向性要求. 事实上, 如果群 G_1 到群 G_2 有同构映射 f, 那么群 G_2 到群 G_1 也有同构映射 g(其实, $g=f^{-1}$ 就是其中一个). 这也就是定义中为什么把两个群称为同构的缘故.

例 2 设 G 是任意一个群, 显然 G 上的恒等变换 i(即对于 G 中的任意元素 a, 有 $i(a)=a$)是 G 上的自同构.

一般来说, 满足 $f(a)=a^{-1}$ 的变换 f 并非总是 G 上的自同构. 这是因为, 对于 G 中的任意两个元素 a,b, 有 $f(a)=a^{-1}, f(b)=b^{-1}$, 因此

$$f(ab)=(ab)^{-1}=b^{-1}a^{-1}.$$

而 $f(a)f(b)=a^{-1}b^{-1}$. 由于群的乘法一般来说不满足交换律, 因此未必有 $a^{-1}b^{-1}=b^{-1}a^{-1}$, 从而 f 未必是群 G 的自同构. 但很明显, f 是一一变换.

这个例子表明, 群 G 上的一一变换并非一定是它上的自同构. 但在线性代数中, 我们知道, 如果变换 f 是线性空间 V 的任意可逆变换 (一一变换), 那么 f 一定是 V 上的自同构.

自然我们想知道: 既然线性空间 V (关于向量的线性运算) 和 G (关于 G 中定义的乘法) 都是群, 那为什么对于前者其上的一一变换是自同构, 而对于后者却不一定呢? 我们略加回忆线性空间 V 上向量的线性运算就知道, 向量的加法有交换律. 因此, 自然有结论: 满足 $f(a)=a^{-1}$ 的变换 f 是交换群 G 上的自同构. 更进一步, 交换群上的任意一一变换都是该交换群上的自同构.

例 1 告诉我们, 对于任意两个群, 很容易就可以构造第一个群到第二个群的一个同态, 但这两个群可能并没有太多的可比性或借鉴性. 也就是说, 如果我们仅研究两个群是否同态, 并不会让我们特别满意. 例 2 告诉我们, 对于任意一个群, 一定有它上的自同构 (恒等变换就是一个自同构). 但如果我们只用恒等变换来研究一个群, 这与我们直接从群本身来研究没有什么区别. 这也不是我们想要的结果. 研究线性空间时我们构造同构映射 (或变换) 是希望能把比较复杂的问题进行简化, 或者说希望能把不易理解和研究的对象变得更容易理解和研究. 对于群的研究, 我们同样希望如此. 我们先来看看下面的例子.

例 3 考虑 §3.1 例 6 中的两个群 G_1 与 G_2.

作映射

$$\sigma: G_1 \rightarrow G_2,$$
$$\sigma(0)=偶数, \quad \sigma(1)=奇数.$$

显然如此定义的映射 σ 是群 G_1 到群 G_2 的双射, 并且此映射还保持群的运算, 即 σ 是群 G_1 到群 G_2 的同构. 直观地说, G_1 满足的任意性质, 只要把 G_1 中出现 "0, 1" 的地方依次换为 "偶数、奇数", 则在 G_2 中也完全成立. 也就是说, 把 "0, 1" 和 "偶数、奇数" 对应地等同起来, 则 G_1 与 G_2 没有任何区别, 这就是群同构的本质所在.

群同构在研究群时的作用: 假设有两个群是同构的, 如果我们把其中任何一个群的所有或部分性质研究清楚了, 那么我们可以肯定地说, (利用同构映射) 也就把另外一个群相对应的全部或部分性质也研究清楚了.

例 4 §3.1 例 3 告诉我们, $F (F=\mathbf{Q}, \mathbf{R}, \mathbf{C})$ 上所有 n 阶可逆矩阵组成的集合关于矩阵乘法构成群——一般线性群 $GL_n(F)$. 又由 §3.2 例 3 知, F 上的 n 维线性空间 V 的全体可逆线性变换组成的集合关于变换乘法也构成一个群——一般线性群 $GL_n(V)$. 我们现在证明这两个群是同构的.

实际上, 由线性代数知识我们已经知道, 取定 V 上的一组基 $\{e_1, e_2, \cdots, e_n\}$, 则 V 上的任意可逆线性变换 f 就确定了唯一一个 n 阶可逆矩阵 A, 且两个可逆线性变换的乘积对应着

相应可逆矩阵的乘积；反之亦然. 也就是说，取定 V 的一组基，映射

$$\sigma: GL_n(V) \rightarrow GL_n(F),$$

$$f \mapsto \boldsymbol{A}$$

（$\boldsymbol{A}$ 是 f 在取定基下的矩阵）是 $GL_n(V)$ 到 $GL_n(F)$ 的双射，且保持运算不变. 因此

$$GL_n(V) \cong GL_n(F).$$

根据上面介绍的关于群同构的本质，我们就可以理解为什么把 $GL_n(F)$ 与 $GL_n(V)$ 都称为一般线性群了.

不仅如此，对于特殊线性群、正交群、特殊正交群等也有完全类似的结果.

例 5　证明：n 次单位根群 $U_n = \{z_k = \mathrm{e}^{\frac{2k\pi}{n}\mathrm{i}} \mid k = 0, 1, 2, \cdots, n-1, \mathrm{i}^2 = -1\}$（见 §3.1 例 4）与 $\mathbf{Z}$ 关于模 n 的剩余类加群 $\mathbf{Z}_n$（见 §3.1 例 7）同构.

证明　作映射

$$\sigma: U_n \rightarrow \mathbf{Z}_n,$$

$$z_k \mapsto [k].$$

显然 σ 是双射. 对于任意两个整数 k, l，有 $\sigma(z_k)\sigma(z_l) = [k] + [l] = [k+l]$，同时

$$\sigma(z_k z_l) = \sigma\left(\mathrm{e}^{\frac{2k\pi}{n}\mathrm{i}} \cdot \mathrm{e}^{\frac{2l\pi}{n}\mathrm{i}}\right) = \sigma\left(\mathrm{e}^{\frac{2(k+l)\pi}{n}\mathrm{i}}\right) = \sigma(z_{k+l}) = [k+l].$$

这表明 σ 是群 U_n 到群 $\mathbf{Z}_n$ 的保持运算的映射. 因此 σ 是群 U_n 到群 $\mathbf{Z}_n$ 的同构，即 $U_n \cong \mathbf{Z}_n$.

下面的例子是群的极其重要的一种自同构.

例 6　设 G 是任意一个群，a 是 G 中的任意元素. 证明：G 上的变换 $\rho_a(x) = axa^{-1}$ 是群 G 上的自同构（称 ρ_a 为由元素 a 引起的群 G 上的**内自同构**）.

证明　对于 G 中的任意两个元素 g_1, g_2，若 $\rho_a(g_1) = \rho_a(g_2)$，即 $ag_1a^{-1} = ag_2a^{-1}$，两边同时左乘 a^{-1}，右乘 a，得

$$a^{-1}ag_1a^{-1}a = a^{-1}ag_2a^{-1}a, \quad \text{即} \quad g_1 = g_2.$$

这表明变换 ρ_a 是单射. 再设 g 是群 G 中的任意一个元素. 令 $x = a^{-1}ga$，则

$$\rho_a(x) = \rho_a(a^{-1}ga) = a(a^{-1}ga)a^{-1} = g.$$

故变换 ρ_a 是满射，从而 ρ_a 是双射.

下面证明 ρ_a 保持运算，从而是群同构. 任取 G 的两个元素 g_1, g_2，有

$$\rho_a(g_1 g_2) = a(g_1 g_2)a^{-1} = ag_1(a^{-1}a)g_2a^{-1}$$

$$= (ag_1a^{-1})(ag_2a^{-1}) = \rho_a(g_1)\rho_a(g_2).$$

因此 ρ_a 是群 G 上的自同构.

二、群的同态和同构的基本性质

前面我们介绍了群的同态与同构的基本概念及一些重要例子，现在我们转向讨论群同

态与同构的基本性质.

定理 1　若 σ 是群 G_1 到群 G_2 的同态，e_{G_1}，e_{G_2} 分别是 G_1，G_2 的单位元，则

（1）$\sigma(e_{G_1})=e_{G_2}$，即单位元在群同态下的像还是单位元.

（2）$\sigma(a^{-1})=[\sigma(a)]^{-1}$，即逆元的像是像的逆元.

（3）G_2 的子集 $\mathrm{Im}\sigma=\{\sigma(a)\,|\,a\in G_1\}$ 关于 G_2 的乘法也构成群，且 G_2 的单位元 e_{G_2} 也是群 $\mathrm{Im}\sigma$ 的单位元，a^{-1} 在 $\mathrm{Im}\sigma$ 中的像就是 a^{-1} 在 G_2 中的像. 称 $\mathrm{Im}\sigma$ 为群 G_1 在 σ 下的**像**.

（4）G_1 的子集 $\mathrm{Ker}\sigma=\{a\,|\,\sigma(a)=e_{G_2},a\in G_1\}$ 关于 G_1 的乘法也构成群，且 G_1 的单位元 e_{G_1} 也是群 $\mathrm{Ker}\sigma$ 的单位元. $\mathrm{Ker}\sigma$ 中的元素 x 在 G_1 中的逆元也是 x 在 $\mathrm{Ker}\sigma$ 中的逆元. 称 $\mathrm{Ker}\sigma$ 为群同态 σ 的**核**.

（5）σ 是单同态的充分必要条件是 $\mathrm{Ker}\sigma=\{e_{G_1}\}$.

证明　（1）由于 σ 是群同态，因此有
$$e_{G_2}\sigma(a)=\sigma(a)=\sigma(e_{G_1}a)=\sigma(e_{G_1})\sigma(a).$$
由群的消去律知 $e_{G_2}=\sigma(e_{G_1})$.

（2）由群同态的定义及（1）有
$$e_{G_2}=\sigma(e_{G_1})=\sigma(aa^{-1})=\sigma(a)\sigma(a^{-1}),$$
又由逆元的唯一性得
$$\sigma(a^{-1})=[\sigma(a)]^{-1}.$$

（3）显然 $\mathrm{Im}\sigma$ 是 G_2 的子集. 由于 $e_{G_1}\in G_1$，所以 $\sigma(e_{G_1})\in\mathrm{Im}\sigma$，从而 $\mathrm{Im}\sigma$ 是非空集合. 对于 $\mathrm{Im}\sigma$ 中的任意两个元素 a'，b'，根据 $\mathrm{Im}\sigma$ 的定义，存在 G_1 中的元素 a，b，使得 $\sigma(a)=a'$，$\sigma(b)=b'$. 于是
$$a'b'=\sigma(a)\sigma(b)=\sigma(ab)\in\mathrm{Im}\sigma,$$
即 $\mathrm{Im}\sigma$ 关于 G_2 的乘法封闭. 由于 G_2 的乘法有结合律，而 $\mathrm{Im}\sigma$ 是 G_2 的子集，当然 $\mathrm{Im}\sigma$ 关于 G_2 的乘法也不例外. 又由（1）知 e_{G_2} 是 $\mathrm{Im}\sigma$ 的单位元. G_1 中的任意元素的逆元的像也在 $\mathrm{Im}\sigma$ 中，即 a^{-1} 在 $\mathrm{Im}\sigma$ 中的像就是 a^{-1} 在 G_2 中的像. 由（2）知，$\mathrm{Im}\sigma$ 中的任意元素在 $\mathrm{Im}\sigma$ 中存在逆元. 根据群的定义知，$\mathrm{Im}\sigma$ 关于 G_2 的乘法也构成群.

（4）显然 $\mathrm{Ker}\sigma$ 是 G_1 的子集. 因 $\sigma(e_{G_1})=e_{G_2}$，故 $\mathrm{Ker}\sigma$ 是非空集合. 对于 $\mathrm{Ker}\sigma$ 中的任意两个元素 a，b，有 $\sigma(a)=e_{G_2}$，$\sigma(b)=e_{G_2}$. 由 σ 是群同态得
$$\sigma(ab)=\sigma(a)\sigma(b)=e_{G_2}e_{G_2}=e_{G_2},$$
因此 $ab\in\mathrm{Ker}\sigma$，即 $\mathrm{Ker}\sigma$ 关于 G_1 的乘法封闭. 显然，若 $a\in\mathrm{Ker}\sigma$，则
$$\sigma(ae_{G_1})=\sigma(a)=\sigma(a)e_{G_2}.$$
G_1 的乘法结合律蕴含了 $\mathrm{Ker}\sigma$ 的乘法结合律. 若 $x\in\mathrm{Ker}\sigma$，则 $\sigma(x)=e_{G_2}$. 记 x 在 G_1 中的逆元为 x^{-1}，再由（2）有 $\sigma(x^{-1})=[\sigma(x)]^{-1}$，知 $x^{-1}\in\mathrm{Ker}\sigma$，即 x 在 $\mathrm{Ker}\sigma$ 中存在逆元，它就是 x 在 G_1 中的逆元 x^{-1}. 显然 G_1 的单位元 e_{G_1} 就是 $\mathrm{Ker}\sigma$ 的单位元. 根据群的定义知，$\mathrm{Ker}\sigma$ 构

成群.

(5) 若 σ 是单同态,则对于 G_1 中的任何两个不同元素 a,b,有 $\sigma(a)\neq\sigma(b)$. 又由(1)知 $\sigma(e_{G_1})=e_{G_2}$,因此 $\mathrm{Ker}\sigma=\{e_{G_1}\}$.

反之,设 $\mathrm{Ker}\sigma=\{e_{G_1}\}$. 如果在 G_1 中有某两个元素 a,b,满足

$$\sigma(a)=\sigma(b),\quad 即\quad [\sigma(a)]^{-1}=[\sigma(b)]^{-1},$$

那么

$$\sigma(ab^{-1})=\sigma(a)\sigma(b^{-1})=\sigma(a)[\sigma(b)]^{-1}=\sigma(a)[\sigma(a)]^{-1}=e_{G_2},$$

因此 $ab^{-1}\in\mathrm{Ker}\sigma$. 由 $\mathrm{Ker}\sigma=\{e_{G_1}\}$ 得 $ab^{-1}=e_{G_1}$,从而 $a=b$,即 σ 是单同态.

定理 2　群的同构关系是一个等价关系.

证明　显然,对于任何群 G,G 上的恒等变换 i 就是它的一个自同构,即任何群都与自身同构.

设映射 σ 是群 G_1 到群 G_2 的同构,则显然 σ^{-1} 是群 G_2 到群 G_1 的双射,并且对于 G_1 中的任何两个元素 a,b,G_2 中有唯一一对元素 a',b' 与之对应,即 $\sigma^{-1}(a')=a,\sigma^{-1}(b')=b$. 于是有

$$\sigma^{-1}(a'b')=\sigma^{-1}[\sigma(a)\sigma(b)]=\sigma^{-1}[\sigma(ab)]=(\sigma^{-1}\sigma)(ab)=ab=\sigma^{-1}(a')\sigma^{-1}(b').$$

上式表明 σ^{-1} 保持群运算. 因此 σ^{-1} 是群 G_2 到群 G_1 的同构.

设 σ_1 是群 G_1 到群 G_2 的同构,σ_2 是群 G_2 到群 G_3 的同构. 显然 $\sigma_2\sigma_1$ 是群 G_1 到群 G_3 的双射. 任取 G_1 中的两个元素 a,b,有

$$\sigma_2\sigma_1(ab)=\sigma_2[\sigma_1(ab)]=\sigma_2[\sigma_1(a)\sigma_1(b)]=\sigma_2\sigma_1(a)\sigma_2\sigma_1(b),$$

即 $\sigma_2\sigma_1$ 保持群运算. 因此 $\sigma_2\sigma_1$ 是群 G_1 到群 G_3 的同构.

综上所述,群之间的同构关系是一个等价关系.

下面的结果是说,一个群上的所有自同构组成的集合关于变换的乘法又构成一个群. 群上的内自同构也有同样的结果.

定理 3　(1) 群 G 上的自同构的全体所组成的集合关于变换乘法构成群,称为群 G 上的**自同构群**,记做 $\mathrm{Aut}G$;

(2) 群 G 上的内自同构的全体所组成的集合关于变换乘法构成群,称为群 G 上的**内自同构群**,记做 $\mathrm{Inn}G$.

证明　(1) 在定理 2 中取 $G_1=G_2=G_3=G$,知 $\mathrm{Aut}G$ 关于变换的乘法封闭. 由于变换的乘法有结合律,当然自同构也有. 显然恒等变换是 $\mathrm{Aut}G$ 的单位元;自同构 σ 的逆变换 σ^{-1} 是其逆元. 因此 $\mathrm{Aut}G$ 关于变换的乘法构成群.

(2) 群 G 上的恒等变换是内自同构. 由于内自同构是自同构,由(1)的证明知,我们只需证明两个内自同构的乘积还是内自同构,内自同构的逆还是内自同构即可. 而事实上,对于群 G 上的任意两个内自同构 ρ_a,ρ_b 及 G 的任意元素 x,有

$$\rho_a\rho_b(x) = \rho_a[\rho_b(x)] = \rho_a(bxb^{-1}) = a(bxb^{-1})a^{-1}$$
$$= (ab)x(ab)^{-1} = \rho_{ab}(x),$$
$$\rho_{a^{-1}}\rho_a(x) = \rho_{a^{-1}}[\rho_a(x)] = \rho_{a^{-1}}(axa^{-1}) = a^{-1}(axa^{-1})(a^{-1})^{-1}$$
$$= (a^{-1}a)x(a^{-1}a) = x,$$

又由 x 的任意性知

$$\rho_a\rho_b = \rho_{ab}, \quad \rho_a^{-1} = \rho_{a^{-1}}.$$

由 §3.2 知,群 G 的自同构群 $\mathrm{Aut}G$ 和内自同构群 $\mathrm{Inn}G$ 均是群 G 上的变换群.

我们再介绍一个概念,这在后面需要用到.

定义 2　设 G 是一个群,a 是群 G 中的任意一个元素,称变换

$$L_a: G \to G,$$
$$g \mapsto ag \quad (g \in G)$$

为群 G 上的由元素 a 引起的**左平移**.

若 $L_a(g_1) = L_a(g_2)$,即 $ag_1 = ag_2$,则必有 $g_1 = g_2$.这表明 L_a 是 G 上的单射.又任取 G 中的一个元素 g,有 $L_a(a^{-1}g) = g$,因此 L_a 是 G 上的满射.于是 L_a 是 G 上的双射,即 $L_a \in S_G$.需要注意的是,一般来说,L_a 不一定是 G 上的自同构.

习　题　3.3

1. 设 σ 是群 G_1 到群 G_2 的同态,a 是 G_1 中的某个元素,问:a 的阶与 $\sigma(a)$ 的阶相同吗?

2. 证明:G 为交换群的充分必要条件是群 G 上的变换 $g \mapsto g^{-1}$ 是群同构.

3. 判定下列映射是否是群同态或群同构.若是,写出其核.

(1) G 是非零实数乘法群,G 上的映射 $f(x) = x^2$;

(2) G 是非零实数乘法群,G 上的映射 $g(x) = 2^x$;

(3) G 是实数加法群,G 上的映射 $h(x) = \mathrm{e}^x$,其中 e 是自然对数的底.

4. 设 G_1 是按 §3.1 例 6 的定义所成的群,$G_2 = \{1, -1\}$,G_2 上定义的乘法为数的普通乘法.

(1) 求证:G_2 关于数的普通乘法构成群.

(2) 求证:G_1 与 G_2 同构.

(3) 求证:映射 $\det: \boldsymbol{A} \to |\boldsymbol{A}|$ 是 n 阶正交群 $O_n(\mathbf{R})$ 到群 G_2 的满同态.求出 $\mathrm{Ker}\det$.

5. 设 G_1 是非零复数乘法群,$G_2 = \left\{ \begin{pmatrix} a & b \\ -b & a \end{pmatrix} \middle| a, b \in \mathbf{R}, |a| + |b| \neq 0 \right\}$,求证:$G_2$ 关于矩阵乘法构成群,且 G_1 与 G_2 同构.

6. 设 G 是有限群,$|G| > 2$,且 G 有元素 a,使得 $a^2 \neq e$,求证:$|\mathrm{Aut}G| > 1$.

7. 设 G 是有限群,$|\mathrm{Aut}G|=1$,求证:$|G|\leqslant 2$.

8. 设 D_3 表示平面上正三角形的对称性群,S_3 表示三个数 $1,2,3$ 的所有重排列引起的变换的全体组成的集合,求证:

(1) S_3 关于变换乘法构成群;　　(2) S_3 与 D_3 同构.

§3.4 循　环　群

本节里,我们讨论一种极其特殊的抽象群,即循环群. 它可以被认为是最简单的群,因而讨论起来也比较方便,而且具有非常良好的性质,对于研究其他类型的群还具有参考意义. 我们将看到,在同构意义下,我们已经了解了这类群的数量问题、存在问题及结构问题.

定义 1 设 G(在乘法下)是群. 若 G 中存在某个元素 a,使得 G 中任意元素 g 都可以表示为 a 的方幂的形式,即 $g=a^k (k\in\mathbf{Z})$,则称 G 是由元素 a 生成的**循环群**,记做 $G=\langle a\rangle$,并称元素 a 是该群的一个**生成元**.

显然,循环群一定是交换群.

下面先看我们已经非常熟悉的例子.

例 1 n 次单位根群 U_n 是循环群,z_1 是它的一个生成元,这是因为对任意的 $k\in\{0,1,2,\cdots,n-1\}$,总有 $z_k=z_1^k$.

例 2 对任意给定的非负整数 n,n 的所有倍数的集合 $n\mathbf{Z}$ 关于数的普通加法构成循环群(见§3.1例7),n 是它的一个生成元.

特别地,0 是 $0\mathbf{Z}=\{0\}$ 的生成元;1 是 $1\mathbf{Z}=\mathbf{Z}$ 的生成元.

例 3 对任意给定的正整数 n,$\mathbf{Z}$ 关于模 n 的剩余类加群 $\mathbf{Z}_n$ 是循环群,$[1]$ 是它的一个生成元.

定理 1 设 G 是由元素 a 生成的循环群,则 G 的结构完全由元素 a 的阶 $|a|$ 决定. 具体地,若 $|a|$ 是无限的,则 G 与整数加法群 $\mathbf{Z}$ 同构;若 $|a|=n$(n 是正整数),则 G 与 $\mathbf{Z}$ 关于模 n 的剩余类加群 $\mathbf{Z}_n$ 同构.

证明 已知 $G=\langle a\rangle$.

当 a 的阶无限时,我们先证明结论:对任意的整数 k,l,

$$a^k=a^l \text{ 当且仅当 } k=l.$$

事实上,显然,如果 $k=l$,必有 $a^k=a^l$. 反之,设 $a^k=a^l$. 如果 $k\neq l$,不妨设 $k>l$,于是有 $a^{k-l}=e$. 这表明 a 的阶不可能超过 $k-l$,与 a 的阶是无限的矛盾.

作映射

$$\tau: G\to\mathbf{Z},$$
$$a^k\mapsto k.$$

由上面的证明结论知 τ 是双射. 又

$$\tau(a^k a^l) = \tau(a^{k+l}) = k+l = \tau(a^k) + \tau(a^l).$$

因此 τ 保持群运算, 从而 τ 是群同构.

当 $|a|=n$ 时, 我们先证明: $G = \{a^0, a, \cdots, a^{n-1}\}$, 其中 $a^0 = e$.

事实上, 显然有 $\{a^0, a, \cdots, a^{n-1}\} \subseteq G$. 下面只需证明 $G \subseteq \{a^0, a, \cdots, a^{n-1}\}$. 为此, 任取 $b \in G$, 由于 $G = \langle a \rangle$, 故存在 $m \in \mathbf{Z}$, 使得 $b = a^m$. 由带余除法, 存在 $k, r \in \mathbf{Z}, 0 \leqslant r \leqslant n-1$, 使得 $m = kn + r$, 于是 $b = a^m = a^{kn} \cdot a^r$. 而由 $|a|=n$ 有 $a^{kn} = (a^n)^k = e^k = e$, 故有

$$b = a^{kn} \cdot a^r = ea^r = a^r \in \{a^0, a, \cdots, a^{n-1}\},$$

从而 $G \subseteq \{a^0, a, \cdots, a^{n-1}\}$. 这就表明 $G = \{a^0, a, \cdots, a^{n-1}\}$.

这时, 作映射

$$\sigma: G \to \mathbf{Z}_n,$$
$$a^k \mapsto [k].$$

我们下面证明 $G = \{a^0, a, \cdots, a^{n-1}\}$ 中的任何两个元素互不相等. 用反证法. 若它中的某两个元 a^k, a^l 相等, 于是 $a^{k-l} = e$. 由于 $|a|=n$, 即 n 是使 $a^m = e$ 成立的最小的正整数, 因此 $k-l=0$. 这就表明 $\{a^0, a, \cdots, a^{n-1}\}$ 中的任何两个元素的确互不相等. 由此, 非常明显, σ 是双射, 又根据 $\mathbf{Z}_n$ 的定义知 σ 是群同态, 因此 σ 是群同构.

推论　两个有限阶循环群同构的充分必要条件是它们的阶相等.

证明　设循环群 G_i 的阶是 $n_i, G_i = \langle a_i \rangle$, 则 $|a_i| = n_i (i=1,2)$. 如果 $G_1 \cong G_2$, 则 $a_1^n \mapsto a_2^n$ 是群同构映射. 由于 $a_1^k \neq e_{G_1}, a_2^l \neq e_{G_2} (1 \leqslant k \leqslant n_1 - 1, 1 \leqslant l \leqslant n_2 - 1)$, 且 $a_1^{n_1} = e_{G_1} \mapsto e_{G_2} = a_2^{n_2}$, 从而知必有 $n_1 = n_2$.

反之, 如果 G_1, G_2 都是循环群, 且 $|G_1| = |G_2| = n$, 由定理 1 知 $G_1 \cong \mathbf{Z}_n, G_2 \cong \mathbf{Z}_n$, 又群同构是等价关系, 因此 $G_1 \cong G_2$.

定理 1 及其推论告诉我们这样一些结论: 从抽象的角度来看, 我们对循环群已经研究得比较清楚了, 因为这类群的数量问题、存在问题及结构问题已经解决了. 说得更具体些, 那就是, 在同构意义下, 循环群一定是存在的, 且任一循环群是由其生成元的阶唯一确定的, 阶只可能是无限或有限两种情形, 即循环群只有两种.

对于无限阶循环群 $G = \langle a \rangle$, 其结构如下:

$$G = \{\cdots, a^{-2}, a^{-1}, a^0 = e, a, a^2, \cdots\},$$

其乘法是 $a^k a^l = a^{k+l}$.

对于 n 阶循环群 $G = \langle a \rangle$, 其结构如下:

$$G = \{a^0 = e, a, a^2, \cdots, a^{n-1}\},$$

其乘法是 $a^k a^l = a^r$, 其中 $k+l = nq + r \ (0 \leqslant r \leqslant n-1)$.

循环群之后最简单的群应是交换群了. 我们这里讨论有限交换群何时能成为循环群. 为

此,我们首先引入一个群的方次数的概念.

定义 2　设 G 是群,对所有 $a \in G$,满足 $a^t = e$ 的最小的正整数 t 称为群 G 的**方次数**,记做 $\exp(G)$.

比如 3 次单位根群 U_3 的方次数是 3. 这是因为 z_0 是 U_3 的单位元,因此 z_0 的阶是 1,又有

$$z_1^2 = z_2, \quad z_1^3 = z_0; \quad z_2^2 = z_1, \quad z_2^3 = z_1 z_2 = z_0.$$

为证明我们想要的结论,我们再介绍下面的有关群元素的阶的结论.

定理 2　设 G 是有限阶交换群,$g, h \in G$.

(1) 若 g 的阶 $|g|$ 与 h 的阶 $|h|$ 互素,即 $(|g|, |h|) = 1$,则 $|gh| = |g||h|$;

(2) 若 g 是 G 中阶最大的元素,则 $\exp(G) = |g|$.

证明　(1) 设 $|g| = m$,$|h| = n$,$|gh| = r$. 由于 G 是交换群,于是有

$$(gh)^{mn} = g^{mn} h^{mn} = (g^m)^n (h^n)^m = e^n e^m = e.$$

这说明 gh 的阶 r 能整除 mn,即 $r \mid mn$.

由于 $|gh| = r$,即 $(gh)^r = g^r h^r = e$,因此 $g^r = (h^r)^{-1} = h^{-r}$. 这样就有

$$e = e^r = (g^m)^r = (g^r)^m = (h^{-r})^m = h^{-rm} = (h^{rm})^{-1},$$

所以 $h^{rm} = e$,且 h 的阶 n 能整除 rm,即 $n \mid rm$. 但是 $(m, n) = 1$,由数论知识知道 $n \mid r$. 同理可证 $m \mid r$. 再一次由 $(m, n) = 1$ 知 $mn \mid r$. 所以 $r = mn$. 结论得证.

(2) 根据群的方次数的定义,为证明结果成立,我们只需要证明对 $\forall h \in G$,均有 $h^{|g|} = e$ 即可.

根据算术基本定理,设

$$|g| = p_1^{e_1} p_2^{e_2} \cdots p_s^{e_s}, \quad |h| = p_1^{f_1} p_2^{f_2} \cdots p_s^{f_s},$$

其中 $e_i, f_i \geqslant 0 (i = 1, 2, \cdots, s)$,且 $p_1, p_2, \cdots, p_s$ 是互不相同的素数.

若对于某个 i,有 $f_i > e_i$,不失一般性,设 $i = 1$,我们考查元素 $g_1 = g^{p_1^{e_1}}$,$h_1 = h^{p_2^{f_2} \cdots p_s^{f_s}}$. 于是 $g_1^{p_2^{e_2} \cdots p_s^{e_s}} = (g^{p_1^{e_1}})^{p_2^{e_2} \cdots p_s^{e_s}} = g^{p_1^{e_1} \cdots p_s^{e_s}} = e$,且对任意小于 $p_2^{e_2} \cdots p_s^{e_s}$ 的正整数 n,一定有 $np_1^{e_1} < p_1^{e_1} p_2^{e_2} \cdots p_s^{e_s}$. 而 $g_1^n = g^{np_1^{e_1}}$,由于 $|g| = p_1^{e_1} p_2^{e_2} \cdots p_s^{e_s}$,所以必有 $g_1^n \neq e$,从而

$$|g_1| = p_2^{e_2} \cdots p_s^{e_s}.$$

同样可证 $|h_1| = p_1^{f_1}$.

由于 $p_1, p_2, \cdots, p_s$ 是互不相同的素数,因此 $(p_2^{e_2} \cdots p_s^{e_s}, p_1^{f_1}) = 1$. 于是由 (1) 知

$$|g_1 h_1| = p_1^{f_1} p_2^{e_2} \cdots p_s^{e_s} > p_1^{e_1} p_2^{e_2} \cdots p_s^{e_s} = |g|.$$

这与我们假设 g 是群中阶最大的元素相矛盾. 所以 $f_i \leqslant e_i (i = 1, 2, \cdots, s)$. 这样就有

$$h^{|g|} = (h^{p_1^{f_1} \cdots p_s^{f_s}})^{p_1^{e_1 - f_1} \cdots p_s^{e_s - f_s}} = e.$$

这就是我们想要的结论,从而完成了结论的证明.

现在我们来给出一个有限交换群能成为循环群的条件.

定理 3 设 G 是有限交换群,则 G 是循环群的充分必要条件是
$$\exp(G) = |G|.$$

证明 如果 G 是循环群,则存在 $g \in G$,使得 $G = \langle g \rangle$.于是 $|G| = |g| = \exp(G)$.
反之,设 $|G| = \exp(G)$.由定理 2(2),存在 $g \in G$,使得 $|g| = \exp(G)$,于是
$$|\langle g \rangle| = |g| = |G|.$$

因此 $G = \langle g \rangle$,即 G 是循环群.

<h2 style="text-align:center">习 题 3.4</h2>

1. 设 $G = \langle a \rangle$ 是 n 阶循环群,正整数 m 与 n 互素,即 $(n, m) = 1$,求证: a^m 也能生成群 G.

2. 求证:与循环群同态的群也是循环群(即循环群的同态像仍是循环群).

3. 求证:任意两个无限阶循环群均同构.

4. 设 G 是 n 阶循环群,$m \mid n$,则方程 $x^m = e$ 在 G 中有 m 个解.

5. 找出 10 次单位根群 U_{10} 的所有可能的生成元.

<h2 style="text-align:center">§3.5 子群与子群的陪集</h2>

在线性代数中,研究线性空间的一种重要方法是把一个比较复杂的线性空间分解为两个不相交的子空间的和,通过研究这两个子空间的性质进而研究整个线性空间的性质.类似的方法也常常用于群论的讨论中.

一、子群

定义 1 设 H 是群 G 的非空子集.如果 H 关于 G 上的乘法运算也构成群,则称 H 是 G 的**子群**,记做 $H \leqslant G$.

显然,任何群 G 一定有子群,因为仅由 G 的单位元 e 组成的集合 $\{e\}$ 一定是 G 的子群.另外,G 也是 G 的子群.我们称子群 $\{e\}$ 和 G 为群 G 的**平凡子群**.群 G 的平凡子群以外的子群称为 G 的**非平凡子群**或**真子群**.

给定群 G 的一个非空子集 H 后,如何判定 H 是否是 G 的子群呢? 当然,我们可以根据群的定义的每个条件逐一验证 H 是否都满足.但是我们在前几节都已经发现,既然 G 是群,则 G 上的乘法满足结合律;而 H 是 G 的子集,当然 H 中的任何元素也是 G 的元素,又 H 中的元素是按照 G 的运算法则进行运算的,因此 H 上的乘法也必然满足结合律.于是为确保 H 是 G 的子群,我们只需要保证 H 关于 G 上的乘法运算封闭(即 H 中的任何两个元素按照 G 的运算法则,其运算结果仍在 H 中)及 H 中的任何元素 a 的逆元(把 a 看成 G 中的元素,

按照 G 上的乘法运算的逆元)还在 H 中.

于是,我们有下面的结论:

定理 1　设 H 是群 G 的非空子集,则下列命题等价:

(1) H 是 G 的子群;

(2) 若 a,b 是 H 中的任意两个元素,则 $ab\in H$,且 $b^{-1}\in H$;

(3) 若 a,b 是 H 中的任意两个元素,则 $ab^{-1}\in H$.

证明　要证明其等价性,只需证明 $(1)\Longrightarrow(2)\Longrightarrow(3)\Longrightarrow(1)$.

$(1)\Longrightarrow(2)$:根据子群的定义,这是显然成立的.

$(2)\Longrightarrow(3)$:由于 $b\in H$,由(2)知 $b^{-1}\in H$.又 $a\in H$,再由(2)即得 $ab^{-1}\in H$,即(3)成立.

$(3)\Longrightarrow(1)$:由于 H 是非空集合,因此至少有一个元素.设 $a\in H$.由(3)知 $aa^{-1}=e\in H$.由于 $a,e\in H$,又由(3)得 $ea^{-1}=a^{-1}\in H$.这表明 H 的任何元素 a 在 G 上的乘法运算下的逆元也在 H 中.于是,若 $a,b\in H$,则 $a(b^{-1})^{-1}=ab\in H$.这表明 H 关于 G 上的乘法运算封闭.显然 G 的单位元就是 H 的单位元.由于 G 是群,即 G 上的乘法满足结合律,而 H 是 G 的子集,当然 H 上的乘法也满足结合律.根据子群的定义知,H 是 G 的子群.

对于群 G 的有限子集 H,判定 H 是否是子群有更简便的方法.

推论　设 H 是群 G 的非空有限子集,则 H 为 G 的子群的充分必要条件是对于 H 中的任意两个元素 a,b,总有 $ab\in H$.

证明　根据子群的定义,必要性是显然的.

下证充分性.根据定理 1(2),我们只需要证明:若 $b\in H$,则一定有 $b^{-1}\in H$ 即可.

若 H 只有一个元素,我们断言 $H=\{e\}$.否则,设 $e\neq b\in H$.由条件知 $b^2\in H$.按理讲,应该有 $b^2\neq b$.如若不然,设 $b^2=b=be\in G$,由群的消去律得 $b=e$.这与假设矛盾.但是如果 $b^2\neq b$,则这又表明 H 至少包含 b^2,b 两个元素,这也与 H 只有一个元素相矛盾.因此,当 H 只有一个元素时,必有 $H=\{e\}$.此时 H 是 G 的一个平凡子群.结论成立.

若 H 至少有两个元素,由上我们可以断言 $H\neq\{e\}$,于是可设 $e\neq b\in H$.从元素 b 出发,构造序列

$$b,\ b^2,\ \cdots,\ b^m,\ \cdots.$$

显然这个序列中的任何一项都在 H 中.但是由于 H 是有限集合,因此必存在某两个不同的正整数 k,l (设 $k>l$),使得 $b^k=b^l$,即 $b^{k-l}=e$.因此,我们可以设 n 是使 $b^m=e$ 的最小的正整数,则在 G 中,有 $b^{-1}=b^{n-1}$.根据已知有 $b^{n-1}\in H$,即 $b^{-1}\in H$.结论得证.

总之,若 H 是群 G 的非空有限子集,且对于 H 中的任意两个元素 a,b,总有 $ab\in H$,则 H 是 G 的子群.

需要说明的是,虽然群的乘法满足消去律,但是如果在一个非空集合上定义了一个代数运算,也称它为乘法,且这个集合关于该乘法满足消去律,并不能保证这个集合在给定的乘

法运算下一定构成群. 比如, 整数集合 $\mathbf{Z}$ 关于数的普通乘法满足消去律, 但我们在 §3.1 中已经说过, 它(关于数的普通乘法)并不能构成群.

显然, 子群具有"传递性", 即若 K 是 H 的子群, H 是 G 的子群, 则 K 也是 G 的子群.

可以说, 子群的例子随处可见, 不胜枚举, 例如, 对于数的普通加法, $\mathbf{Z}$ 是 $\mathbf{Q}$ 的子群, $\mathbf{Q}$ 是 $\mathbf{R}$ 的子群, $\mathbf{R}$ 是 $\mathbf{C}$ 的子群; 对于数的普通乘法, $\mathbf{Q}\backslash\{0\}$ 是 $\mathbf{R}\backslash\{0\}$ 的子群, $\mathbf{R}\backslash\{0\}$ 是 $\mathbf{C}\backslash\{0\}$ 的子群; 对于矩阵的乘法, $O_n(\mathbf{R})$ 是 $GL_n(\mathbf{R})$ 的子群, $SL_n(\mathbf{R})$ 是 $GL_n(\mathbf{R})$ 的子群, $SO_n(\mathbf{R})$ 是 $SL_n(\mathbf{R})$ 的子群, $SL_n(F)$ 是 $GL_n(F)$ 的子群; 对于变换的乘法, $H=\{f_{(a,0)}\,|\,a\in\mathbf{R},a\neq0\}$ 是 $G=\{f_{(a,b)}\,|\,a,b\in\mathbf{R},a\neq0\}$ 的子群(参见 §3.2 的例 2).

下面再举一些子群的例子, 不过这些例子比上面看到的更具有一般的代表意义.

若 σ 是群 G_1 到群 G_2 的同态, 则 G_1 的同态像 $\mathrm{Im}\sigma$ 是 G_2 的子群, 同态 σ 的核 $\mathrm{Ker}\sigma$ 是 G_1 的子群. 特别地, 根据 §3.3 的定理 1(5)知, 群 G 上的自同构的核是子群 $\{e\}$, 自同构的像是 G 本身, 即群 G 上的自同构的核与像都是 G 的平凡子群. 由 §3.3 的定理 2 知, 群 G 上的内自同构群 $\mathrm{Inn}G$ 是其自同构群 $\mathrm{Aut}G$ 的子群.

定义 2 设 G 是群, $c\in G$. 若对于 G 中的任意元素 g, 均有 $cg=gc$, 则称 c 为群 G 的**中心元**. 群 G 的所有中心元组成的集合记为 $C(G)$, 即

$$C(G)=\{c\in G\,|\,cg=gc,\forall g\in G\},$$

称为群 G 的**中心**.

设 S 是群 G 的非空子集, 则称 $C_G(S)=\{g\in G\,|\,sg=gs,\forall s\in S\}$ 为集合 S(在群 G 中)的**中心化子**.

显然 $C_G(G)=C(G)$.

例 1 设 S 是群 G 的任意非空子集, 证明: S 的中心化子 $C_G(S)$ 是 G 的子群. 特别地, 群 G 的中心 $C(G)$ 是 G 的子群.

证明 显然 $e\in C_G(S)$, 因此 $C_G(S)$ 是非空集合. 若 $a,b\in C_G(S)$, 即对于 S 中的任意元素 s, 有 $as=sa,bs=sb$, 于是

$$(ab)s=a(bs)=a(sb)=(as)b=(sa)b=s(ab).$$

这就表明 $ab\in C_G(S)$.

又 $bs=sb$, 在等式两边的左、右侧均乘以 b^{-1}, 得 $b^{-1}(bs)b^{-1}=b^{-1}(sb)b^{-1}$. 由群的乘法的结合律知 $sb^{-1}=b^{-1}s$. 这说明 $b^{-1}\in C_G(S)$. 根据定理 1 知, $C_G(S)$ 是子群.

例 2 设 G 是群, $\{H_a|\alpha\in I\}$ 是 G 的一族子群, 则 $\bigcap\limits_{\alpha\in I}H_a$ 是 G 的子群.

事实上, 设 $a,b\in\bigcap\limits_{\alpha\in I}H_a$, 则 $a,b\in H_a\ (\forall\alpha\in I)$. 由于 $H_a\ (\forall\alpha\in I)$ 是群, 所以 $ab^{-1}\in H_a$ $(\forall\alpha\in I)$, 即 $ab^{-1}\in\bigcap\limits_{\alpha\in I}H_a$. 显然 $e\in\bigcap\limits_{\alpha\in I}H_a\neq\varnothing$. 由定理 1 知, $\bigcap\limits_{\alpha\in I}H_a$ 是 G 的子群.

二、群的直和分解

上面的例 2 告诉我们,任意多个子群的交仍是子群. 在前面,我们已经知道,数域 F 上的线性空间 V 关于向量加法构成群. 但一般来说,V 的两个子空间的并未必是 V 的子空间. 用群论的语言来说就是,线性空间(作为群)的两个子空间(子群)的并未必是子群. 不过,引入了子空间的和之后我们发现,两个子空间的和仍为子空间. 当然,把线性空间看成群,则两个子空间(子群)的和还是子群. 这两点对于我们研究群非常有借鉴价值. 于是参考线性空间的子空间的和的情形,我们有必要引入子群的积的概念.

定义 3 设 S 是群 G 的子集,则称 G 中包含 S 的所有子群的交为由 S 生成的子群,记做 $\langle S \rangle$.

这个定义是有意义的,因为无论 S 是什么样子,至少 G 包含了 S,并且 G 的任意多个子群的交还是子群. 此外,我们也没有要求 S 必须是非空集合,这是因为 G 的任何子群都以空集为其子集. 当然,为使讨论更有意义,除特别说明外,我们总假设 S 是非空的.

特别地,如果 S 本身是 G 的子群,那么 $S = \langle S \rangle$;如果 $S = \{a\}$,那么 $\langle S \rangle = \langle a \rangle$ 是 G 的循环子群. 同时我们可以证明,由 S 生成的子群 $\langle S \rangle$ 一定是 G 的包含 S 的"最小"的子群,即有下面的结论:

定理 2 设 S 是群 G 的子集,则由 S 生成的子群为

$$\langle S \rangle = \{a_1^{\varepsilon_1} a_2^{\varepsilon_2} \cdots a_n^{\varepsilon_n} \mid n \in \mathbf{N}, a_i \in S, \varepsilon_i = \pm 1, i = 1, 2, \cdots, n\}.$$

证明 设 $A = \{a_1^{\varepsilon_1} a_2^{\varepsilon_2} \cdots a_n^{\varepsilon_n} \mid n \in \mathbf{N}, a_i \in S, \varepsilon_i = \pm 1\}$. 首先证明 A 是 G 的子群. 对任意的 $a = a_1^{\varepsilon_1} a_2^{\varepsilon_2} \cdots a_n^{\varepsilon_n} \in A, b = b_1^{\varepsilon_1} b_2^{\varepsilon_2} \cdots b_m^{\varepsilon_m} \in A$,其中 $a_i, b_j \in S (i = 1, 2, \cdots, n; j = 1, 2, \cdots, m)$,有 $a_i^{\varepsilon_i}$,$b_j^{\varepsilon_j} \in A$,从而 $ab^{-1} = a_1^{\varepsilon_1} a_2^{\varepsilon_2} \cdots a_n^{\varepsilon_n} b_m^{-\varepsilon_m} \cdots b_2^{-\varepsilon_2} b_1^{-\varepsilon_1} \in A$. 由定理 1 知 A 是 G 的子群.

显然 $S \subseteq A$. 另外,对于 G 的任意一个包含 S 的子群 $H, a_i \in S \subseteq H$,由于子群对于乘法封闭,因此 $a_1^{\varepsilon_1} a_2^{\varepsilon_2} \cdots a_n^{\varepsilon_n} \in H$. 这就表明由 S 生成的子群 $\langle S \rangle$ 必然包括(至少包括)所有形如 $a_1^{\varepsilon_1} a_2^{\varepsilon_2} \cdots a_n^{\varepsilon_n}$ 的元素,而 A 恰好只包括这些元素,因此 $A = \langle S \rangle$.

这个结果表明,由 S 生成的子群 $\langle S \rangle$ 中的任意元素可以写成由 S 中的元素进行有限次的形如 a^{ε} 的乘积形式,而且 $\langle S \rangle$ 也恰好只包含这种形式的元素. 这就表明了 $\langle S \rangle$ 为什么是"最小"的. 同时,在表示 $\langle S \rangle$ 中的元素时,可以重复取 S 中的元素. 更直观地讲,$\langle S \rangle$ 恰好由集合 S 中的元素及其逆元的乘积所构成. 这也形象地表明了为什么 $\langle S \rangle$ 是"最小"的.

若 $H = \langle S \rangle$,则称 S 中的元素为 H 的**生成元**,称 S 为 H 的**生成系**. 若 S 还是有限集,则称 H 为**有限生成群**. 实际上,循环群就是由一个元素生成的群,它当然是有限生成群.

显然,有限群必是有限生成群. 但是需要注意的是,无限群也可能是有限生成群. 例如,整数加法群 $\mathbf{Z}$ 可以由整数 1 生成,即 $\mathbf{Z} = \langle 1 \rangle$;又如,当 $n > 1$ 时,$n\mathbf{Z} = \langle n \rangle$ 也是无限群.

定理 3 设 a 是群 G 中的任意一个元素,a 的阶是 n,则

(1) 由 a 生成的 G 的循环子群 $\langle a\rangle$ 的阶恰为 n;

(2) 如果 $a^m=e$,那么 n 能整除 m,即 $n\mid m$.

证明 (1) 由 §3.4 中定理 1 的证明知结论显然成立.

(2) 由带余除法,可设 $m=nq+r(0\leqslant r\leqslant n-1)$,于是

$$e=a^m=a^{nq+r}=(a^n)^q a^r=a^r.$$

由于 a 的阶是 n,因此 $r=0$,也就是 $n\mid m$.

定义 4 设 G_1,G_2 是两个群,在笛卡儿积 $G_1\times G_2$ 上定义乘法为按分量进行运算,即对于 $\forall(a_1,b_1),(a_2,b_2)\in G_1\times G_2$,规定 $(a_1,b_1)(a_2,b_2)=(a_1 a_2,b_1 b_2)$,则显然 $G_1\times G_2$ 关于该乘法构成群,称为 G_1,G_2 的**(外)直和**,记做 $G_1\oplus G_2$,其中 G_1,G_2 称为 $G_1\oplus G_2$ 的**(外)直和因子**.

以 e_{G_1},e_{G_2} 分别表示群 G_1,G_2 的单位元,并设 $a\in G_1,b\in G_2$. 从 $G_1\oplus G_2$ 出发构造如下两个群:

$$\overline{G}_1=\{(a,e_{G_2})\mid a\in G_1\},\quad \overline{G}_2=\{(e_{G_1},b)\mid b\in G_2\}.$$

作映射

$$\sigma_1:G_1\to\overline{G}_1,\qquad\qquad \sigma_2:G_2\to\overline{G}_2,$$
$$a\mapsto(a,e_{G_2})\qquad\qquad\qquad b\mapsto(e_{G_1},b),$$

及

则 σ_1,σ_2 均为群同构,且对于 $G_1\oplus G_2,\overline{G}_1,\overline{G}_2$ 中的任意元素 $(a,b),(g_1,e_{G_2}),(e_{G_1},g_2)$,有

$$(a,b)(g_1,e_{G_2})(a,b)^{-1}\in\overline{G}_1,\quad (a,b)(e_{G_1},g_2)(a,b)^{-1}\in\overline{G}_2. \tag{3.1}$$

我们仅以 $\overline{G}_1$ 为例,证明 $\overline{G}_1$ 与 $\overline{G}_2$ 均是 $G_1\oplus G_2$ 的子群.

事实上,若 $(a_1,e_{G_2}),(a_2,e_{G_2})\in\overline{G}_1$,则

$$(a_1,e_{G_2})(a_2,e_{G_2})=(a_1 a_2,e_{G_2})\in\overline{G}_1,\quad 且\quad (a_2,e_{G_2})^{-1}=(a_2^{-1},e_{G_2})\in\overline{G}_1.$$

由定理 1 知 $\overline{G}_1$ 是 $G_1\oplus G_2$ 的子群.

我们再以 σ_1 为例来证明 σ_1,σ_2 均是群同构.

事实上,若 $a_1,a_2\in G_1,\sigma_1(a_1)=\sigma_1(a_2)$,即 $(a_1,e_{G_2})=(a_2,e_{G_2})$,从而 $a_1=a_2$. 这就是说,σ_1 是单射. 又对 $\overline{G}_1$ 中的任何元素 (a,e_{G_2}),有 $a\in G_1$,且 $\sigma_1(a)=(a,e_{G_2})$,于是 σ_1 是满射. 下面我们证明 σ_1 保持运算. 设 $a_1,a_2\in G_1$,则

$$\sigma_1(a_1 a_2)=(a_1 a_2,e_{G_2})=(a_1 a_2,e_{G_2}e_{G_2})=(a_1,e_{G_2})(a_2,e_{G_2})=\sigma_1(a_1)\sigma_1(a_2).$$

因此,σ_1 是群 G_1 到群 $\overline{G}_1$ 的同构.

最后我们证明结论(3.1).

由 G_1 是群知 $ag_1 a^{-1}\in G_1$,又由于

$$(a,b)(g_1,e_{G_2})(a,b)^{-1}=(a,b)(g_1,e_{G_2})(a^{-1},b^{-1})$$

$$=(ag_1 a^{-1},be_{G_2}b^{-1})=(ag_1 a^{-1},e_{G_2}),$$

因此 $(a,b)(g_1,e_{G_2})(a,b)^{-1} \in \overline{G}_1$. 同理可证 $(a,b)(e_{G_1},g_2)(a,b)^{-1} \in \overline{G}_2$.

由于同构的群可视为同一个群(即在本质上没任何差别),于是我们可以把 G_1 与 $\overline{G}_1$ 等同看待,把 G_2 与 $\overline{G}_2$ 等同起来.这样,我们可以把 $G_1 \oplus G_2$ 看成是由子群 G_1 与 G_2 构成的.这给了我们启发:能否把一个群分解为两个子群的直和.如果可以的话,那么研究比较复杂的群就可以归结为研究其子群.显然,这将使问题得到简化.

定义 5 设 H, K 是群 G 的两个非空子集,称集合
$$HK = \{hk \mid h \in H, k \in K\}$$
为 H 与 K 的**积**.

这样,我们可以把结论(3.1)改写为:

对于 $G_1 \oplus G_2$ 中的任意元素 (a,b),有
$$(a,b)\overline{G}_1(a,b)^{-1} = \overline{G}_1, \quad (a,b)\overline{G}_2(a,b)^{-1} = \overline{G}_2.$$

定理 4 设 H, K 均是群 G 的子群,则 HK 为 G 的子群的充分必要条件是 $HK = KH$.

证明 如果 $HK = KH$,则对任意 $h_i k_i \in HK (h_i \in H, k_i \in K, i=1,2)$,$k'' h'_2 \in KH (k'' \in K, h'_2 \in H)$,存在 $h'_i, h'' \in H$ 及 $k'_i, k''' \in K (i=1,2)$,使得
$$h_i k_i = k'_i h'_i \ (i=1,2), \quad k'' h'_2 = h'' k'''.$$
令
$$k_1 k'_2 = k'' \in K, \quad h_1 h'' = h \in H,$$
于是
$$(h_1 k_1)(h_2 k_2) = (h_1 k_1)(k'_2 h'_2) = h_1(k_1 k'_2)h'_2 = h_1(k'' h'_2)$$
$$= h_1(h'' k''') = (h_1 h'')k''' = hk''' \in HK.$$
又 $(hk)^{-1} = k^{-1} h^{-1} \in KH$,而 $KH = HK$,这就表明 $(hk)^{-1} \in HK$.由定理 1(2)知 HK 是 G 的子群.

反之,若 HK 是 G 的子群,显然 G 的单位元 e 是 HK 的单位元.又对任意 $hk \in HK$ $(h \in H, k \in K)$,由 $(hk)(k^{-1} h^{-1}) = e$ 及群中的元素的逆元是唯一的知
$$(hk)^{-1} = k^{-1} h^{-1} \in KH.$$
另外,由于 HK 是子群,因此 $(hk)^{-1} \in HK$.这就表明 HK 中的任何元素都在 KH 中.KH 中的元素 $k^{-1} h^{-1}$ 当然是 G 中的元素,于是在 G 中,有 $(k^{-1} h^{-1})^{-1} = hk \in HK$.这又表明 KH 中的任何元素都在 HK 中.所以 $HK = KH$.

三、子群的陪集

研究线性空间时,我们按照一定标准,可以把一个比较复杂的线性空间分解为若干个子空间,并对这些子空间逐一进行研究,从而完成对整个线性空间的研究.对于群也有类似的方法,就是利用子群的陪集来简化对原来的群的研究.事实上,前面我们在讨论整数加法群

$\mathbf{Z}$ 的时候已经使用了这种方法. 为了使 $\mathbf{Z}$ 讨论起来比较方便,我们对任意给定的一个正整数 n,构造了子群 $n\mathbf{Z}$;然后通过 $n\mathbf{Z}$,我们构造了模 n 的剩余类加群 $\mathbf{Z}_n$.

定义 6 设 H 是群 G 的子群,a 是 G 中的任意一个元素,称集合 $aH=\{ah\,|\,h\in H\}$ 是子群 H 的(由 a 确定的)一个**左陪集**,而称集合 $Ha=\{ha\,|\,h\in H\}$ 是子群 H 的(由 a 确定的)一个**右陪集**.

为后面方便讨论如何使用子群的陪集来对原来的群进行研究,我们有必要先研究陪集的若干基本性质. 我们主要以右陪集为例进行讨论,所有结果可完全类似地移到左陪集上.

首先我们讨论两个右陪集 Ha,Hb 相等的条件.

注 所谓 $Ha=Hb$,是指 Ha,Hb 作为集合相等,或者说,对于 H 中任意给定的元素 h,一定存在 H 中的某个元素 h',使得 $ha=h'b$. 当然有可能 H 中存在某个元素 h_0,碰巧恰有 $h_0a=h_0b$,但并不能保证对 H 中所有元素 h,都有 $ha=hb$.

定理 5 设 H 是群 G 的子群,$a,b\in G$.

(1) $Ha=Hb$ 的充分必要条件是 $ab^{-1}\in H$;

(2) $|Ha|=|Hb|$,即右陪集 Ha 与 Hb 所含元素的个数相等;

(3) 若 $Ha\neq Hb$,则 $Ha\bigcap Hb=\varnothing$;

(4) 由子群 H 确定的如下的关系 R 是 G 上的一个等价关系:

$$aRb\ \text{当且仅当存在}\ h\in H,\text{使得}\ a=hb.$$

证明 (1) 如果 $Ha=Hb$,则对于 H 中任意给定的元素 h,一定存在 H 中的某个元素 h',使得 $ha=h'b$. 特别地,由于 H 是子群,所以 $e\in H$,从而 $ea=a\in Ha=Hb$,即存在 $h'\in H$,使得 $a=h'b$,因此 $ab^{-1}=h'\in H$.

反之,若 $ab^{-1}\in H$,则存在 $h_0\in H$,使得 $ab^{-1}=h_0$,即 $a=h_0b$,$h_0^{-1}a=b$,进而

$$Ha=\{ha\,|\,h\in H\}=\{h(h_0b)=(hh_0)b\,|\,h\in H\}\subseteq Hb.$$

又若 $hb\in Hb$,则

$$hb=h(h_0^{-1}a)=(hh_0^{-1})a\in Ha,\quad \text{即}\quad Hb\subseteq Ha.$$

因此 $Hb=Ha$.

(2) 作映射

$$\sigma:Ha\rightarrow Hb,$$
$$ha\mapsto hb\ (\forall h\in H).$$

若 $h_1\neq h_2$,即 $h_1a\neq h_2a$,则有 $h_1b\neq h_2b$,即 $\sigma(h_1a)\neq\sigma(h_2a)$. 这说明映射 σ 是 Ha 到 Hb 的单射. 又对于 Hb 中的任意元素 hb,有 $\sigma(ha)=hb$. 这就表明 σ 是 Ha 到 Hb 的满射. 因此 σ 是 Ha 到 Hb 的双射,从而 $|Hb|=|Ha|$.

(3) 若 $g\in Ha\bigcap Hb$,则存在 $h_1,h_2\in H$,使得 $g=h_1a,g=h_2b$,即 $h_1a=h_2b$. 于是

$$ab^{-1} = h_1^{-1}h_2 \in H.$$

由(1)知 $Ha = Hb$. 这与已知矛盾. 因此,如果 $Ha \neq Hb$,则 $Ha \cap Hb = \varnothing$.

(4) 由于 H 是 G 的子群,因此 $e \in H$,从而 $a = ea$,即 aRa. 这说明关系 R 具有自反性.

如果 aRb,即存在 $h \in H$,使得 $a = hb$,于是 $b = h^{-1}a$. 所以 bRa. 这说明关系 R 具有对称性.

对于 G 中的任意元素 a, b, c,若 aRb, bRc,即存在 $h_1, h_2 \in H$,使得 $a = h_1b, b = h_2c$,于是

$$a = h_1b = h_1(h_2c) = (h_1h_2)c.$$

由于 H 是子群,因此 $h_1h_2 \in H$,所以 aRc. 这就表明关系 R 具有传递性.

因此关系 R 是 G 上的一个等价关系.

结论(1)与(3)说明,同一子群的两个右陪集要么相等,要么不相交.

容易验证,对于定理 5(4)中给定的 G 上的等价关系 R,G 中的元素 a 所在的等价类 $[a]$ 就是由 a 确定的子群 H 的右陪集 Ha. 事实上,$bRa \Longleftrightarrow$ 存在 $h \in H$,使得 $b = ha \Longleftrightarrow b \in Ha$.

由第二章知,利用等价关系可以对集合进行划分. 同样,利用等价关系可以对群进行划分. 这一点我们将在下一节进行讨论.

对于左陪集,我们有以下结论:

定理 5′ 设 H 是群 G 的子群,$a, b \in G$.

(1) $aH = bH$ 的充分必要条件是 $a^{-1}b \in H$;

(2) $|aH| = |bH|$,即左陪集 aH 与 bH 所含元素的个数相等;

(3) 若 $aH \neq bH$,则 $aH \cap bH = \varnothing$;

(4) 由子群 H 确定的如下的关系 L 是 G 上的一个等价关系:

$$aLb \text{ 当且仅当存在 } h \in H, \text{ 使得 } a = bh.$$

定理 5′的(1)与(3)表明,同一子群的两个左陪集要么相等,要么不相交.

关于陪集的应用,我们将在下一节讨论.

设 H 是群 G 的子群,$a \in G$,由左陪集和右陪集的概念显然有

$$aHa^{-1} = \{aha^{-1} \mid h \in H\}.$$

称由此定义的 aHa^{-1} 为 H 的**共轭类**.

下面我们将看到,如果一个群的两个子群满足定义 4 的条件,那么就的确可以把一个群写为两个子群的乘积形式. 具体地,有下面的结论:

定理 6 设 H, K 都是群 G 的子群,且对于 G 中的任意元素 g,满足 $gHg^{-1} = H, gKg^{-1} = K$. 若 $G = HK$,则以下命题等价:

(1) 映射

$$\sigma: H \oplus K \to HK,$$
$$(h, k) \mapsto hk \quad (\forall h \in H, k \in K)$$

是群同构；

（2）G 中的任何元素表示为 H 与 K 中的元素之积的形式唯一；

（3）G 的单位元表示为 H 与 K 中的元素之积的形式唯一；

（4）$H \bigcap K = \{e\}$.

证明 （1）$\Longrightarrow$（2）：设 $g \in G = HK, g = hk = h'k'$，其中 $h, h' \in H, k, k' \in K$，则

$$\sigma[(h,k)] = hk = h'k' = \sigma[(h',k')].$$

由于 σ 是群同构，因此 σ 是单射，所以 $(h,k) = (h',k')$，从而 $h = h', k = k'$. 这就表明，G 中的任何元素表示为 H 与 K 中的元素之积的形式是唯一的.

（2）$\Longrightarrow$（3）：由于 G 中的任何元素表示为 H 与 K 中的元素之积的形式是唯一的，当然单位元也不例外，不仅如此，而且一定有 $e = ee$.

（3）$\Longrightarrow$（4）：若 $g \in H \bigcap K$，由于 H, K 都是群 G 的子群，有 $g^{-1} \in H, g^{-1} \in K$，因此 $g^{-1} \in H \bigcap K$，从而 $ee = e = gg^{-1}$. 由于 G 的单位元写为 H 与 K 中的元素之积的形式是唯一的，因此必有 $g = e$，即 $H \bigcap K = \{e\}$.

（4）$\Longrightarrow$（1）：首先，我们证明：对 $\forall h \in H, k \in K$，必有 $hk = kh$. 由于对于 G 中的任意元素 g，总有 $gHg^{-1} = H, gKg^{-1} = K$，于是 $hkh^{-1} \in K$，从而 $hkh^{-1}k^{-1} \in K$. 由于 K 是子群，所以 $(hkh^{-1}k^{-1})^{-1} \in K$. 但是 $(hkh^{-1}k^{-1})^{-1} = (khk^{-1})h^{-1} \in H$. 这就说明 $hkh^{-1}k^{-1} \in H \bigcap K$. 而 $H \bigcap K = \{e\}$，所以 $hkh^{-1}k^{-1} = e$，即 $hk = kh$.

我们再证明 σ 是群同态，即 σ 保持群运算. 事实上，对于 $(h_1, k_1), (h_2, k_2) \in H \oplus K$，有

$$\begin{aligned}
\sigma[(h_1, k_1)(h_2, k_2)] &= \sigma[(h_1 h_2, k_1 k_2)] = (h_1 h_2)(k_1 k_2) \\
&= h_1(h_2 k_1)k_2 = h_1(k_1 h_2)k_2 \\
&= (h_1 k_1)(h_2 k_2) = \sigma[(h_1, k_1)]\sigma[(h_2, k_2)].
\end{aligned}$$

最后我们证明 σ 是双射.

为证明 σ 是单射，我们只需要证明 $\text{Ker}\sigma = \{(e, e)\}$. 事实上，若 $\sigma[(h,k)] = hk = e$，则 $h = ek^{-1} = k^{-1} \in H \bigcap K$. 由已知 $H \bigcap K = \{e\}$，故 $h = k^{-1} = e$. 因此

$$\text{Ker}\sigma = \{(e, e)\}.$$

对于 $\forall g = hk \in HK (h \in H, k \in K)$，有 $(h, k) \in H \oplus K$，使得 $\sigma[(h, k)] = hk = g$，即 σ 是满射.

综上知 σ 是群同构，即（1）成立.

如果群 G 的两个子群 H, K 满足定理 6 的条件，则我们称群 G 是子群 H 与 K 的**(内)直和**，记做 $G = H \oplus K$，其中 H, K 称为群 G 的**(内)直和因子**.

群的外直和与子群的内直和的概念都非常容易推广到任意有限多个群和子群的情形，且有与上面完全类似的结论.

习　题　3.5

1.（1）求证：循环群的任意子群仍为循环群. 如果一个群有子群是循环群,那么原来的群一定是循环群吗?

（2）求证：交换群的任意子群必为交换群. 如果一个群有子群是交换群,那么原来的群一定是交换群吗?

2. 设 S 是群 G 的非空子集,在集合 S 上定义关系 R' 如下：

$$aR'b \quad \text{当且仅当} \quad ab^{-1} \in S.$$

求证：R' 是等价关系的充分必要条件是 S 是 G 的子群.

3. 同一个群的两个不同非空子集能否生成相同的子群?

4.（1）确定模 12 的剩余类加群 $\mathbf{Z}_{12}$ 的所有子群;

（2）确定 10 次单位根群 U_{10}（见 §3.1 的例 4）的所有子群;

（3）确定 §3.1 例 6 中的群 G_1 与 G_2 的所有子群;

（4）确定 §3.1 例 7 的群 $n\mathbf{Z}$ 的所有子群.

5. 设 H 是群 G 的子群,$a \in G$,σ 是 G 上的自同构,求证：aHa^{-1} 与 $\sigma(H)$ 均是 G 的子群.

6. 设 S 是群 G 的非空子集,称集合 $N_G(S) = \{a \in G \mid aS = Sa\}$ 为 S 在 G 中的**正规化子**. 求证：$N_G(S)$ 是 G 的子群,而 $C_G(S)$ 是 $N_G(S)$ 的子群.

7. 证明定义 4 中的 $G_1 \times G_2$ 是群.

§3.6　Lagrange 定理

有了前一节的准备,这一节我们将介绍极其重要的 Lagrange 定理及其一些经典应用. 我们已经知道,如果集合有了等价关系,就可以利用这个等价关系对集合进行划分,即将集合分解为若干互不相交的子集的并（简称为"无交并"）. 而 §3.5 的定理 5（定理 5'）恰好告诉我们,给定群 G 的一个子群 H,利用右陪集（左陪集）就可以确定 G 上的一个等价关系. 那么我们当然就可以利用子群的右陪集（左陪集）将群分解为若干个右陪集（左陪集）的无交并. 更具体地说,有如下结论：设 H 是群 G 的子群,则

$$G = \bigcup_{a \in G} Ha.$$

定理 1　（1）设 H 是群 G 的子群,则子群 H 的左陪集个数与右陪集个数相等,或者都是无限个,或者都是有限个且相等. 称子群 H 的右陪集（左陪集）个数为 H 在群 G 中的**指数**,记做 $[G:H]$.

（2）H 与其任意一个右陪集（左陪集）之间存在双射.

证明 （1）记 H 的所有右陪集、左陪集组成的集合分别为 A,B. 作映射

$$\sigma: A \to B,$$
$$Ha \mapsto a^{-1}H.$$

下面我们证明映射 σ 是双射.

若 $Ha=Hb$，由 §3.5 的定理 5 有 $ab^{-1} \in H$，于是 $(ab^{-1})^{-1}=ba^{-1} \in H$. 再由 §3.5 的定理 5′ 得 $a^{-1}H=b^{-1}H$. 这表明，在映射 σ 下，右陪集 Ha 的像与元素 a 的选取无关，即如果两个右陪集相同，那么在映射 σ 下，它们的像也一定相同. 所以如此定义的映射 σ 是合理的.

对于 $\forall aH \in B$，显然有 $\sigma(Ha^{-1})=aH$. 这表明映射 σ 是满射. 又如果 $aH=bH$，由 §3.5 的定理 5′ 知 $a^{-1}b \in H$，于是 $(a^{-1}b)^{-1}=b^{-1}a \in H$. 再由 §3.5 的定理 5 知 $Hb^{-1}=Ha^{-1}$. 这就说明映射 σ 是单射. 因此映射 σ 是双射.

由于映射 σ 是在子群 H 的左、右陪集之间的双射，因此它们的数目就相等，即子群 H 的左、右陪集个数相等.

（2）我们以右陪集为例进行证明. 作映射

$$\sigma: H \to Ha,$$
$$h \mapsto ha.$$

显然，如果 $h_1a=h_2a$，在等式两边同时右乘 a^{-1}，得 $h_1=h_2$，即 σ 是单射. 对于 $\forall ha \in Ha$，有 $\sigma(h)=ha$，即 σ 是满射. 因此结论得证.

定理 2(Lagrange 定理) 设 H 是有限群 G 的子群，则子群 H 的阶 $|H|$ 与 H 在 G 中的指数 $[G:H]$ 都能整除 G 的阶 $|G|$，且 $|G|=|H|[G:H]$.

证明 利用子群 H 的右陪集可以确定一个等价关系，因此可以把有限群 G 的 $|G|$ 个元素分为 H 的 $[G:H]$ 个右陪集的无交并. 而由定理 1(2) 知，H 的每个右陪集的阶与 H 的阶 $|H|$ 均相等，因此 $|G|=|H|[G:H]$.

Lagrange 定理有很多特殊情形，如下面的推论就是其中的一部分：

推论 设 G 是有限群，a 是 G 中的任意一个元素，则

（1）a 的阶能整除 G 的阶；

（2）$a^{|G|}=e$；

（3）素数阶群一定是循环群，素数阶群只有平凡子群.

证明 （1）由于由元素 a 可生成 G 的一个循环子群 $\langle a \rangle$，且 $|a|=|\langle a \rangle|$，因此由 Lagrange 定理即知 a 的阶整除 G 的阶.

（2）由（1）知，a 的阶能整除 G 的阶，当然有 $a^{|G|}=e$.

（3）设 G 的阶是素数. 因 $\langle a \rangle$ 是 G 的一个循环子群，故由 Lagrange 定理知，其阶能整除

G 的阶. 而 G 的阶是素数, 因此 $\langle a \rangle$ 的阶要么是 1, 要么等于 G 的阶, 即要么 $\langle a \rangle = \{e\}$, 要么 $\langle a \rangle = G$. 这就同时说明了素数阶群是循环群, 且它只有平凡子群.

Lagrange 定理及其推论在确定有限群的所有可能的子群等方面具有重要作用 (参见习题 3.6 第 3 题). 下面是 Lagrange 定理在数论中的两个经典应用.

例 1　Euler 函数 $\varphi(n)$ 是正整数集合上的函数: 设 n 是任意正整数, 定义 $\varphi(n)$ 为 "小于 n, 且与 n 互素的正整数的个数", 并规定 $\varphi(1) = 1$. 例如:

小于 2, 且与 2 互素的正整数只有 1, 所以 $\varphi(2) = 1$;

小于 3, 且与 3 互素的正整数有 1 和 2, 所以 $\varphi(3) = 2$;

若 p 是素数, 则比 p 小的所有正整数都与 p 互素, 从而 $\varphi(p) = p - 1$.

求证: (**Euler 定理**) 若 a, n 都是正整数, 且 a 与 n 互素, 则 $a^{\varphi(n)} \equiv 1 (\mathrm{mod}\ n)$.

证明　令 G 表示小于 n, 且与 n 互素的正整数全体所组成的集合, 则 G 恰好含有 $\varphi(n)$ 个元素. 先考虑 $a < n$ 的情形.

如果我们能设法在 G 上定义一个乘法运算, 使 G 构成一个群, a 是 G 的一个元素, 并且 1 是 G 的单位元, 那么群 G 的阶是 $\varphi(n)$. 于是利用 Lagrange 定理的推论 (2), 就一定有

$$a^{\varphi(n)} \equiv 1 (\mathrm{mod}\ n).$$

我们在 G 上定义如下的乘法:

$$mk = s, \quad \text{其中 } 0 \leqslant s \leqslant n-1, \text{ 且满足 } mk \equiv s\ (\mathrm{mod}\ n).$$

由数论知识知, 如果 $(m, n) = 1, (k, n) = 1$, 则 $(mk, n) = 1$, 而 $mk \equiv s\ (\mathrm{mod}\ n)$, 即 $mk = nq + s$, 于是 $(s, n) = (nq + s, n) = (mk, n) = 1$. 因此 G 关于如此定义的乘法运算封闭.

对于 G 中的任意三个元素 m, k, l, 由于数的普通乘法满足结合律, 即 $(mk)l = m(kl)$, 因此 G 上的乘法运算满足结合律.

非常明显, 1 是 G 的单位元. 又对 G 中的任意元素 m, 由于 $(m, n) = 1$, 由数论知识知, 必存在整数 k $(0 < k < n)$ 及整数 l, 使得 $mk + nl = 1$, 即 $mk \equiv 1 (\mathrm{mod}\ n)$. 因此, 在 G 中就有 $mk = 1$. 也就是说, k 是 m 的在 G 中的逆元.

所以, 在如上定义的乘法下, G 构成了阶为 $\varphi(n)$ 的群, 从而完成了 Euler 定理的证明.

如果 $a > n$, 令 $a = nq + r$ $(0 < r < n)$, 且 $r \in G$ (这由 a 与 n 互素保证), 于是 $a \equiv r\ (\mathrm{mod}\ n)$, 从而有 $a^{\varphi(n)} \equiv r^{\varphi(n)} \equiv 1 (\mathrm{mod}\ n)$. 结论得证.

例 2　求证: (**Fermat 小定理**) 设 p 是素数, a 是任意正整数, 则 $a^p \equiv a\ (\mathrm{mod}\ p)$.

证明　由于 p 是素数, 因此要么 p 与 a 互素, 即 $(a, p) = 1$, 要么 $p | a$.

如果 $(a, p) = 1$, 由 Euler 定理知 $a^{\varphi(p)} = a^{p-1} \equiv 1 (\mathrm{mod}\ p)$, 从而

$$a^p \equiv a\ (\mathrm{mod}\ p).$$

如果 $p | a$, 结论显然是正确的.

习　题　3.6

1. 我们已知,若 H 是群 G 的子群,则 H 与其任意一个右陪集之间存在双射. 问：这个双射一定是群同态吗？

2.（1）求证：如果把同构的群看做同一个群,那么 4 阶群只有两个,且它们都是交换群;

（2）求证：有限非交换群的阶至少是 6.

3. 利用 Lagrange 定理或其推论,说明 §3.1 例 6 中的群 G_1, G_2 均是循环群,并求出它们的生成元.

§3.7　置　换　群

我们前面讨论了一个非空集合 A 上的变换群,那时候我们是对一般集合进行了整体性的讨论. 当时还说(不过当时未给出定理及其证明),变换群不仅是非常具体的群,而且抽象地说,任何群都对应于某个变换群,即任何群都一定同构于某个变换群. 如果非空集合 A 是有限集合,也许我们可以得到若干更为深刻的结论. 我们也将看到,对于有限集合来说,的确可以把它研究得更清楚. 我们将在下一节证明,抽象地说,任何一个有限群必同构于一个有限集合上的全变换群的子群,即置换群. 任意非空集合 A 上都存在变换群,但对于其数量问题及结构问题,还没有研究得特别清楚. 这一节里,我们还将看到,对于有限集合,我们关心的三个问题都可以很好地得到解决.

一、置换群的基本概念及性质

设 A 是含有 n 个元素的集合. 我们将 A 中的元素按照顺序编号,显然对于研究 A 的结构来说,研究 A 中的元素与研究 A 中的元素的编号是完全一样的,因此我们总可以设 $A = \{1, 2, \cdots, n\}$. 虽然 A 中的元素可能是各种对象,但是它们的编号总是数,所以我们也习惯性地称这些元素为数.

定义 1　有限集合 $A = \{1, 2, \cdots, n\}$ 上的一个一一变换称为 n **元置换**(简称置换). 所有 n 元置换组成的集合关于变换乘法构成一个群,称为 n **元对称群**,记做 S_n. 若干个 n 元置换所组成的集合构成的群称为 n **元置换群**.

显然, n 元对称群的子群就是 n 元置换群.

其实,置换对我们来说非常熟悉,就是我们经常所说的对 $1, 2, \cdots, n$ 的重排列(当然重排后还可以是 $1, 2, \cdots, n$). 由于重排列只是改变了这些数的排列顺序,所以对于任意 n 元置换 σ,总有 $\{\sigma(1), \sigma(2), \cdots, \sigma(n)\} = \{1, 2, \cdots, n\}$.

由于 n 个数的全排列共有 $n!=1\times2\times\cdots\times n$ 种方法,所以 n 元对称群 S_n 的阶是 $n!$.

下面我们介绍置换的表示方法.当然,我们可以使用一般集合上的变换的方法来表示置换.比如,假设 $\{i_1,i_2,\cdots,i_n\}$ 是 $\{1,2,\cdots,n\}$ 的一个重排列,则相应的置换 σ 就可以记为

$$\sigma(1)=i_1,\quad \sigma(2)=i_2,\quad \cdots,\quad \sigma(n)=i_n. \tag{3.2}$$

但是我们想一想,由于只有 n 个元素,我们可以把这些元素先按照自然数的顺序排起来,再把置换后的结果对应地排起来形成一张数表(类似于线性代数中的矩阵).具体地,我们可以先在第一行按 $1,2,\cdots,n$ 的顺序把所有 n 个元素排起来,然后把每个元素经置换 σ 后所得结果写在其相应的下方,即将 $\sigma(i)(i=1,2,\cdots,n)$ 写在元素 i 的下方得到数表

$$\begin{pmatrix} 1 & 2 & \cdots & n \\ \sigma(1) & \sigma(2) & \cdots & \sigma(n) \end{pmatrix}.$$

这样我们就可以非常清楚、直观地看到置换 σ 的具体作用结果.不仅如此,我们稍后就会发现,这样的记法对于置换的运算非常方便.用这种方法,我们就可以把置换(3.2)记为

$$\sigma=\begin{pmatrix} 1 & 2 & \cdots & n \\ i_1 & i_2 & \cdots & i_n \end{pmatrix} \quad \text{或} \quad \begin{pmatrix} 1 & 2 & \cdots & n \\ i_1 & i_2 & \cdots & i_n \end{pmatrix}.$$

细心的读者可能会问:如果我们直接用 $(i_1i_2\cdots i_n)$ 或其他类似的记号来表示置换不是更方便吗?当然这样写是可以的,但是我们后面将使用这个记号来表示比较特殊的置换,那时候用这种记号来进行置换的运算会更便捷、直观.

把一个排列的某两个位置的数进行交换,而其余位置上的数均保持不变,称这样的变换为一个**对换**.如 4 元排列 4,2,3,1 是由排列 4,2,1,3 经过一次对换得到的.

线性代数告诉我们以下结论是成立的:任何一个 n 元排列 $i_1,i_2,\cdots,i_n$ 总可以从自然排列经过一系列对换得到,虽然对换的次数不唯一,但是对换次数的奇偶性是确定的,且对换次数的奇偶性与排列 $i_1,i_2,\cdots,i_n$ 的奇偶性是相同的;对换改变排列的奇偶性,即一次对换会将奇排列(或偶排列)变为偶排列(或奇排列).

定义 2　n 元置换 $\begin{pmatrix} 1 & 2 & \cdots & n \\ i_1 & i_2 & \cdots & i_n \end{pmatrix}$ 称为**奇置换**(或**偶置换**),如果排列 $i_1,i_2,\cdots,i_n$ 是奇排列(或偶排列).

如果一个置换是由一次对换所引起的,则称这个置换为一个**对换**.例如,置换

$$\sigma=\begin{pmatrix} 1 & 2 & \cdots & i & \cdots & j & \cdots & n \\ 1 & 2 & \cdots & j & \cdots & i & \cdots & n \end{pmatrix}$$

仅把 i 变为 j,j 变为 i,其余元素均未变,所以它为一个对换,记为 (ij).很明显,有

$$(ij)=(ji),\quad (ij)^{-1}=(ij).$$

显然,对换改变置换的奇偶性.

n 元置换共有 $n!$ 个,当 $n\geqslant2$ 时,$n!$ 是偶数.这 $n!$ 个置换中,对于任意一个置换,对它进

行一次对换就改变了它的奇偶性,因此全体 n 元置换中奇、偶置换各一半,都有 $\dfrac{n!}{2}$ 个.

我们看看 3 元对称群 S_3,它共有 6 个元素,分别是

$$\sigma_1 = \begin{pmatrix} 1 & 2 & 3 \\ 1 & 2 & 3 \end{pmatrix}, \quad \sigma_2 = \begin{pmatrix} 1 & 2 & 3 \\ 1 & 3 & 2 \end{pmatrix}, \quad \sigma_3 = \begin{pmatrix} 1 & 2 & 3 \\ 2 & 1 & 3 \end{pmatrix},$$

$$\sigma_4 = \begin{pmatrix} 1 & 2 & 3 \\ 2 & 3 & 1 \end{pmatrix}, \quad \sigma_5 = \begin{pmatrix} 1 & 2 & 3 \\ 3 & 1 & 2 \end{pmatrix}, \quad \sigma_6 = \begin{pmatrix} 1 & 2 & 3 \\ 3 & 2 & 1 \end{pmatrix},$$

其中 $\sigma_1, \sigma_4, \sigma_5$ 是偶置换,$\sigma_2, \sigma_3, \sigma_6$ 是奇置换.

例 1 考查 3 元对称群 S_3 是否是交换群.

解 沿用上面的记号,容易知

$$\sigma_2 \sigma_4 = \begin{pmatrix} 1 & 2 & 3 \\ 1 & 3 & 2 \end{pmatrix} \begin{pmatrix} 1 & 2 & 3 \\ 2 & 3 & 1 \end{pmatrix} = \begin{pmatrix} 1 & 2 & 3 \\ 3 & 2 & 1 \end{pmatrix} = \sigma_6,$$

$$\sigma_4 \sigma_2 = \begin{pmatrix} 1 & 2 & 3 \\ 2 & 3 & 1 \end{pmatrix} \begin{pmatrix} 1 & 2 & 3 \\ 1 & 3 & 2 \end{pmatrix} = \begin{pmatrix} 1 & 2 & 3 \\ 2 & 1 & 3 \end{pmatrix} = \sigma_3,$$

所以 $\sigma_2 \sigma_4 \neq \sigma_4 \sigma_2$,从而 S_3 是非交换群.

我们在前面已多次接触过无限阶的非交换群.根据习题 3.6 的第 2 题我们知道,有限非交换群的阶至少是 6.而 S_3 的阶恰好是 6,且它是非交换群,所以我们可以认为 S_3 是我们碰见的最小的非交换群.

我们再来看看置换的这种数表的表示法为什么可以简化乘法运算.我们以上面的 $\sigma_2 \sigma_4$ 的计算为例进行说明.为计算 $\sigma_2 \sigma_4$,就是要计算 $\sigma_2 \sigma_4$ 给每个元素确定的像,即要计算 $\sigma_2 \sigma_4 (1)$,$\sigma_2 \sigma_4 (2)$ 及 $\sigma_2 \sigma_4 (3)$.

$\sigma_2 \sigma_4 (1)$ 表示的是先要确定元素 1 在置换 σ_4 下的像 $\sigma_4(1)$,再确定元素 $\sigma_4(1)$ 在置换 σ_2 下的像 $\sigma_2 [\sigma_4(1)]$.从 σ_4 的数表中可直观、直接看到 1 在 σ_4 下的像是 2,即 $\sigma_4(1) = 2$,再从 σ_2 的数表中可直接看到 2 在 σ_2 下的像是 3,即 $\sigma_2(2) = 3$,所以 $\sigma_2 [\sigma_4(1)] = 3$.

类似地,$\sigma_2 \sigma_4 (2) = \sigma_2 [\sigma_4(2)] = \sigma_2(3) = 2$,$\sigma_2 \sigma_4 (3) = \sigma_2 [\sigma_4(3)] = \sigma_2(1) = 1$.

这个例子不仅让我们第一次见到了阶最小的有限非交换群(我们第一次看到的有限非交换群是 §3.1 例 8 的 Hamilton 四元数群,它共有 8 个元素),还看到了置换的这种数表表示方法在做乘法时的方便之处.

根据变换的乘法,下面的结果是显然的.

命题 1 设有 n 元置换 $\begin{pmatrix} 1 & 2 & \cdots & i & \cdots & j & \cdots & n \\ l_1 & l_2 & \cdots & l_i & \cdots & l_j & \cdots & l_n \end{pmatrix}$. 若将排列 $l_1 l_2 \cdots l_i \cdots l_j \cdots l_n$ 的第 i 与第 j 个位置的元素互换,得排列 $l_1 l_2 \cdots l_j \cdots l_i \cdots l_n$,则

$$\begin{pmatrix} 1 & 2 & \cdots & i & \cdots & j & \cdots & n \\ l_1 & l_2 & \cdots & l_j & \cdots & l_i & \cdots & l_n \end{pmatrix} = (l_i l_j) \begin{pmatrix} 1 & 2 & \cdots & i & \cdots & j & \cdots & n \\ l_1 & l_2 & \cdots & l_i & \cdots & l_j & \cdots & l_n \end{pmatrix}.$$

命题 2 任意 n 元置换 σ 总可以写为一系列对换的乘积的形式,虽然这种表示方法中对换的数目不确定,但是对换的数目的奇偶性是由 σ 唯一确定的. 具体地,设置换 $\sigma = \begin{pmatrix} 1 & 2 & \cdots & n \\ l_1 & l_2 & \cdots & l_n \end{pmatrix}$,则 σ 的奇偶性与排列 $l_1, l_2, \cdots, l_n$ 的奇偶性一致.

证明 线性代数中我们已经知道,任意 n 元排列 $l_1, l_2, \cdots, l_n$ 都可以由自然排列 $1, 2, \cdots, n$ 经过一系列对换得到,虽然对换的次数不确定,但是对换的次数的奇偶性由排列 $l_1, l_2, \cdots, l_n$ 唯一确定,且它们具有相同的奇偶性. 又自然排列可以看做置换 $\begin{pmatrix} 1 & 2 & \cdots & n \\ 1 & 2 & \cdots & n \end{pmatrix}$ 的结果,排列 $l_1, l_2, \cdots, l_n$ 可看做置换 $\begin{pmatrix} 1 & 2 & \cdots & n \\ l_1 & l_2 & \cdots & l_n \end{pmatrix}$ 的结果,并且排列的每一次对换都对应于一个对换置换,因此结论成立.

定理 1 n 元对称群 S_n 中的所有偶置换组成的集合关于置换的乘法构成一个群,称为 n **元交错群**,记做 A_n.

证明 恒等置换是偶置换,所以 A_n 是非空集合. 每一个对换的逆元是它本身,即
$$(ij)^{-1} = (ij).$$
设 σ 是偶置换,即 σ 可写为偶数个对换的乘积,不妨设 $\sigma = (i_1 j_1)(i_2 j_2) \cdots (i_{2l} j_{2l})$,则
$$\sigma^{-1} = (i_{2l} j_{2l}) \cdots (i_2 j_2)(i_1 j_1),$$
它还是偶置换. 又若 σ, τ 都是偶置换,设它们分别可表示为 $2l_1, 2l_2$ 个对换的乘积,则 $\sigma\tau$ 就是 σ 和 τ 的那些对换的乘积,从而它可以表示为 $2l_1 + 2l_2$ 个对换的乘积,当然仍是一个偶置换. 根据子群的判定定理(§3.5 的定理 1),知 A_n 是 S_n 的子群.

二、置换的轮换表示

我们再引入一种表示置换的方法,它在置换的运算中具有独特的作用.

为此,我们先考查一个 6 元置换:
$$\sigma = \begin{pmatrix} 1 & 2 & 3 & 4 & 5 & 6 \\ 1 & 3 & 5 & 6 & 2 & 4 \end{pmatrix}.$$

我们仔细地观察一下这个置换就会发现,在这个置换中,1 保持不动;2 变为 3,3 变为 5,5 又变回了 2;4 变为 6,6 又变回了 4. 直观地说,这个 6 元置换 σ 把 6 个数分成了互不相交的三组:第一组只有一个数 1,它始终保持不动;第二组有三个数 2,3 和 5,这三个数按照 2→3→5→2 的顺序循环了一圈;第三组有两个数 4 和 6,它们按照 4→6→4 的顺序也循环了一圈. 当然,我们也可以这样来看:保持所有数都不动的置换
$$\sigma_1 = \begin{pmatrix} 1 & 2 & 3 & 4 & 5 & 6 \\ 1 & 2 & 3 & 4 & 5 & 6 \end{pmatrix}$$

的结果当然也保持数 1 不动；置换

$$\sigma_2 = \begin{pmatrix} 1 & 2 & 3 & 4 & 5 & 6 \\ 1 & 3 & 5 & 4 & 2 & 6 \end{pmatrix}$$

刚好使第二组数 2，3，5 按照 $2 \to 3 \to 5 \to 2$ 的顺序循环了一圈；同样地，置换

$$\sigma_3 = \begin{pmatrix} 1 & 2 & 3 & 4 & 5 & 6 \\ 1 & 2 & 3 & 6 & 5 & 4 \end{pmatrix}$$

也刚好使第三组数 4，6 按照 $4 \to 6 \to 4$ 的顺序循环了一圈. 显然还有 $\sigma = \sigma_1 \sigma_2 \sigma_3$.

从这个例子我们发现，一个置换除了可以写为一系列（两个元素）对换的乘积外；也可以表示为若干个置换的乘积的形式，其中每个置换都是若干个元素的循环所引起的置换. 这绝非偶然. 为此，我们需要引入轮换的概念，再介绍置换的轮换表示法，进而讨论置换的轮换积形式.

定义 3　n 元置换 $i_1 \to i_2 \to \cdots \to i_{k-1} \to i_k \to i_1$（$i_1, i_2, \cdots, i_k$ 以外未写出的表示保持不变）称为**长度为 k 的轮换**（或**循环**），简称为 **k-轮换**（或 **k-循环**），记为 $(i_1 \, i_2 \cdots \, i_{k-1} \, i_k)$. 这种表示置换的方法称为**置换的轮换表示法**.

需要说明的是，一个 k-轮换可以有很多种写法，只要保持前后两个元素的相对顺序不变，把哪个元素放在第一个位置都是可以的，即

$$(i_1 \, i_2 \, i_3 \cdots i_{k-1} \, i_k) = (i_2 \, i_3 \cdots i_{k-1} \, i_k \, i_1) = (i_3 \cdots i_{k-1} \, i_k \, i_1 \, i_2) = \cdots = (i_k \, i_1 \, i_2 \, i_3 \cdots i_{k-1}).$$

但是，如果我们规定了一个轮换的第一个元素，那么这种表示方法就是唯一的. 正是因为这一点，所以我们总是习惯将一个轮换中出现的最小的数写在第一个位置.

特别地，我们经常用 $(1),(2),\cdots,(n)$ 等来表示恒等置换，但我们用得最多的还是 (1).

利用轮换表示方法，上面的置换 $\sigma_1 = \begin{pmatrix} 1 & 2 & 3 & 4 & 5 & 6 \\ 1 & 2 & 3 & 4 & 5 & 6 \end{pmatrix}$ 可以写为 (1)，即 $\sigma_1 = (1)$；置换

$\sigma_2 = \begin{pmatrix} 1 & 2 & 3 & 4 & 5 & 6 \\ 1 & 3 & 5 & 4 & 2 & 6 \end{pmatrix}$ 可以写为 $(2\,3\,5)$，即 $\sigma_2 = (2\,3\,5)$；置换 $\sigma_3 = \begin{pmatrix} 1 & 2 & 3 & 4 & 5 & 6 \\ 1 & 2 & 3 & 6 & 5 & 4 \end{pmatrix}$ 可

以写为 $(4\,6)$，即 $\sigma_3 = (4\,6)$. 这样置换 $\sigma = \begin{pmatrix} 1 & 2 & 3 & 4 & 5 & 6 \\ 1 & 3 & 5 & 6 & 2 & 4 \end{pmatrix}$ 就可以写为 $(1)(2\,3\,5)(4\,6)$，

即

$$\sigma = (1)(2\,3\,5)(4\,6) = (2\,3\,5)(4\,6).$$

我们说明一点，上面的置换 σ 写为 $\sigma_1, \sigma_2, \sigma_3$ 的乘积时，由于 $\sigma_1, \sigma_2, \sigma_3$ 是不相交的（互相没有共同的数字），因此表示为它们的乘积时与它们的顺序没有关系，即

$$\sigma = (2\,3\,5)(4\,6) = (4\,6)(2\,3\,5).$$

定理 2　任意 n 元置换均可以表示为若干个不相交的轮换的乘积，且若不考虑这些轮换在乘积中的顺序，则表示法是唯一确定的.

证明 我们分两步来完成证明：首先证明任意一个 n 元置换可以表示为一系列轮换的乘积，然后证明表示方法是唯一的.

对 n 元置换 σ，不失一般性，考查用置换 σ 从元素 a_1 开始"作用"的序列

$$\sigma(a_1)=a_2, \sigma(a_2)=a_3, \cdots, \quad a_i\in\{1,2,\cdots,n\}.$$

由于 σ 是 n 元置换，因此这个序列中的元素不可能永远不相同. 假设第一次与前面的元素相同的元素是 a_{j_1}，且 $a_{j_1}=a_i(i<j_1)$，而 $\sigma(a_{j_1-1})=a_{j_1}$. 不失一般性，假设 $j_1>1$，则一定有 $1\leqslant i<j_1\leqslant n$，且 $a_{j_1}=a_i$ 以及 $a_1,a_2,\cdots,a_{j_1-1}$ 互不相同.

现在证明 $a_i=a_1$. 若 $i>1$，因 $\sigma(a_{i-1})=a_i=a_{j_1}=\sigma(a_{j_1-1})$，且 σ 是双射（置换是双射），所以 $a_{i-1}=a_{j_1-1}$. 这与我们前面的假设"第一次与前面的元素相同的元素是 a_{j_1}"相矛盾. 因此 $i=1$. 于是

$$\sigma(a_1)=a_2, \quad \sigma(a_2)=a_3, \quad \cdots, \quad \sigma(a_{j_1-2})=a_{j_1-1}, \quad \sigma(a_{j_1-1})=a_1,$$

从而

$$\{1,2,\cdots,n\}=\{a_1,a_2,\cdots,a_{j_1-1}\}\bigcup(\{1,2,\cdots,n\}\backslash\{a_1,a_2,\cdots,a_{j_1-1}\})$$

$$\triangleq\{a_1,a_2,\cdots,a_{j_1-1}\}\bigcup A.$$

显然 σ 在子集 $\{a_1,a_2,\cdots,a_{j_1-1}\}$ 上形成一个长度为 j_1-1 的轮换 $(a_1a_2\cdots a_{j_1-1})$，记为 σ_1. 同时，由于 σ 把 $\{a_1,a_2,\cdots,a_{j_1-1}\}$ 中的任意元素仍变到自己之中，且不能把 A 中的任何元素变到 $\{a_1,a_2,\cdots,a_{j_1-1}\}$ 中，因此 σ 在子集 A 上也形成置换. 对置换的元素的个数作归纳法知，置换 σ 又可把 A 分成若干个不相交的子集的并集：

$$A=\{a_{j_1},\cdots,a_{j_2-1}\}\bigcup\cdots\bigcup\{a_{j_{r-1}},\cdots,a_{j_r-1}\}\bigcup\{a_{j_r},\cdots,a_n\},$$

且 σ 在 A 的各个不相交的子集上也形成了轮换 $(a_{j_1}\cdots a_{j_2-1}),\cdots,(a_{j_{r-1}}\cdots a_{j_r-1}),(a_{j_r}\cdots a_n)$，依次记为 $\sigma_2,\cdots,\sigma_r,\sigma_{r+1}$. 于是 $\sigma=\sigma_1\sigma_2\cdots\sigma_r\sigma_{r+1}$. 这就说明了 n 元置换 σ 以可表示为若干个轮换的乘积.

若 σ 的轮换表示法还有一种形式，那么元素 a_1 必在某个轮换中. 而含有 a_1 的轮换反映了置换 σ 作用在元素 a_1 上的循环变换序列，这是由置换 σ 唯一确定的，因此 σ 的任意两个轮换表示法中含有元素 a_1 的轮换应完全一样. 同理可证，σ 的任意两个轮换表示法中含有任意同一元素的轮换也应该完全一致. 因此在不考虑轮换在 σ 的轮换表示法中的次序下，σ 的轮换表示法的形式是唯一的.

现在我们把 3 元对称群 S_3 的 6 个元素改写为轮换表示法. 沿用前面的记号，有

$$\sigma_1=\begin{pmatrix}1&2&3\\1&2&3\end{pmatrix}=(1), \qquad \sigma_2=\begin{pmatrix}1&2&3\\1&3&2\end{pmatrix}=(2\ 3),$$

$$\sigma_3=\begin{pmatrix}1&2&3\\2&1&3\end{pmatrix}=(1\ 2), \qquad \sigma_4=\begin{pmatrix}1&2&3\\2&3&1\end{pmatrix}=(1\ 2\ 3),$$

$$\sigma_5 = \begin{pmatrix} 1 & 2 & 3 \\ 3 & 1 & 2 \end{pmatrix} = (1\ 3\ 2), \quad \sigma_6 = \begin{pmatrix} 1 & 2 & 3 \\ 3 & 2 & 1 \end{pmatrix} = (1\ 3).$$

此外,利用置换的轮换表示法,例 1 的计算过程还可以表示为

$$\sigma_2\sigma_4 = (2\ 3)(1\ 2\ 3) = (1\ 3) = \sigma_6, \quad \sigma_4\sigma_2 = (1\ 2\ 3)(2\ 3) = (1\ 2) = \sigma_3.$$

例 2　用置换的轮换表示法写出 4 元对称群 S_4 中的所有元素.

解　S_4 共有 24 个元素. 我们按照置换保持元素不变的个数的多少来分类书写,这样不易出错. 另外,我们约定在一个轮换中总把最小的那个数写在最前面(因为这样书写的结果是唯一的).

保持所有元素均不变的置换只有一个,就是恒等置换(1);

没有置换仅使 1 个元素发生变化,而保持其余 3 个元素均不变;

使 2 个元素变化,而保持另外 2 个元素不变的置换有 6 个,它们是

$$(3\ 4),\ (2\ 4),\ (2\ 3),\ (1\ 4),\ (1\ 3),\ (1\ 2);$$

使 3 个元素发生变化,保持其余 1 个元素不变的置换有 8 个,它们是

$$(1\ 2\ 3),\ (1\ 3\ 2),\ (1\ 2\ 4),\ (1\ 4\ 2),\ (1\ 3\ 4),\ (1\ 4\ 3),\ (2\ 3\ 4),\ (2\ 4\ 3);$$

使 4 个元素均发生变换的置换有 9 个,它们是

$$(1\ 2)(3\ 4),\ (1\ 3)(2\ 4),\ (1\ 4)(2\ 3)$$

及　　　$(1\ 2\ 3\ 4),\ (1\ 2\ 4\ 3),\ (1\ 3\ 2\ 4),\ (1\ 3\ 4\ 2),\ (1\ 4\ 2\ 3),\ (1\ 4\ 3\ 2).$

这个例子进一步说明了轮换表示法在表示置换及置换的运算时的优势. 所以,对于置换,我们使用轮换表示法比使用类似于矩阵的数表的表示法更多. 当然,这两种方法都比较方便. 除此之外,我们使用一般变换的表示方法也是可以,只不过,一般来说,计算没有这两种方法简便、直观.

下面,我们把轮换改写为对换的乘积形式.

事实上,如果轮换的长度为 1,即恒等置换(1),显然有 $(1) = (1\ 2)(1\ 2)$;如果轮换的长度为 2,则它本身就是对换;如果轮换的长度大于或等于 3,设 $\sigma = (i_1\ i_2 \cdots\ i_k)$,则有

$$\sigma = (i_1\ i_2)(i_2\ i_3) \cdots (i_{k-1}\ i_k).$$

上面的结论说明,任意一个长度为 $k\ (k \geqslant 2)$ 的轮换总可以表示为 $k-1$ 个对换的乘积. 因此,当轮换的长度是偶数时,它可以表示为奇数个对换的乘积;当轮换的长度是奇数时,它可以表示为偶数个对换的乘积. 于是,如果置换 σ 中有奇数个长度为偶数的轮换,那么这些轮换就可以表示为奇数个对换的乘积(奇数个奇数的乘积还是奇数),从而置换 σ 是奇置换. 反之,任意一个奇置换必可以表示为奇数个长度为偶数的轮换及若干个长度为奇数的轮换的乘积. 换句话说,要看一个置换 σ 是奇置换还是偶置换,只需看它有几个长度为偶数的轮换就可以了.

比如,S_4 中置换 $(1),(1\ 2\ 3),(1\ 3\ 2),(1\ 2\ 4),(1\ 4\ 2),(1\ 3\ 4),(1\ 4\ 3),(2\ 3\ 4),$

(2 4 3),(1 2)(3 4),(1 3)(2 4),(1 4)(2 3)是偶置换,并且 S_4 的偶置换也只有这 12 个;而 S_4 的所有奇置换也只有(3 4),(2 4),(2 3),(1 4),(1 3),(1 2),(1 2 3 4),(1 2 4 3),(1 3 2 4),(1 3 4 2),(1 4 2 3),(1 4 3 2).

定义 4 对于 n 元对称群 S_n 中的两个置换 σ 和 τ,称置换 $\tau^{-1}\sigma\tau$ 为 τ 对 σ 的**共轭变换**,简称为 σ 的**共轭元**.

显然,若 $\tau^{-1}\sigma\tau$ 为 τ 对 σ 的共轭变换,则 $\sigma=\tau(\tau^{-1}\sigma\tau)\tau^{-1}$ 为 τ^{-1} 对 $\tau^{-1}\sigma\tau$ 的共轭变换. 所以,σ 与 $\tau^{-1}\sigma\tau$ 互为共轭元,也称 σ 与 $\tau^{-1}\sigma\tau$ **共轭**.

我们知道,(1 2 3),(1 3)和(2 4)是 S_4 的元素. 直接计算可知

$$(1 3)(1 2 3)(1 3)^{-1}=(1 3)(1 2 3)(1 3)=(1 3 2),$$

$$(2 4)(1 3)(2 4)^{-1}=(2 4)(1 3)(2 4)=(1 3).$$

所以,(1 3)对(1 2 3)的共轭变换是(1 3 2),或者说(1 2 3)与(1 3 2)共轭;(2 4)对(1 3)的共轭变换是(1 3),或者说(1 3)与其自身共轭. 现在我们来看看,对 S_n 的任意两个置换 σ 和 τ,$\tau^{-1}\sigma\tau$ 的结果究竟是什么.

设

$$\sigma=\begin{pmatrix} 1 & 2 & \cdots & n \\ \sigma(1) & \sigma(2) & \cdots & \sigma(n) \end{pmatrix}, \quad \tau=\begin{pmatrix} 1 & 2 & \cdots & n \\ \tau(1) & \tau(2) & \cdots & \tau(n) \end{pmatrix},$$

则

$$\tau\sigma\tau^{-1}=\begin{pmatrix} 1 & 2 & \cdots & n \\ \tau(1) & \tau(2) & \cdots & \tau(n) \end{pmatrix}\begin{pmatrix} 1 & 2 & \cdots & n \\ \sigma(1) & \sigma(2) & \cdots & \sigma(n) \end{pmatrix}\begin{pmatrix} \tau(1) & \tau(2) & \cdots & \tau(n) \\ 1 & 2 & \cdots & n \end{pmatrix}$$

$$=\begin{pmatrix} \tau(1) & \tau(2) & \cdots & \tau(n) \\ \tau[\sigma(1)] & \tau[\sigma(2)] & \cdots & \tau[\sigma(n)] \end{pmatrix}=\begin{pmatrix} \tau(1) & \tau(2) & \cdots & \tau(n) \\ \tau\sigma(1) & \tau\sigma(2) & \cdots & \tau\sigma(n) \end{pmatrix}.$$

于是

$$\tau(a_1\ a_2\ \cdots\ a_k)\tau^{-1}=(\tau(a_1)\ \tau(a_2)\ \cdots\ \tau(a_k)),$$

即一个 k-轮换在共轭作用下仍是一个 k-轮换. 由于任意一个置换总可以表示为若干不相交的轮换的乘积,因此任意一个置换的共轭元仍是若干个互不相交的轮换的乘积.

下面讨论两个置换是共轭的条件. 为此先引入一个概念.

定义 5 设 $n=r_1+r_2+\cdots+r_s$,其中 $0<r_1\leqslant r_2\leqslant\cdots\leqslant r_s\leqslant n$,称正整数序列 $(r_1,r_2,\cdots,r_s)$ 是 n 的一个**划分**. 如果 S_n 中的置换 σ 表示为互不相交的轮换的乘积是

$$\sigma=(a_1\ a_2\ \cdots\ a_{r_1})(a_{r_1+1}\ a_{r_1+2}\ \cdots\ a_{r_1+r_2})\cdots(a_{r_1+r_2+\cdots+r_{s-1}+1}\ \cdots\ a_{r_1+r_2+\cdots+r_{s-1}+r_s}),$$

其中 $(r_1,r_2,\cdots,r_s)$ 是 n 的一个划分,则称这个划分为**由置换 σ 所确定的划分**.

如由 $\sigma=(1)(2\ 3)$ 所确定的 3 的划分是 $(1,2)$,又如由 $\sigma=(1\ 4\ 5)(2\ 3)$ 所确定的 5 的划分是 $(2,3)$.

定理 3 n 元对称群 S_n 中的两个置换是共轭元的充分必要条件是它们所确定的划分

相同.

证明 前面我们已经知道,若 τ 是置换,则

$$\tau(a_1 \; a_2 \; \cdots \; a_k)\tau^{-1} = (\tau(a_1) \; \tau(a_2) \; \cdots \; \tau(a_k)).$$

如果两个置换 σ 与 τ 共轭,于是存在置换 ρ,使得 $\tau = \rho\sigma\rho^{-1}$. 而任意置换总可以写为若干不相交的轮换的乘积,设 σ 的互不相交的轮换的乘积表示法是

$$\sigma = (a_1 \; a_2 \; \cdots \; a_{r_1})(a_{r_1+1} \; a_{r_1+2} \; \cdots \; a_{r_1+r_2}) \cdots (a_{r_1+r_2+\cdots+r_{s-1}+1} \; \cdots \; a_{r_1+r_2+\cdots+r_{s-1}+r_s}),$$

其中 $(r_1, r_2, \cdots, r_s)$ 是 n 的一个划分,则

$$
\begin{aligned}
\tau &= \rho\sigma\rho^{-1} \\
&= (\rho(a_1) \; \rho(a_2) \; \cdots \; \rho(a_{r_1}))(\rho(a_{r_1+1}) \; \rho(a_{r_1+2}) \; \cdots \; \rho(a_{r_1+r_2})) \\
&\quad \bullet \cdots \bullet (\rho(a_{r_1+r_2+\cdots+r_{s-1}+1}) \; \cdots \; \rho(a_{r_1+r_2+\cdots+r_{s-1}+r_s})).
\end{aligned}
$$

由上式即知,由置换 τ 所确定的划分仍是 $(r_1, r_2, \cdots, r_s)$. 这就说明两个共轭置换所确定的划分是相同的.

反过来,如果两个置换 σ, τ 所确定的划分相同,于是可设

$$\sigma = (a_1 \; a_2 \; \cdots \; a_{r_1})(a_{r_1+1} \; a_{r_1+2} \; \cdots \; a_{r_1+r_2}) \cdots (a_{r_1+r_2+\cdots+r_{s-1}+1} \; \cdots \; a_{r_1+r_2+\cdots+r_{s-1}+r_s}),$$

$$\tau = (b_1 \; b_2 \; \cdots \; b_{r_1})(b_{r_1+1} \; b_{r_1+2} \; \cdots \; b_{r_1+r_2}) \cdots (b_{r_1+r_2+\cdots+r_{s-1}+1} \; \cdots \; b_{r_1+r_2+\cdots+r_{s-1}+r_s}).$$

令

$$\rho = \begin{pmatrix} a_1 & a_2 & \cdots & a_n \\ b_1 & b_2 & \cdots & b_n \end{pmatrix},$$

则有 $\rho\sigma\rho^{-1} = \tau$,即置换 σ 与 τ 共轭.

对比一个群上的内自同构与置换群中的共轭变换,可知置换群中的共轭变换就是内自同构.

下面的例子是划分及置换的共轭的一个具体应用.

例 3 使用划分及定理 3,求 3 元对称群 S_3 及交错群 A_3 的所有元素,并求出每个元素的共轭元.

解 我们规定每个轮换的第一个元素最小.

对于 3 元对称群 S_3,由于 3 的划分只有 $(1,1,1)$,$(1,2)$ 和 (3) 三种. 因此,S_3 中的元素表示为互不相交的轮换的乘积只有 $(1)(2)(3) = (1)$,$(a_1)(a_2 \; a_3) = (a_2 \; a_3)$ 及 $(a_1 \; a_2 \; a_3)$ 三种形式.

具有形式 $(a_2 \; a_3)$ 的轮换恰有 $C_3^1 = 3$ 种(从 3 个元素中任意选取一个,使其保持不变),它们是 $(1 \; 2)$,$(1 \; 3)$,$(2 \; 3)$;

具有形式 $(a_1 \; a_2 \; a_3)$ 的轮换,其第一个元素必是 1,因此恰有 $C_2^1 = 2$ 种(第二个位置上的元素可以从 2,3 中任意选取一个),它们是 $(1 \; 2 \; 3)$,$(1 \; 3 \; 2)$.

由于 S_3 共有 6 个元素,因此它们是 $(1),(1\,2\,3),(1\,3\,2),(1\,2),(1\,3),(2\,3)$,其中前 3 个是偶置换,它们是 S_3 的交错子群 A_3 的所有元素.

根据定理 3,两个置换共轭的充分必要条件是它们确定的划分相同,因此 (1) 只与自身共轭,$(1\,2),(1\,3),(2\,3)$ 相互共轭,$(1\,2\,3),(1\,3\,2)$ 相互共轭,并且三组之间的置换互不共轭.

习 题 3.7

1. 在 3 元对称群 S_3 中找出所有与 $(1\,2\,3)$ 可交换(满足 S_3 中乘法的交换律)的元素.

2. (1) 把下列置换改写为不相交的轮换的乘积:

$$\sigma=\begin{pmatrix}1&2&3&4&5&6\\3&6&5&2&1&4\end{pmatrix},\quad \tau=\begin{pmatrix}1&2&3&4&5&6\\3&5&1&4&6&2\end{pmatrix},$$

$$\rho=\begin{pmatrix}1&2&3&4&5&6\\2&4&6&5&1&3\end{pmatrix},\quad \varphi=(1\,2\,3)(3\,4)(2\,4\,5\,6)(3\,5);$$

(2) 说明 σ,τ,ρ 是否共轭;

(3) 计算 $\sigma\tau,\tau\sigma,\tau\sigma\tau^{-1}$ 及 $\tau^{-1}\sigma\tau$.

3. 设置换 $\sigma=(1\,2)(3\,4),\tau=(5\,6)(1\,3)$,求 ρ,使得 $\tau=\rho\sigma\rho^{-1}$.

4. 证明:

(1) $(i_1\,i_2\cdots i_{k-1}\,i_k)^{-1}=(i_k\,i_{k-1}\cdots i_2\,i_1)$; (2) 长度为 k 的轮换的阶是 k.

5. 利用划分,求 4 元对称群 S_4 及交错群 A_4 的所有元素,并求出与每个元素共轭的所有元素.

6. (1) 找出 3 元对称群 S_3 的所有满足条件 $aHa^{-1}=H(\forall a\in A_3)$ 的子群 H;

(2) 找出 3 元交错群 A_3 的所有满足条件 $aHa^{-1}=H(\forall a\in A_3)$ 的子群 H.

§3.8 商 群

一、正规子群

在线性代数中,利用线性变换化简一个线性空间时,我们引入了不变子空间的概念,并进一步引入了商空间,从而把维数较大的空间化为维数较小的若干个子空间,降低了研究的复杂程度.我们略微地回顾一下线性空间的商空间的概念:设 V 是数域 F 上的线性空间,W 是 V 的子空间,则商空间 V/W 是形如 $v+W(v\in V)$ 的所有元素组成的 V 的子集,即

$$V/W=\{\bar{v}=v+W\,|\,v\in V\}.$$

我们想把研究线性空间的这个办法借鉴到群论中来,以便简化对群的研究.为此,我们先用群论的语言把线性空间的商空间重新描述一遍:W 是加法交换群 V 的子群(即线性空

间 V 的子空间 W 就相当于群 V 的子群 W），商空间 V/W 中的元素 $v+W(v\in V)$ 就相当于子群 W 的陪集（这里，由于线性空间是交换群，所以同一个元素的左陪集与右陪集是一样的，没有任何区别），所以在线性空间的商空间中定义 $\bar{v}_1+\bar{v}_2$ 为 $\overline{v_1+v_2}$ 是合理的. 说得更具体一点，由于线性空间 V（关于向量加法）是交换群，所以我们定义

$$(v_1+W)+(v_2+W)=(v_1+v_2)+W$$

是完全可以的. 特别地，$\bar{0}=0+W=W$ 是商空间 V/W 的单位元（零元），即 $W+(v+W)=v+W$，或者说，$\bar{0}+\bar{v}=\bar{v}$.

那么，对于群 G 及它的某个子群 H，我们能否在它的左陪集或右陪集的集合上定义类似于线性空间的商空间那样的运算呢？答案是不一定. 我们举一个例子来说明. 显然 $S_2=\{(1),(1\,2)\}$ 是 S_3（参看上一节）的子群. 直接计算即知

$$(1\,3)S_2=\{(1\,3),(1\,2\,3)\},$$

它是（S_3 的元素）$(1\,3)$ 所确定的子群 S_2 的左陪集（相当于线性空间中的 $v+W$）. 于是，对应于线性空间的 $W+(v+W)=v+W$，就应该有 $S_2\cdot(1\,3)S_2=(1\,3)S_2$. 但实际上，有

$$S_2\cdot(1\,3)S_2=S_2\{(1\,3),(1\,2\,3)\}=\{(1\,3),(1\,2\,3),(1\,3\,2),(2\,3)\}.$$

显然 $S_2\cdot(1\,3)S_2\neq(1\,3)S_2$. 究其原因，我们发现

$$\{(1\,3),(1\,3\,2)\}=S_2(1\,3)\neq(1\,3)S_2,$$

即由 $(1\,3)$ 所确定的左、右陪集不相等.

既然如果一个群的子群的左陪集、右陪集不相等，就不能在其左陪集（右陪集）的集合上定义类似于原群的乘法运算，那接下来，我们就很自然地想问：对于群 G 及它的某个子群 H，如果其左陪集、右陪集相等，即 $Ha=aH$，那么是不是就可以在其陪集（因此时左、右陪集是一样的，因此我们简称为陪集是合理的）上仿照线性空间那样定义运算呢？答案是肯定的. 这就是我们想引入的正规子群的概念. 首先，我们介绍下面的结果：

定理 1 设 G 是群，H 是 G 的子群，则 H 的两个左陪集的乘积还是左陪集的充分必要条件是 $aH=Ha(\forall a\in G)$.

证明 对于 G 中的任意元素 a，由于 $a=ae\in aH$，所以 $a^2\in(aH)(aH)=(aH)^2$. 而由已知，两个左陪集的乘积还是左陪集，易得 $(aH)^2=a^2H$. 在等式两边左侧分别乘以 a^{-1}，得

$$a^{-1}(aH)^2=a^{-1}aHaH=HaH,\quad a^{-1}(a^2H)=aH,\quad 即\quad HaH=aH.$$

因为 $e\in H$，所以

$$Ha=Hae\subseteq HaH=aH,\quad 即\quad Ha\subseteq aH.$$

同理可证 $aH\subseteq Ha$. 因此 $aH=Ha(\forall a\in G)$.

反之，若 $aH=Ha(\forall a\in G)$，则对 G 中的任意两个元素 a,b，一定有

$$(aH)(bH)=(aH)(Hb)=a(HH)b=aHb=a(Hb)=a(bH)=(ab)H,$$

从而结论得证.

定义 1 设 G 是群,H 是 G 的子群. 若 $aH = Ha\,(\forall a \in G)$,则称 H 是 G 的**正规子群**,记做 $H \lhd G$.

显然,群 G 的单位元集合 $\{e\}$ 及 G 本身都是 G 的正规子群,它们为 G 的平凡正规子群. 如果群 G 只有平凡正规子群(即 $\{e\}$ 与 G),则称 G 是**单群**. 如果 H 是 G 的正规子群,则 H 的任意左陪集与其相应的右陪集相等. 因此对于正规子群来说,无论是它的左陪集,还是右陪集,我们都简称为它的陪集.

正规子群有很多等价的说法,下面是其中几个最常用的:

定理 2 设 G 是群,H 是 G 的子群,则以下命题等价:

(1) H 是 G 的正规子群;

(2) $aHa^{-1} = H\ (\forall a \in G)$;

(3) $aha^{-1} \in H\ (\forall a \in G, h \in H)$.

证明 (1)$\Rightarrow$(2):由于 H 是 G 的正规子群,即对于 G 中的任意元素 a,有 $aH = Ha$,在等式两边同时右乘 a^{-1},即得

$$aHa^{-1} = H\quad (\forall a \in G).$$

(2)$\Rightarrow$(3):结论显然成立.

(3)$\Rightarrow$(1):由于 $aha^{-1} \in H(\forall a \in G, h \in H)$,右乘 a,即得 $ah \in Ha(\forall a \in G, h \in H)$,因此 $aH \subseteq Ha(\forall a \in G)$. 在(3)中,以 a^{-1} 代替 a(因为 G 是群,所以这样替代是可以的),得 $a^{-1}ha \in H(\forall a \in G, h \in H)$. 再左乘 a,就有 $ha \in aH(\forall a \in G, h \in H)$,即 $Ha \subseteq aH(\forall a \in G)$. 所以 $Ha = aH(\forall a \in G)$. 也就是说,H 是 G 的正规子群.

完全类似地,可以证明下面的结论也成立:

定理 2′ 设 G 是群,H 是 G 的子群,则以下命题等价:

(1) H 是 G 的正规子群;

(2) $a^{-1}Ha = H\ (\forall a \in G)$;

(3) $a^{-1}ha \in H\ (\forall a \in G, h \in H)$.

例 1 (1) 仅由单位元构成的群 $G = \{e\}$ 只有平凡子群,当然也只有平凡正规子群,因而它是单群.

(2) §3.1 例 6 中的群 $G_1 = \{0, 1\}$,$G_2 = \{$偶数,奇数$\}$ 的阶都是 2(素数),因此它们都是单群.

例 2 证明:(1) 群 G 的中心 $C(G)$ 是 G 的正规子群;

(2) 若 H 是群 G 的子群,则 H 是它在 G 中的正规化子 $N_G(H)$ 的正规子群;

(3) 设 S 是群 G 的任意非空子集,则 S 在 G 中的中心化子 $C_G(S)$ 是 S 在 G 中的正规化子 $N_G(S)$ 的正规子群.

(4) 群同态的核是正规子群,即若 σ 是群 G_1 到群 G_2 的同态,则对于 G_1 中的任意元素

g,有 $g\mathrm{Ker}\sigma=\mathrm{Ker}\sigma g$;

(5) 群 G 上的内自同构群 $\mathrm{Inn}G$ 是自同构群 $\mathrm{Aut}G$ 的正规子群.

证明　在此,我们只证明(2),(4)和(5),其他的证明留给读者.

(2) 设 $h\in H$,$g\in N_G(H)$,由正规化子的定义知 $gh\in gH=Hg$.设 $gh=h'g$ ($h'\in H$),于是 $ghg^{-1}=(h'g)g^{-1}=h'\in H$.所以 H 是 $N_G(H)$ 的正规子群.

(4) 在 §3.5 中已证明 $\mathrm{Ker}\sigma$ 是 G_1 的子群.设群 G_1,G_2 的单位元分别为 e_{G_1},e_{G_2}.任取 $\mathrm{Ker}\sigma$ 中的元素 a,则 $\sigma(a)=e_{G_2}$.对于 G_1 中的任意元素 g,有

$$\sigma(gag^{-1})=\sigma(g)\sigma(a)\sigma(g^{-1})=\sigma(g)e_{G_2}\sigma(g^{-1})$$
$$=\sigma(g)\sigma(g^{-1})=\sigma(gg^{-1})=\sigma(e_{G_1})=e_{G_2},$$

即 $gag^{-1}\in\mathrm{Ker}\sigma$,因此 $\mathrm{Ker}\sigma$ 是 G_1 的正规子群.

(5) 设 g,h 是 G 中的任意两个元素,σ 是 G 上的任意自同构,以 ρ_h 表示由 h 确定的 G 上的内自同构,显然 $\sigma\rho_h\sigma^{-1}\in\mathrm{Aut}G$,且

$$\sigma\rho_h\sigma^{-1}(g)=\sigma\rho_h[\sigma^{-1}(g)]=\sigma[h\sigma^{-1}(g)h^{-1}]=\sigma(h)\sigma[\sigma^{-1}(g)]\sigma(h^{-1})$$
$$=\sigma(h)g\sigma(h^{-1})=\rho_{\sigma(h)}(g).$$

由 g,h 的任意性知 $\sigma\rho_h\sigma^{-1}\in\mathrm{Inn}G$,即群 G 上的内自同构群 $\mathrm{Inn}G$ 是自同构群 $\mathrm{Aut}G$ 的正规子群.

例3　求证:交换群 G 的任意子群 H 均为正规子群.

证明　对于 G 中的任意元素 a,H 中的任意元素 h,由于 G 是交换群,因此有

$$ah=ha,\quad 即\quad aha^{-1}=h\in H.$$

由定理 2 知,H 是正规子群.

进一步,显然,关于数的普通加法,$\mathbf{Q}$ 是 $\mathbf{R}$ 的正规子群,$\mathbf{R}$ 是 $\mathbf{C}$ 的正规子群.还容易知道,$\mathbf{Q}$ 也是 $\mathbf{C}$ 的正规子群.我们在 §3.5 中还指出,子群具有"传递性".这个例子好像表明正规子群也具有"传递性",但实际上并非如此.请看下面的例子.

例4　可以证明 $K=\{(1),(1\,2)(3\,4),(1\,3)(2\,4),(1\,4)(2\,3)\}$ 是 4 元交错群 A_4 的正规子群,且 K 是交换群(留作练习),通常称 K 是 **Klein 四元群**.于是 K 的任意子群都是 K 的正规子群.特别地,$H=\{(1),(1\,2)(3\,4)\}$ 是 K 的正规子群.但是 H 并不是 A_4 的正规子群.事实上,有

$$(1\,2\,3)^{-1}(1\,2)(3\,4)(1\,2\,3)=(1\,3)(2\,4)\notin H.$$

此例还说明,4 元交错群 A_4 不是单群.

例5　(1) 可以证明 3 元对称群 S_3 的交错子群 A_3 是其正规子群(留作练习).由于 A_3 是素数阶群(A_3 的阶为 $3!/2=3$),因此它只有平凡子群,当然也只有平凡正规子群,从而 A_3 是单群.

完全类似地,我们知道,2 元交错群 A_2 也是单群.

但由上例知,A_4 并不是单群. 非常有趣的是,我们下面就将证明当 $n \geqslant 5$ 时,n 元交错群 A_n 都是单群.

(2) 更一般地,n 元交错群 A_n 是 n 元对称群 S_n 的正规子群.

在中学时,我们已经知道,一元二次方程 $ax^2 + bx + c = 0 (a \neq 0)$ 总可以通过方程的未知数的系数及常数项的有限次四则运算及开方运算得到其任意解(简称为"方程可根式解"). 数学家还发现一元三次方程、一元四次方程也可根式解. 但数学家在研究一元 $n (n \geqslant 5)$ 次方程是否可根式解的时候遇到了困难. 对这个问题,做出极具创造性贡献的当数法国天才数学家伽罗瓦. 他断言,一般来说,一元 $n (n \geqslant 5)$ 次方程不可根式解,而且他还指出了什么样的方程可根式解. 这就是如今人们常说的伽罗瓦理论. 当然,本书没有办法详尽地介绍伽罗瓦理论,但我们介绍一下对证明伽罗瓦的断言(一般的一元 $n (n \geqslant 5)$ 次方程不可根式解)起着基础性作用的一个结果,即下面的定理 3. 为此,我们先介绍一个引理.

引理 (1) 当 $n \geqslant 2$ 时,有 $S_n = \langle (1\ 2), (1\ 3), \cdots, (1\ n) \rangle$;

(2) 当 $n \geqslant 3$ 时,有 $A_n = \langle (1\ 2\ 3), (1\ 2\ 4), \cdots, (1\ 2\ n) \rangle$;

(3) 当 $n \geqslant 2$ 时,有 $S_n = \langle (1\ 2), (1\ 2\ 3\ \cdots\ n) \rangle$.

证明 (1) 由于 S_n 中的任意元素可以表示为若干互不相交的轮换的乘积,因此我们只需要证明任意轮换总可以表示为一系列包含 1 的对换的乘积即可. 事实上,

$$(a_1\ a_2\ \cdots\ a_k) = (1\ a_1)(1\ a_k)(1\ a_{k-1}) \cdots (1\ a_2)(1\ a_1).$$

所以 $\qquad\qquad\qquad S_n = \langle (1\ 2), (1\ 3), \cdots, (1\ n) \rangle.$

(2) 由于 A_n 中的任何一个元素总是偶数个对换的乘积,于是我们可以在每个元素的对换乘积的表示方法中,把每两个对换的乘积组成一对. 由(1)知,每一对必可以表示为 $(1\ i)(1\ j)$ 的形式,而 $(1\ i)(1\ j) = (1\ 2\ i)(1\ 2\ j)$,从而 A_n 中的任意元素必可以表示为形如 $(1\ 2\ k)$ 的 3-轮换的乘积,也就是 $A_n = \langle (1\ 2\ 3), (1\ 2\ 4), \cdots, (1\ 2\ n) \rangle$.

(3) 令 $\sigma = (1\ 2\ 3\ \cdots\ n)$,则

$$(2\ 3) = \sigma(1\ 2)\sigma^{-1}, \qquad (1\ 3) = (2\ 3)(1\ 2)(2\ 3),$$

类似地,$(2\ 4) = \sigma(1\ 3)\sigma^{-1}, (1\ 4) = (2\ 4)(1\ 2)(2\ 4), \cdots$. 于是由(1)可知

$$S_n = \langle (1\ 2), (1\ 2\ 3\ \cdots\ n) \rangle.$$

该引理的结论说明:每个偶置换总可以表示为一系列 3-轮换的乘积.

有了这个引理做准备后,下面我们正式介绍对伽罗瓦断言的证明起着基础性作用的结论.

定理 3 n 元交错群 $A_n (n \geqslant 5)$ 是单群.

证明 设 $H \neq \{(1)\}$,且 H 是 $A_n (n \geqslant 5)$ 的正规子群. 为证明 A_n 是单群,只需证明 $H = A_n$. 由引理(2),如果我们能证明 H 包含所有的 3-轮换,那么我们就证明了 $H = A_n$. 下面就来证明这一点.

由于 $n \geqslant 5$，我们总可以假设 $\sigma = \begin{pmatrix} 1 & 2 & 3 & 4 & 5 & \cdots \\ i & j & k & l & m & \cdots \end{pmatrix}$ 是偶置换（否则只需要交换 l, m 的位置），其中 i, j, k 是任意三个不同的数.

如果我们可以证明 H 中至少有一个 3-轮换，比如 $(1\,2\,3) \in H$，于是根据引理（2）及 $(i\,j\,k) = \sigma(1\,2\,3)\sigma^{-1}$，而 H 是正规子群，所以 $(i\,j\,k) \in H$. 再由 i, j, k 的任意性知，H 就包含了所有的 3-轮换，从而所有 3-轮换的乘积都在 H 中，即所有偶置换都在其中. 另外，A_n 是恰好包含所有偶置换的集合. 因此 $H = A_n$，也就是说 A_n 是单群.

下面来证明 H 中的确存在 3-轮换. 设 $\sigma \in H, \sigma \neq (1)$，且 σ 是 H 中除 (1) 外具有最多不动点的置换（所谓不动点，是指在置换 σ 下保持不动，如 i 是置换 σ 的不动点，即是说 $\sigma(i) = i$）. 我们证明 σ 一定是 3-轮换. 否则，将置换 σ 写为若干不相交的轮换的乘积，具有以下两种形式：

$$\sigma = (1\,2\,3\,\cdots)\cdots \quad \text{或} \quad \sigma = (1\,2)(3\,4)\cdots.$$

对于第一种形式，由于 σ 是偶置换，因此 σ 不可能是 $(1\,2\,3\,h)$ 的形式. 所以 σ 至少还有两个元素会变动，不妨设 $\sigma = (1\,2\,3\,4\,5\,\cdots)\cdots$. 令 $\tau = (3\,4\,5)$，则 $\tau\sigma\tau^{-1} = (1\,2\,4\,\cdots)\cdots$. 由于 $\sigma \neq \tau\sigma\tau^{-1}$，因此 $\rho = \tau\sigma\tau^{-1}\sigma^{-1} \neq (1)$. 对于第二种形式，有 $\tau\sigma\tau^{-1} = (1\,2)(4\,5)\cdots$，同样有 $\sigma \neq \tau\sigma\tau^{-1}$，因此也有 $\rho = \tau\sigma\tau^{-1}\sigma^{-1} \neq (1)$. 对任一大于 5 的元素，显然在置换 τ 下是不动点，因此如果它也是 σ 的不动点，从而也一定是 $\rho = \tau\sigma\tau^{-1}\sigma^{-1}$ 的不动点. 在第一种形式下，置换 σ 至少使 5 个元素（数）变动，而 2 在 ρ 下不动，这就导致 ρ 的不动点比 σ 多，与假设 σ 是除 (1) 外不动点最多的置换相矛盾. 在第二种形式下，1，2 在置换 ρ 下均不动，也说明 ρ 的不动点比 σ 的多，这也导致矛盾. 因此，σ 必是 3-轮换.

这样我们就完成了定理的证明.

二、商群

正规子群之所以重要，就是因为利用它可以在其陪集上定义与原群完全相似的乘法运算，从而构造商群，以简化群的研究.

定理 4　设 H 是 G 的正规子群，H 的陪集组成的集合是 $G/H = \{gH \mid g \in G\}$，则 G/H 关于陪集的乘法构成群.

证明　由于 H 是正规子群，由定理 1 知，H 的任意两个左陪集（当然这时候，我们也可以直接说为陪集）的乘积还是左陪集，因此 G/H 关于陪集的乘法封闭.

对于 $\forall g_1 H, g_2 H, g_3 H \in G/H (g_1, g_2, g_3 \in G)$，有

$$(g_1 H \cdot g_2 H) \cdot g_3 H = g_1 g_2 H \cdot g_3 H = g_1 g_2 g_3 H,$$
$$g_1 H \cdot (g_2 H \cdot g_3 H) = g_1 H \cdot g_2 g_3 H = g_1 g_2 g_3 H,$$

得

$$(g_1H \cdot g_2H) \cdot g_3H = g_1H \cdot (g_2H \cdot g_3H),$$

即 G/H 上的乘法运算满足结合律.

显然，$eH \cdot gH = egH = gH$，即 $H = eH$ 是 G/H 的单位元.

又因为 $gH \cdot g^{-1}H = gg^{-1}H = eH = H$，所以 $(gH)^{-1} = g^{-1}H \in G/H$，即 G/H 中的任意元素 gH 的逆元是 $g^{-1}H$.

根据群的定义可知 G/H 关于陪集的乘法构成群.

定义 2 称定理 4 中的 G/H 为 G 关于 H 的**商群**.

这时候，H 的陪集 gH 常常用 g 所在的等价类 $\bar{g}$ 来代替，即 $\bar{g} = gH$.

采用等价类的写法，上面定理 4 的证明中各条件的验证可依次写为：

由于 $\bar{g}_1\bar{g}_2 = \overline{g_1g_2}$，所以 G/H 关于乘法封闭；因为 $(\bar{g}_1\bar{g}_2)\bar{g}_3 = \overline{g_1g_2g_3} = \bar{g}_1(\bar{g}_2\bar{g}_3)$，所以 G/H 上的乘法满足结合律；根据 $\bar{e}\,\bar{g} = \overline{eg} = \bar{g}$，知 $\bar{e}$ 是 G/H 的单位元；由于 $\bar{g}\,\overline{g^{-1}} = \overline{gg^{-1}} = \bar{e}$，所以 $\overline{g^{-1}} = \bar{g}^{-1}$.

其实，我们在前面已经碰见过商群的例子，比如在 §3.1 例 7 中，对于给定的一个正整数 n，整数集 $\mathbf{Z}$ 关于数的普通加法构成交换群，n 的全体倍数组成的集合 $n\mathbf{Z}$ 是 $\mathbf{Z}$ 的正规子群（因为交换群的任意子群均为正规子群），模 n 的剩余类加群 $\mathbf{Z}_n$ 就是 $\mathbf{Z}$ 关于 $n\mathbf{Z}$ 的商群，即 $\mathbf{Z}_n = \mathbf{Z}/n\mathbf{Z}$. 下面给出 $\mathbf{Z}_n$ 被称为剩余类加群的一个直观解释.

我们先看看 $\mathbf{Z}_n$ 中的代数运算是如何定义的. 当时规定

$$\mathbf{Z}_n = \{[0], [1], [2], \cdots, [n-1]\},$$

其实这里 $[i]$ 就是 i 所在的等价类 $i + n\mathbf{Z}$，而

$$[i] + [j] = [i+j] \ (i+j < n), \quad [i] + [j] = [i+j-n] \ (i+j \geqslant n)$$

就是

$$(i + n\mathbf{Z}) + (j + n\mathbf{Z}) = (i+j) + n\mathbf{Z}.$$

当 $i+j < n$ 时，我们就直接取 i 与 j 的和的等价类为其运算结果；而当 $i+j \geqslant n$ 时，我们取 i 与 j 的和再减去 n 的差的等价类为运算结果. 为什么前者我们直接取和，而后者取和后还取差呢？其实我们就是在计算 $i+j$ 除以 n 的余数. 这就说明了我们把 i 的取值限制在 0 到 $n-1$ 之间的原因，同时也说明了为什么我们形象地称之为"剩余类". 有了这点后，由于 $\mathbf{Z}_n$ 是群，当然我们就顺理成章地称它为剩余类加群了.

例 6 记数域 F 上的一元多项式全体组成的集合为 $F[x]$，非常容易验证，$F[x]$ 关于多项式加法构成交换群. 任取 $F[x]$ 中的一个多项式 $f(x)$. 以 $f(x)F[x]$ 表示 $F[x]$ 中 $f(x)$ 的倍式的全体，则 $f(x)F[x]$ 是 $F[x]$ 的正规子群.

现在考虑 $F[x]$ 关于 $f(x)F[x]$ 的商群 $F[x]/f(x)F[x]$. 对 $f(x)F[x]$ 的任意陪集 $g(x) + f(x)F[x]$，利用带余除法，设 $g(x) = f(x)q(x) + r(x)$，其中 $r(x)$ 是余式，则显然有

$$g(x)+f(x)F[x]=r(x)+f(x)F[x].$$

这就是说,陪集 $g(x)+f(x)F[x]$ 是 $F[x]$ 中用 $f(x)$ 去除后,余式为 $r(x)$ 的多项式的全体. 仿照 $\mathbf{Z}_n$ 的称呼,我们也称 $F[x]/f(x)F[x]$ 为 $F[x]$ 模 $f(x)F[x]$ 的剩余类加群.

设 $f(x)$ 的次数是 n,不难证明:

$$F[x]/f(x)F[x]=\{a_1x^{n-1}+a_2x^{n-2}+\cdots+a_{n-1}x+a_n+f(x)F[x]\mid a_i\in F,i=1,2,\cdots,n\},$$

且对于 $\forall g_1(x),g_2(x)\in F[x]$,有

$$(g_1(x)+f(x)F[x])+(g_2(x)+f(x)F[x])=(g_1(x)+g_2(x))+f(x)F[x].$$

商群可以直接反映原来的群的一些基本性质. 比如,设 H 是有限群 G 的正规子群,H 在 G 中的指数 $[G:H]$ 为 s,即 G/H 的阶为 s,于是对于 G 中的任意元素 g,令 $\overline{g}=gH$,则必有

$$\overline{g^s}=\overline{g}^s=\overline{e}.$$

这就是说,$g^sH=eH=H$,因此 $g^s\in H$. 这比我们直接在原群 G 中证明要简单得多.

三、群同态基本定理

这一部分,我们将充分利用商群来简化一个群. 这是群的同态基本定理的应用. 这个定理在群论中具有基础性的地位,从某种程度上讲,就相当于代数基本定理在代数学中的地位,或算术基本定理在数论中的地位.

定理 5　设 H 是群 G 的正规子群,则

$$\pi: G\rightarrow G/H,$$
$$a\mapsto aH$$

是满同态. 称这种同态为 G 到 G/H 的**自然同态**或**典范同态**.

证明　任取 $g_1,g_2\in G$,有

$$\pi(g_1g_2)=g_1g_2H=(g_1H)(g_2H)=\pi(g_1)\pi(g_2),$$

因此映射 π 保持群运算. 显然,对于 $\forall gH\in G/H$,有 $\pi(g)=gH$,即 π 是满射. 因此 π 是群 G 到商群 G/H 的满同态.

这个定理表明,群 G 的任意一个商群都是 G 的一个同态像(可把群关于其正规子群的商群看做群到此商群的自然同态的像). 其实这个结果的逆也是成立的,即群 G 的任一同态像都是(在同构意义下) G 的商群. 这就是下面的群同态基本定理.

定理 6(群同态基本定理)　设 G,G_1 均是群,映射 σ 是群 G 到群 G_1 的同态,$\mathrm{Ker}\sigma=\{g\in G\mid \sigma(g)=e_{G_1}\}$,则 $G/\mathrm{Ker}\sigma$ 与 $\mathrm{Im}\sigma$ 同构,即

$$G/\mathrm{Ker}\sigma\cong\mathrm{Im}\sigma.$$

特别地,若 σ 是群 G 到群 G_1 的满同态,则 $G/\mathrm{Ker}\sigma\cong G_1$.

证明　构造映射

$$\bar{\sigma}: G/\mathrm{Ker}\sigma \to \mathrm{Im}\sigma,$$

$$a\mathrm{Ker}\sigma \mapsto \sigma(a).$$

这个映射的定义是合理的,这是因为如果 $a\mathrm{Ker}\sigma = b\mathrm{Ker}\sigma$,则 $b \in a\mathrm{Ker}\sigma$,即存在 $h \in \mathrm{Ker}\sigma$,使得 $b = ah$,从而

$$\bar{\sigma}(b\mathrm{Ker}\sigma) = \sigma(b) = \sigma(ah) = \sigma(a)\sigma(h) = \sigma(a) = \bar{\sigma}(a\mathrm{Ker}\sigma).$$

对 $\forall a\mathrm{Ker}\sigma, b\mathrm{Ker}\sigma \in G/\mathrm{Ker}\sigma$,有

$$\bar{\sigma}\big[(a\mathrm{Ker}\sigma)(b\mathrm{Ker}\sigma)\big] = \bar{\sigma}(ab\mathrm{Ker}\sigma) = \sigma(ab) = \sigma(a)\sigma(b) = \bar{\sigma}(a\mathrm{Ker}\sigma)\bar{\sigma}(b\mathrm{Ker}\sigma),$$

因此 $\bar{\sigma}$ 是群同态.

设 $a\mathrm{Ker}\sigma \in \mathrm{Ker}\bar{\sigma}$,即 $e_{G_1} = \bar{\sigma}(a\mathrm{Ker}\sigma) = \sigma(a)$,所以 $a \in \mathrm{Ker}\sigma$. 于是有 $a\mathrm{Ker}\sigma = \mathrm{Ker}\sigma$. 这就表明 $\mathrm{Ker}\bar{\sigma} = \mathrm{Ker}\sigma$,即 $\bar{\sigma}$ 是单射.

设 $a' \in \mathrm{Im}\sigma$,则必存在 $a \in G$,使得 $\sigma(a) = a'$. 这样就有

$$a\mathrm{Ker}\sigma \in G/\mathrm{Ker}\sigma, \quad 且 \quad \bar{\sigma}(a\mathrm{Ker}\sigma) = \sigma(a).$$

这就说明 $\bar{\sigma}$ 是满射.

因此,$\bar{\sigma}$ 是群同构,从而 $G/\mathrm{Ker}\sigma \cong \mathrm{Im}\sigma$.

特别地,如果 σ 是群的满同态,则 $\mathrm{Im}\sigma = G_1$. 因此,此时有 $G/\mathrm{Ker}\sigma \cong G_1$.

下面我们利用群的同态基本定理,证明群的几个特别重要的同构定理. 首先我们介绍 Cayley 定理.

定理 7(Cayley 定理)　任意群必同构于某个变换群. 特别地,任意有限群必同构于某个置换群.

证明　我们利用 §3.3 介绍的群的左平移来进行证明. 以 $L(G)$ 表示群 G 的所有左平移组成的集合,则 $L(G)$ 是 G 上的全变换群 S_G 的子群. 考查映射

$$L: G \to S_G,$$

$$a \mapsto L_a.$$

对 $\forall a, b, g \in G$,有

$$L_{ab}(g) = abg = a(bg) = L_a(bg) = L_a(L_b g) = L_a L_b(g).$$

由 g 的任意性知 $L_{ab} = L_a L_b$,再由 a, b 的任意性知映射 L 是群同态.

很明显,$\mathrm{Im}L = L(G)$,$\mathrm{Ker}L = \{e\}$. 由群的同态基本定理,得

$$G/\mathrm{Ker}L \cong L(G), \quad 即 \quad G/\{e\} \cong L(G).$$

而 $G/\{e\} \cong G$,由于群同构是等价关系,因此 $G \cong L(G)$. 由于 $L(G)$ 是 G 上的变换群,因此任意群同构于一个变换群.

将上面的左平移应用于有限群上,即知有限群必同构于一个置换群.

定理 8(群的第一同构定理)　设 G 是群,H 是 G 的正规子群,π 是 G 到商群 G/H 的自然同态,则

（1）G 的包含 H 的子群与 G/H 的子群一一对应；

（2）在此对应下，正规子群对应于正规子群；

（3）如果 K 是 G 的包含 H 的正规子群（即 $K \supseteq H$，且 K 是 G 的正规子群），那么

$$G/K \cong (G/H)/(K/H).$$

证明 为了书写简单，对 G 的任意子集 M，用 $\overline{M}$ 来表示 M 在自然同态 π 下的像，且对于 G 中的元素也作类似的处理.

（1）对于 G 的任意包含 H 的子群 M，由于自然同态 π 是 G 到 $\overline{G}$ 的满同态，当然 π 在 M 上的限制 $\pi|_M$ 还是 M 到 $\overline{G}$ 的群同态，因此 $\mathrm{Im}\,\pi|_M = \overline{M}$ 就是群 $\overline{G}$ 的子群.

又设 M_1, M_2 是群 G 的包含 H 的两个不同的子群. 不妨设 $M_1 \not\subseteq M_2$，也就是说存在 $a \in M_1$，但是 $a \notin M_2$. 若 $\overline{a} \in \overline{M_2}$，则存在 $b \in M_2$，使得 $\overline{b} = \overline{a}$，即 $bH = aH$. 这样的话，$a \in bH \subseteq M_2$. 这与假设 $a \notin M_2$ 相矛盾，因此 $\overline{a} \notin \overline{M_2}$. 这表明，$G$ 的包含 H 的不同的子群在自然同态 π 下的像也不相同.

最后我们证明 π 是 G 的包含 H 的子群到 $\overline{G}$ 的子群的满射. 对于 $\overline{G}$ 的任意子群 N，以 $\pi^{-1}(N)$ 表示 N 在 π 下 G 中的原像所组成的集合. 由于 $H = \pi^{-1}(\overline{e}) \subseteq \pi^{-1}(N)$，因此 $\pi^{-1}(N)$ 是 G 的包含 H 的子集. 又若 $\overline{a}, \overline{b} \in N$，由于 N 是子群，所以 $\overline{a}\,\overline{b}^{-1} \in N$，即 $\overline{ab^{-1}} \in N$，从而 $ab^{-1} \in \pi^{-1}(N)$. 这就说明，$\pi^{-1}(N)$ 是 G 的子群. 因此 $\pi^{-1}(N)$ 是 G 的包含 H 的子群.

这样我们就证明了结论（1）成立.

（2）若 J 是 G 的包含 H 的正规子群，对任意 $\overline{g} \in \overline{G}$ 及 $j \in J$，有 $\overline{g}\,\overline{j}\,\overline{g}^{-1} = \overline{gjg^{-1}} \in \overline{J}$，因此 $\pi(J) = \overline{J}$ 是 $\overline{G}$ 的正规子群. 这说明，G 的包含 H 的正规子群在 π 下的像是 $\overline{G}$ 的正规子群.

反之，对于 $\overline{G}$ 的任意正规子群 N. 任取 $g \in G$ 及 $n \in \pi^{-1}(N)$，则

$$\pi(gng^{-1}) = \overline{gng^{-1}} \in N, \quad \text{从而} \quad gng^{-1} \in \pi^{-1}(N).$$

这就说明，$\overline{G}$ 的正规子群在 π 下的原像是 G 的（包含 H 的，这由（1）作保证）的正规子群. 因此结论（2）成立.

（3）构造映射

$$\varphi : G/H \to G/K,$$
$$aH \mapsto aK.$$

这个映射的定义是合理的. 事实上，若 $aH = bH$，则 $a^{-1}b \in H \subseteq K$. 因此 $aK = bK$.

对 $\forall aH, bH \in G/H$，有

$$\varphi[(aH)(bH)] = \varphi(abH) = abK = (aK)(bK) = \varphi(aH)\varphi(bH),$$

因此映射 φ 是群同态. 显然 φ 还是满射. 又

$$aH \in \mathrm{Ker}\,\varphi \Longleftrightarrow aK = \varphi(aH) = K \Longleftrightarrow a \in K \Longleftrightarrow aH \in K/H,$$

所以 $\mathrm{Ker}\,\varphi = K/H$. 由群同态基本定理知结论成立.

我们知道,如果 σ 是群 G 到群 G_1 的满同态,则 $\mathrm{Ker}\sigma$ 是 G 的正规子群.利用定理 6 有 $G/\mathrm{Ker}\sigma\cong G_1$.于是定理 8 也可修改为如下形式:

定理 8′　设 σ 是群 G 到群 G_1 的群的满同态,则

(1) G 的包含 $\mathrm{Ker}\sigma$ 的子群与 G_1 的子群一一对应;

(2) 在此对应下,正规子群对应于正规子群;

(3) 如果 K 是 G 的包含 $\mathrm{Ker}\sigma$ 的正规子群(即 $K\supseteq\mathrm{Ker}\sigma$,且 K 是 G 的正规子群),那么

$$G/K\cong(G/\mathrm{Ker}\sigma)/(K/\mathrm{Ker}\sigma)\cong G_1/(K/\mathrm{Ker}\sigma).$$

定理 9(群的第二同构定理)　设 G 是群,H 是 G 的正规子群,K 是 G 的子群,则

(1) HK 是 G 的子群,且 $H\cap K$ 是 K 的正规子群;

(2) $(HK)/H\cong K/(H\cap K)$.

证明　(1) 显然 HK 是 G 的非空子集.对 $\forall h_1k_1,h_2k_2\in HK(h_i\in H,k_i\in K,i=1,2)$,由于 K 是 G 的子群,因此存在 $k'\in K$,满足 $k_1k_2^{-1}=k'$;由于 H 是 G 的正规子群,因此存在 $h'\in H$,使得 $k'h_2^{-1}=h'k'$.于是有

$$(h_1k_1)(h_2k_2)^{-1}=h_1(k_1k_2^{-1})h_2^{-1}=h_1k'h_2^{-1}=h_1(k'h_2^{-1})=h_1(h'k')=(h_1h')k'\in HK.$$

这就说明,HK 是 G 的子群.

又对 $\forall g\in H\cap K$,有 $g\in H$ 且 $g\in K$.由于 K 是 G 的子群,所以对 $k\in K$,有 $kgk^{-1}\in K$.由于 H 是 G 的正规子群,因此 $kgk^{-1}\in H$,从而 $kgk^{-1}\in H\cap K$.这就说明,$H\cap K$ 是 K 的正规子群.

(2) 考查映射

$$\sigma:HK\to K/(H\cap K),$$
$$hk\mapsto\bar{k}=k(H\cap K)\quad(\forall h\in H,k\in K).$$

这个映射的定义是合理的.事实上,若 $h_1k_1=h_2k_2\in HK$,则 $h_2^{-1}h_1=k_2k_1^{-1}\in H\cap K$.因此 $k_2\in(H\cap K)k_1=k_1(H\cap K)$,即 $\bar{k}_1=\bar{k}_2$.

对 $\forall h_1k_1,h_2k_2\in HK$,由于 H 是 G 的正规子群,所以存在 $h'\in H$,使得 $k_1h_2=h'k_1$.于是

$$\sigma[(h_1k_1)(h_2k_2)]=\sigma[h_1(k_1h_2)k_2]=\sigma[h_1(h'k_1)k_2]=\sigma[(h_1h')(k_1k_2)]=\overline{k_1k_2}.$$

由于 $H\cap K$ 是 K 的正规子群,所以对 $k_1(H\cap K),k_2(H\cap K)\in K/(H\cap K)$,有

$$[k_1(H\cap K)][k_2(H\cap K)]=k_1[(H\cap K)k_2](H\cap K)$$
$$=k_1[k_2(H\cap K)](H\cap K)=k_1k_2(H\cap K),$$

即 $\bar{k}_1\bar{k}_2=\overline{k_1k_2}$,从而有

$$\sigma[(h_1k_1)(h_2k_2)]=\overline{k_1k_2}=\bar{k}_1\bar{k}_2=\sigma(h_1k_1)\sigma(h_2k_2),$$

即 σ 是群同态.

对 $\forall\bar{k}=k(H\cap K)\in K/(H\cap K),k\in K$,有 $k=ek\in HK$,并且 $\sigma(ek)=\bar{k}$.这就说明 σ 是满射.

　　显然对于 $\forall h \in H$，有 $h = he \in HK$，满足 $\sigma(h) = \sigma(he) = \bar{e}$，即 $H \subseteq \text{Ker}\sigma$. 反之，若 $hk \in \text{Ker}\sigma$，即 $\bar{k} = \sigma(hk) = \bar{e}$，所以 $k \in H \cap K$，当然就有 $k \in H$. 因此 $hk \in H$. 这就表明 $\text{Ker}\sigma \subseteq H$. 所以 $\text{Ker}\sigma = H$.

　　由同态基本定理知 $(HK)/H \cong K/(H \cap K)$.

习　题　3.8

　　1. 判定 Hamilton 四元数群是否是单群.

　　2. 求出 3 元对称群 S_3 的所有正规子群.

　　3. 设 H 是群 G 的子群，且 H 在 G 中的指数 $[G:H]$ 为 2，求证：H 是 G 的正规子群.

　　4. 证明：设 H 是 n 元对称群 S_n 的子群，则 H 中的所有偶置换构成一个正规子群 K；若 H 中有奇置换，则 K 在 H 中的指数 $[H:K]$ 为 2.

　　5. 求证：数域 F 上的特殊线性群 $SL_n(F)$ 是一般线性群 $GL_n(F)$ 的正规子群.

　　6. 设 H, N 分别是群 G 的子群与正规子群，证明：HN 是 G 的子群. 试问：HN 是正规子群吗？

第四章 环

> 环是又一种重要的代数系统. 环论在现代数学理论中起着重要的作用. 环上有着两种代数运算: 加法与乘法. 它可以看成我们熟悉的整数集和数域上的多项式函数集等代数系统的推广.

§4.1 环的基本概念及性质

一、环的概念及运算法则

定义 1 设 R 是一个非空集合, 在 R 上有两个代数运算"$+$"和"$\cdot$", 分别称做加法和乘法: 所谓加法运算, 即对 R 中的任意两个元素 a, b, 有 R 中唯一的一个元素 c 与 $a+b$ 对应, 称 c 为 a 与 b 的**和**, 并记为 $c=a+b$. 这时也称集合 R 对于加法"$+$"封闭. 所谓乘法运算, 即对 R 中的任意两个元素 a, b, 在 R 中都有唯一的一个元素 d 与 $a \cdot b$ 对应, 称 d 为 a 与 b 的**积**, 并记 $d=a \cdot b$. 这时也称集合 R 对于乘法"$\cdot$"封闭. 如果 R 的这两个运算还满足如下条件, 则称 $(R, +, \cdot)$ 为一个**环**, 或简称 R 为环:

(1) ① 加法交换律: 对任意 $a, b \in R$, 有 $a+b=b+a$;

② 加法结合律: 对任意 $a, b, c \in R$, 有 $(a+b)+c=a+(b+c)$;

③ 零元: R 中有一个零元 0, 对任意 $a \in R$ 都满足 $a+0=0+a=a$;

④ 负元: 对 R 的任意一个元素 a, 存在 $b \in R$, 使得 $a+b=b+a=0$ (b 称为 a 的**负元**).

(2) 乘法结合律: 对任意 $a, b, c \in R$, 有 $(a \cdot b) \cdot c=a \cdot (b \cdot c)$.

(3) 分配律: 对任意 $a, b, c \in R$, 有

$$(a+b) \cdot c=a \cdot c+b \cdot c, \quad c \cdot (a+b)=c \cdot a+c \cdot b.$$

下面我们对环的定义做一些说明, 以帮助读者更好地理解:

(1) 由环的定义知道, 对于加法运算, R 是一个交换群, 称为环 R 的**加群**, 记为 $(R, +)$. 与第三章中群的定义相同, 加群的加法单位元就是环 R 中的零元. 环 R 中的元素 a 的加法逆元就是 a 的负元, 记做 $-a$. 根据群

的性质可知,环 R 的零元及每个元素的负元都是唯一的.

(2) 对于乘法运算,R 是一个半群,记为 $(R,\cdot)$. 今后,为简化写法,我们将 $a\cdot b$ 写成 ab.

(3) 与加法运算不同,环 R 中的乘法运算不一定有乘法单位元. 如果环 R 中存在元素 e,使得对任意的 $a\in R$,都有

$$ae=ea=a,$$

则称 R 为一个**有单位元的环**,并称 e 为环 R 的**单位元**. 容易证明,如果环 R 有单位元,则单位元是唯一的.

为了今后对于加法的单位元和乘法的单位元不以混淆,通常我们称加法的单位元为零元.

下面我们举几个熟悉的例子.

例 1 设 $R=\{0\}$,并规定 $0+0=0,0\cdot 0=0$,则 R 构成环,称为**零环**. 零环是唯一的一个零元和单位元相等,而且零元也可逆的环.

零环是最简单的环,以至于在对环进行讨论中,我们不讨论零环. 今后,除特别声明外,我们总假定环不是零环,因此有乘法单位元的环,单位元也不等于零元.

例 2 整数集 $\mathbf{Z}$ 对于数的普通加法与乘法构成有单位元的环,称为**整数环**. 容易得出,整数环的零元为数 0,单位元为数 1.

同样地,有理数集 $\mathbf{Q}$,实数集 $\mathbf{R}$ 及复数集 $\mathbf{C}$ 对于数的普通加法与乘法也构成环,并且都是有单位元的环. 它们的零元也都为数 0,单位元都为数 1.

例 3 全体偶数组成的集合在数的普通加法与乘法下也构成一个环,但这个环没有单位元.

例 4 实数集的子集

$$\mathbf{Z}[\sqrt{2}]=\{m+n\sqrt{2}\,|\,m,n\in\mathbf{Z}\}$$

在数的普通加法与乘法下构成一个有单位元的环.

事实上,任意取 $m_1+n_1\sqrt{2},m_2+n_2\sqrt{2}\in\mathbf{Z}[\sqrt{2}]$,那么

$$(m_1+n_1\sqrt{2})+(m_2+n_2\sqrt{2})=(m_1+m_2)+(n_1+n_2)\sqrt{2}\in\mathbf{Z}[\sqrt{2}],$$

$$(m_1+n_1\sqrt{2})\cdot(m_2+n_2\sqrt{2})=(m_1m_2+2n_1n_2)+(m_1n_2+m_2n_1)\sqrt{2}\in\mathbf{Z}[\sqrt{2}].$$

又取 $0,1\in\mathbf{Z}[\sqrt{2}]$,有

$$0+(m_1+n_1\sqrt{2})=m_1+n_1\sqrt{2}+0=m_1+n_1\sqrt{2},$$

$$1\cdot(m_1+n_1\sqrt{2})=(m_1+n_1\sqrt{2})\cdot 1=m_1+n_1\sqrt{2}.$$

这样,零元为数 0,单位元为数 1.

如果用 $\mathbf{Q}$ 代替 $\mathbf{Z}$,同样可得 $\mathbf{Q}[\sqrt{2}]$ 在数的普通加法与乘法下构成一个有单位元的环.

类似地,容易验证 $\mathbf{Z}[i]$ 和 $\mathbf{Q}[i]$ 关于数的普通加法与乘法也分别构成环,其中 $\mathbf{Z}[i]$ 称为**高斯整环**.请读者作为习题验证(见习题 4.1 第 1 题).

例 5 设 n 为大于 1 的正整数,集合
$$\mathbf{Z}_n = \{[0],[1],[2],\cdots,[n-1]\},$$
其中 $[m] = \{kn+m \mid m,k \in \mathbf{Z}, 0 \leqslant m \leqslant n-1\}$,那么 $[r]=[s]$ 当且仅当 $n \mid (r-s)$. 在 $\mathbf{Z}_n$ 上分别定义加法和乘法如下:对任意的 $[a],[b] \in \mathbf{Z}_n$,有
$$[a]+[b]=[a+b], \quad [a][b]=[ab].$$
容易验证 $\mathbf{Z}_n$ 关于这样定义的加法和乘法构成一个有单位元的环,其零元是 $[0]$,单位元是 $[1]$. 我们称这个环为整数集 $\mathbf{Z}$ 关于**模 n 的剩余类环**.

例 6 设 $\mathbf{R}[x]$ 是系数在实数集上的一元多项式的全体组成的集合,形式如下:
$$\mathbf{R}[x] = \{a_0 + a_1 x + \cdots + a_n x^n \mid a_i \in \mathbf{R}, i=0,1,\cdots,n; n \in \mathbf{N}\},$$
则容易验证 $\mathbf{R}[x]$ 关于多项式的加法和乘法构成一个有单位元 1 的环. 我们称 $\mathbf{R}[x]$ 为**多项式环**(在后面的 §4.3 中,我们将进一步讨论这类环).

例 7 令 $C[0,1]$ 表示定义在区间 $[0,1]$ 上的所有连续函数组成的集合.对于 $f(x)$,$g(x) \in C[0,1]$,我们定义:

函数的加法:对任意 $x \in [0,1]$,$(f+g)(x)=f(x)+g(x)$;

函数的乘法:对任意 $x \in [0,1]$,$(fg)(x)=f(x)g(x)$.

容易验证 $C[0,1]$ 关于这样定义的加法和乘法构成一个有单位元的环,其单位元为 $E(x)=1$,零元为 $O(x)=0$.

例 8 设 H 是实数域 $\mathbf{R}$ 上的四维线性空间:
$$H = \{a_0 + a_1 \boldsymbol{i} + a_2 \boldsymbol{j} + a_3 \boldsymbol{k} \mid a_i \in \mathbf{R}, i=0,1,2,3\}.$$
H 上的加法就是线性空间的向量加法,即对于任意 $h_1, h_2 \in H$,
$$h_1 = a_0 + a_1 \boldsymbol{i} + a_2 \boldsymbol{j} + a_3 \boldsymbol{k}, \quad h_2 = b_0 + b_1 \boldsymbol{i} + b_2 \boldsymbol{j} + b_3 \boldsymbol{k},$$
有
$$\begin{aligned} h_1 + h_2 &= (a_0 + a_1 \boldsymbol{i} + a_2 \boldsymbol{j} + a_3 \boldsymbol{k}) + (b_0 + b_1 \boldsymbol{i} + b_2 \boldsymbol{j} + b_3)\boldsymbol{k} \\ &= (a_0 + b_0) + (a_1 + b_1)\boldsymbol{i} + (a_2 + b_2)\boldsymbol{j} + (a_3 + b_3)\boldsymbol{k} \end{aligned}$$

下面我们来定义 H 上的乘法:令
$$\boldsymbol{i}^2 = \boldsymbol{j}^2 = \boldsymbol{k}^2 = -1, \quad \boldsymbol{ij} = -\boldsymbol{ji} = \boldsymbol{k}, \quad \boldsymbol{kj} = -\boldsymbol{jk} = \boldsymbol{i}, \quad \boldsymbol{ik} = -\boldsymbol{ki} = \boldsymbol{j},$$
再利用分配律,运用在整个 H 上,即
$$\begin{aligned} &(a_0 + a_1 \boldsymbol{i} + a_2 \boldsymbol{j} + a_3 \boldsymbol{k})(b_0 + b_1 \boldsymbol{i} + b_2 \boldsymbol{j} + b_3 \boldsymbol{k}) \\ &= (a_0 b_0 - a_1 b_1 - a_2 b_2 - a_3 b_3) + (a_0 b_1 + a_1 b_0 - a_2 b_3 + a_3 b_2)\boldsymbol{i} \\ &\quad + (a_0 b_2 + a_2 b_0 - a_3 b_1 + a_1 b_3)\boldsymbol{j} + (a_0 b_3 + a_3 b_0 + a_1 b_2 - a_2 b_1)\boldsymbol{k}. \end{aligned}$$

可以看出,H 在这两种运算下是封闭的,并构成一个有单位元的环,其单位元为 1,零元

为 0. 通常称这个环为 **Hamilton 四元数环**.

例 9　设 R 是一个数环,令 $M_n(R)$ 是元素在数环 R 上的 $n \times n$ 矩阵的全体组成的集合,即其元素如下:

$$\begin{pmatrix} a_{11} & a_{12} & \cdots & a_{1n} \\ a_{21} & a_{22} & \cdots & a_{2n} \\ \vdots & \vdots & & \vdots \\ a_{n1} & a_{n2} & \cdots & a_{nn} \end{pmatrix},$$

其中 $a_{ij} \in R$. 我们定义集合 $M_n(R)$ 上的运算就是矩阵的加法和乘法,则 $M_n(R)$ 关于此加法和乘法构成一个环,称为环 R 上的 n **阶矩阵环**. 如果 R 有单位元 e,则

$$\begin{pmatrix} e & & & \\ & e & & \\ & & \ddots & \\ & & & e \end{pmatrix}$$

是环 $M_n(R)$ 的单位元,且零元是零矩阵.

在介绍了环的定义之后,我们接下来继续介绍环的一些运算性质.

命题 1　设 R 是一个环,则对任意 $a, b \in R$,有

(1) $0a = a0 = 0$;

(2) $-(-a) = a$;

(3) $(-a)b = -ab = a(-b)$;

(4) $(-a)(-b) = ab$;

(5) $a(b-c) = ab - ac$,　$(b-c)a = ba - ca$;

(6) $a \sum\limits_{k=1}^{n} b_k = \sum\limits_{k=1}^{n} ab_k$,　$\left(\sum\limits_{k=1}^{n} b_k \right) a = \sum\limits_{k=1}^{n} b_k a$,其中 $b_k \in R$ $(k = 1, 2, \cdots, n)$,

(7) $\left(\sum\limits_{s=1}^{m} a_s \right) \left(\sum\limits_{k=1}^{n} b_k \right) = \sum\limits_{s=1}^{m} \sum\limits_{k=1}^{n} a_s b_k$,其中 $a_s, b_k \in R$ $(s = 1, 2, \cdots, m; k = 1, 2, \cdots, n)$.

证明　我们只给出(1)~(5)的证明,对于(6),(7),只需将求和式展开,证明留给读者.

(1) 由 $0a = (0+0)a = 0a + 0a$ 推出 $0 + 0a = 0a + 0a$,得 $0 = 0a$. 同理可证 $0 = a0$.

(2) 我们知道,$-a$ 是 a 的负元,那么 a 反过来也是 $-a$ 的负元,即 a 与 $-a$ 相互负元,即

$$a = -(-a).$$

(3) 由分配律可得 $(-a)b + ab = (-a+a)b = 0b = 0$,则可知元素 $(-a)b$ 是元素 ab 的负元,即 $(-a)b = -ab$. 同理可证 $a(-b) = -ab$.

(4) $(-a)(-b) = -a(-b) = -(-ab) = ab$.

(5) 利用分配律得 $a(b-c) + ac = a(b-c+c) = ab$,于是两边加上 $-ac$,可得

$$a(b-c)=ab-ac.$$

同理可证 $(b-c)a=ba-ca$.

设 R 是一个环,对任意 $a\in R, n\in \mathbf{Z}$,我们规定:

$$na=\begin{cases} \overbrace{a+\cdots +a}^{n\text{个}}, & n>0, \\ 0, & n=0, \\ \underbrace{(-a)+\cdots +(-a)}_{(-n)\text{个}}, & n<0. \end{cases}$$

特别地,按规定有 $(-1)a=-a$.

于是容易验证有下面的运算法则:

命题 2 设 R 是一个环,则对任意 $a,b\in R, m,n\in \mathbf{Z}$,有

(1) $(m+n)a=ma+na$;

(2) $m(a+b)=ma+mb$;

(3) $m(na)=(mn)a=n(ma)$;

(4) $m(ab)=(ma)b=a(mb)$;

(5) $(ma)(nb)=(mn)(ab)$.

特别地,如果环 R 有单位元 e,那么 $na=nea\,(\forall a\in R)$.

同时,因为有元素的乘积,我们还规定环 R 中的元素的幂运算:对任意 $a\in R, n\in \mathbf{Z}$,有

$$a^n=\underbrace{a\cdot a\cdot \cdots \cdot a}_{n\text{个}}, \quad n>0.$$

说明:当环 R 中有单位元 e 时,我们还定义 $a^0=e$. 如果环 R 中的元素 a 关于乘法的逆元为 a^{-1},则

$$a^{-n}=\underbrace{a^{-1}\cdot a^{-1}\cdot \cdots \cdot a^{-1}}_{n\text{个}}, \quad n>0.$$

那么容易验证还有下面的幂运算法则:

命题 3 设 R 是一个环,则对任意 $a,b\in R, m,n\in \mathbf{Z}$,有

(1) $a^m a^n=a^{m+n}$;

(2) $(a^m)^n=a^{mn}$.

如果 $ab=ba$,还有

(3) $(ab)^n=a^n b^n$;

(4) $(a+b)^n=\sum_{k=0}^{n} C_n^k a^k b^{n-k}$,其中 $C_n^k=\dfrac{n!}{k!(n-k)!}$.

环有很多不同的类型. 如果我们在环的定义中添加一些不同的条件,就可得到各种类型

的环.前面已经介绍了有单位元的环,下面我们集中介绍常见的环.

二、常见的环

1. 交换环

定义 2 设 R 是一个环.如果环 R 上的乘法满足交换律,即对任意 $a,b\in R$,有 $ab=ba$,则称 R 为一个**交换环**.如果环 R 不是交换环,即存在 $c,d\in R$,有 $cd\neq dc$,则称环 R 为一个**非交换环**.

我们前面举出的例子,其中例 1~例 7 都是交换环;而例 8 因为存在 $i,j\in R$,有

$$ij=-ji\neq ji,$$

所以例 8 的 Hamilton 四元数环 H 不是交换环;例 9 因为矩阵不满足乘法交换律,从而是非交换环.我们将在 §4.2 中对交换环作进一步讨论.

2. 整环

在介绍整环之前,我们先引入一些概念.

定义 3 设 R 是一个环.如果 $a,b\in R$,且 $a\neq 0,b\neq 0$,但有 $ab=0$,则称 a 为环 R 的**左零因子**,b 为环 R 的**右零因子**.左零因子和右零因子统称为环 R 的**零因子**.

例 10 在矩阵环 $M_2(\mathbf{R})$ 中,有元素

$$\begin{pmatrix} 1 & 1 \\ 0 & 0 \end{pmatrix} \quad \text{和} \quad \begin{pmatrix} 1 & 0 \\ -1 & 0 \end{pmatrix}.$$

我们很容易得出

$$\begin{pmatrix} 1 & 1 \\ 0 & 0 \end{pmatrix} \begin{pmatrix} 1 & 0 \\ -1 & 0 \end{pmatrix} = \begin{pmatrix} 0 & 0 \\ 0 & 0 \end{pmatrix},$$

且 $\begin{pmatrix} 1 & 1 \\ 0 & 0 \end{pmatrix}$,$\begin{pmatrix} 1 & 0 \\ -1 & 0 \end{pmatrix}$ 都不是零矩阵,那么 $\begin{pmatrix} 1 & 1 \\ 0 & 0 \end{pmatrix}$,$\begin{pmatrix} 1 & 0 \\ -1 & 0 \end{pmatrix}$ 分别为环 $M_2(\mathbf{R})$ 的左零因子和右零因子.

定义 4 如果环 R 没有零因子,则称 R 为**无零因子环**.

我们前面举出的例子中,例 2,例 3,例 4,例 6,例 8 都是无零因子环.对于例 5,若 n 不是素数,那么 n 一定可以分解成两个因子的乘积,即 $n=ab$,其中 $0<a<n,0<b<n$. 这样,就有

$$[a][b]=[ab]=[n]=[0], \quad [a]\neq[0], \quad [b]\neq[0].$$

此时,$\mathbf{Z}_n$ 中含有零因子.若 n 是素数,则 n 只能分解为平凡因子的乘积,即 $n=1\cdot n$. 此时,$\mathbf{Z}_n$ 是无零因子环.而对于例 7,取两个函数

$$f(x)=\begin{cases} 0, & 0\leqslant x<1/2, \\ x-1/2, & 1/2\leqslant x\leqslant 1 \end{cases} \quad \text{和} \quad g(x)=\begin{cases} x-1/2, & 0\leqslant x<1/2, \\ 0, & 1/2\leqslant x\leqslant 1, \end{cases}$$

我们发现 $f(x) \neq 0, g(x) \neq 0$，但是 $f(x)g(x) = 0$. 所以 $f(x), g(x)$ 分别是环 $C[0,1]$ 的左零因子和右零因子.

由定义我们可以得到无零因子环具有如下性质：

命题 4 若环 R 是一个无零因子环，则 R 上关于乘法的左、右消去律均成立，即对任意 $a, b, c \in R, c \neq 0$，如果 $ac = bc$ 或 $ca = cb$，则 $a = b$.

证明 若 $ac = bc$，由分配律得 $(a - b)c = 0$. 因为 $c \neq 0$，而且 R 是无零因子环，所以 $a - b = 0$. 这就证得 $a = b$. 同理，另一个消去律也成立.

定义 5 设 R 是一个环. 如果 R 满足以下条件：

(1) 有单位元 e：$ea = ae = a, \forall a \in R$；

(2) 交换环：$ab = ba, \forall a, b \in R$；

(3) 无零因子：$ab = 0 \Longrightarrow a = 0$ 或 $b = 0$，

则称 R 为**整环**.

整环是一类特殊的无零因子环，于是它也具有消去律. 前面我们举出的例子，其中例 2，例 4，例 6 都是整环. 在例 5 中，当 n 为素数时，$\mathbf{Z}_n$ 是整环. 我们将在 §4.4 对整环的唯一分解作进一步讨论.

3. 除环和域

定义 6 设 R 是一个有单位元 e 的环，$a \in R$. 如果存在 $b \in R$，使得 $ab = ba = e$，则称 b 为 a 的**逆元**，记做 a^{-1}，即 $b = a^{-1}$.

容易验证，在环 R 中，若元素 a 的逆元 a^{-1} 存在，则 a^{-1} 是唯一的.

定义 7 设 R 是一个有单位元的环，令 R^* 表示 R 中所有非零元的集合. 如果 R^* 在 R 的乘法下构成一个群，则称 R 为**除环**.

是交换环的除环称为**域**，是非交换环的除环称为**体**或**斜域**. 从定义中我们注意到，除环 R 中的每一个非零元都存在逆元，即都是可逆元.

我们前面举出的例子中，例 2 中的有理数集 $\mathbf{Q}$，实数集 $\mathbf{R}$ 及复数集 $\mathbf{C}$ 都关于数的普通加法和乘法构成域，并分别称为**有理数域**、**实数域**及**复数域**，但整数环中除了 1 和 -1 有逆元外，其余的都没有逆元，所以整数环不是域.

例 4 中的 $\mathbf{Q}[\sqrt{2}]$ 和 $\mathbf{Q}[\mathrm{i}]$ 也是域. 而 $\mathbf{Z}[\sqrt{2}]$ 不是域，这是因为存在 $m\sqrt{2} \in \mathbf{Z}[\sqrt{2}]$，其中 $m \in \mathbf{Z}, m\sqrt{2}$ 在 $\mathbf{Z}[\sqrt{2}]$ 中没有逆元. 同理可知，$\mathbf{Z}[\mathrm{i}]$ 也不是域.

例 11 Hamilton 四元数环 H 不是域，但却是一个除环.

证明 因为 Hamilton 四元数环 H 不是交换的，所以 H 不是域. 下面我们证明 H 是一个除环. 只需要证明环 H 中的任意非零元素都可逆.

对于任意非零元素 $h_1 = a_0 + a_1\boldsymbol{i} + a_2\boldsymbol{j} + a_3\boldsymbol{k} \in H$，若 $h_2 = b_0 + b_1\boldsymbol{i} + b_2\boldsymbol{j} + b_3\boldsymbol{k} \in H$ 是 h_1 的

逆元，则有 $h_1 h_2 = 1$. 下面证明这样的 h_2 是存在的. 由

$$h_1 h_2 = (a_0 + a_1 \boldsymbol{i} + a_2 \boldsymbol{j} + a_3 \boldsymbol{k})(b_0 + b_1 \boldsymbol{i} + b_2 \boldsymbol{j} + b_3 \boldsymbol{k}) = 1$$

即有

$$\begin{cases} a_0 b_0 - a_1 b_1 - a_2 b_2 - a_3 b_3 = 1, \\ a_0 b_1 + a_1 b_0 - a_2 b_3 + a_3 b_2 = 0, \\ a_0 b_2 + a_2 b_0 - a_3 b_1 + a_1 b_3 = 0, \\ a_0 b_3 + a_3 b_0 + a_1 b_2 - a_2 b_1 = 0, \end{cases} \quad \text{解得} \quad \begin{cases} b_0 = a_0/b, \\ b_1 = -a_1/b, \\ b_2 = -a_2/b, \\ b_3 = -a_3/b, \end{cases}$$

其中 $b = a_0^2 + a_1^2 + a_2^2 + a_3^2 \neq 0$. 因为 a_0, a_1, a_2, a_3 不全为 0 (h_1 为非零元素). 这样，

$$h_2 = \frac{1}{b}(a_0 - a_1 \boldsymbol{i} - a_2 \boldsymbol{j} - a_3 \boldsymbol{k})$$

就是 $h_1 = a_0 + a_1 \boldsymbol{i} + a_2 \boldsymbol{j} + a_3 \boldsymbol{k}$ 的逆元.

三、子环

在群的讨论中，有子群的概念，对于环也同样有子环的概念.

定义 8　设 R 是一个环，S 是 R 的一个非空子集. 如果 S 关于 R 上的加法和乘法构成环，则称 S 为 R 的**子环**，记做 $S \leqslant R$. 如果 $S \subset R$，则称 S 是 R 的**真子环**.

我们从定义可以看出：

（1）如果 S 是 R 的子环，那么 $(S, +)$ 是 $(R, +)$ 的加法子群，继而 S 的零元就是 R 的零元，S 中元素 a 的负元就是 R 中元素 a 的负元.

（2）子环 S 关于 R 上的乘法是封闭的，因而 R 上的分配律对 S 也成立. 不仅如此，对 R 成立的运算性质，对 S 也成立.

（3）容易验证，环 R 是自身的子环，零环 $\{0\}$ 也是环 R 的子环. 我们称零环和环 R 为环 R 的**平凡子环**. 除此之外的子环，称为环 R 的**非平凡子环**.

回想我们前面所举出的例子，其中偶数环是整数环的子环，这是因为偶数集是整数集的子集，而且又关于数的普通加法和乘法构成环. 从这个例子可以看出，有单位元的环，其子环不一定有单位元. 同理，整数环是有理数环的子环. 当然这些也都是实数环的子环. 这就有下面的关系：

$$\text{偶数环} \leqslant \text{整数环} \leqslant \text{有理数环} \leqslant \text{实数环} \leqslant \text{复数环}.$$

另外，环 $\mathbf{Z}[\sqrt{2}]$，$\mathbf{Q}[\sqrt{2}]$ 都是实数环 $\mathbf{R}$ 的子环，环 $\mathbf{Z}[\mathrm{i}]$，$\mathbf{Q}[\mathrm{i}]$ 都是复数环 $\mathbf{C}$ 的子环.

定理 1　设 R 是一个环，S 是 R 的一个非空子集，那么 S 是 R 的子环的充分必要条件是：

（1）对任意 $a, b \in S$，有 $a + b \in S$；

（2）对任意 $a \in S$，有 $-a \in S$；

（3）对任意 $a,b\in S$，有 $ab\in S$.

证明 必要性显然，下面我们只需证明充分性．如果 S 满足（1），（2），则 S 含有零元 0．这是因为 $a+(-a)=0\in S$．又由于 S 关于 R 上的加法封闭，这样 $(S,+)$ 为交换群．条件（3）保证了 S 关于 R 上的乘法封闭，这样 S 便是 R 的子环．

由这个定理我们还可得到下面的判定定理：

定理 1′ 设 R 是一个环，S 是 R 的一个非空子集，那么 S 是 R 的子环的充分必要条件是：

（1）对任意 $a,b\in S$，有 $a-b\in S$；

（2）对任意 $a,b\in S$，有 $ab\in S$.

证明 我们证明这两个定理是等价的．

首先证明定理 1 $\Longrightarrow$ 定理 1′：对任意 $a,b\in S$，由定理 1（2）得 $-b\in S$，再由定理 1（1）得 $a+(-b)\in S$，即 $a-b\in S$．得证．

反过来，证明定理 1′ $\Longrightarrow$ 定理 1：由定理 1′（1）知，对任意 $a,b\in S$，有 $a-b\in S$，即有

$$a=(a-b)+b\in S.$$

这样定理 1（1）得证．再有令 $a=0$，可得 $-b\in S$．这样定理 1（2）得证．

例 12 设 k 是一个整数，证明：$k\mathbf{Z}=\{kz\mid z\in\mathbf{Z}\}$ 是整数环 $\mathbf{Z}$ 的子环．

证明 对任意 $a,b\in k\mathbf{Z}$，有 $a=kz_1,b=kz_2$，并且

$$a-b=kz_1-kz_2=k(z_1-z_2)\in k\mathbf{Z},\quad ab=(kz_1)(kz_2)=k(kz_1z_2)\in k\mathbf{Z},$$

根据定理 1′知，$k\mathbf{Z}$ 是整数环 $\mathbf{Z}$ 的子环．

显然，当 $k=2$ 时，环 $k\mathbf{Z}$ 是偶数环．

在子群中有性质：子群的交仍是子群．在环中也有类似的性质：子环的交仍是子环．具体描述如下：

定理 2 设 R 是一个环，S_i 都是 R 的一个子环，其中 $i\in I$，那么它们的交集 $S=\bigcap\limits_{i\in I}S_i$ 仍是 R 的子环．

证明 我们知道，加法群 R 的每个子群 S_i 的零元都是环 R 的零元．于是，对于每个 $i\in I$，零元 $0\in S_i$，继而有 $0\in\bigcap\limits_{i\in I}S_i=S$．这样，$S$ 含有零元，从而 S 是 R 的非空子集．

进一步，对任意 $a,b\in S$，都有 $a,b\in S_i$，其中 $i\in I$．由于 S_i 是 R 的子环，从而对每个 $i\in I$，都有 $a-b\in S_i$，这样就有 $a-b\in S$．

最后，对任意 $a,b\in S$，都有 $ab\in S_i$，其中 $i\in I$．这样，$ab\in S$．

综上所述，根据定理 1′，可得 S 是 R 的子环．

定义 9 设 R 是一个环，S 是 R 的一个非空子集．环 R 的包含 S 的最小子环，称为 S 在 R 中生成的子环，记做 $\langle S\rangle$，并称 S 是 $\langle S\rangle$ 的生成元集．

设 S 是环 R 的子环. 令 Ω 是由 R 的一切包含 S 的子环组成的集合. 因为 $R \in \Omega$, 所以 Ω 非空. 容易验证, $\bigcap\limits_{T \in \Omega} T$ 是 R 中包含 S 的最小的子环, 即

$$\langle S \rangle = \bigcap_{T \in \Omega} T.$$

四、理想

在群论中, 正规子群是一类很重要的子群, 在环中也存在类似的一类子环——理想.

定义 10　设 R 是一个环, I 是 R 的一个非空子集. 如果 I 满足:

(1) 对任意 $i_1, i_2 \in I$, 有 $i_1 - i_2 \in I$;

(2) 对任意 $i \in I, r \in R$, 有 $ir \in I$(或 $ri \in I$),

则称 I 为环 R 的**左理想**(或**右理想**).

从这个定义看, 若 R 是交换环, 则左理想和右理想是同一个概念.

定义 11　设 R 是一个环, I 是 R 的一个非空子集. 如果 I 满足:

(1) 对任意 $i_1, i_2 \in I$, 有 $i_1 - i_2 \in I$;

(2) 对任意 $i \in I, r \in R$, 有 $ir, ri \in I$,

则称 I 为环 R 的**理想**, 记做 $I \lhd R$. 如果 $I \subset R$, 则称 I 为 R 的**真理想**.

根据定义可知, 如果 I 为 R 的理想, 则 I 必为 R 的子环.

例 13　考虑矩阵环 $M_2(\mathbf{Z})$, 则

$$I_1 = \left\{ \begin{pmatrix} a & b \\ 0 & 0 \end{pmatrix} \middle| a, b \in \mathbf{Z} \right\} \text{ 是 } M_2(\mathbf{Z}) \text{ 的左理想};$$

$$I_2 = \left\{ \begin{pmatrix} a & 0 \\ b & 0 \end{pmatrix} \middle| a, b \in \mathbf{Z} \right\} \text{ 是 } M_2(\mathbf{Z}) \text{ 的右理想};$$

$$I_3 = \left\{ \begin{pmatrix} a & b \\ c & d \end{pmatrix} \middle| a, b, c, d \in \mathbf{Z} \right\} \text{ 是 } M_2(\mathbf{Z}) \text{ 的理想}.$$

事实上, 对任意 $a, b, c, d, a_1, b_1 \in \mathbf{Z}$, 有

$$\begin{pmatrix} a & b \\ 0 & 0 \end{pmatrix} - \begin{pmatrix} a_1 & b_1 \\ 0 & 0 \end{pmatrix} = \begin{pmatrix} a-a_1 & b-b_1 \\ 0 & 0 \end{pmatrix} \in I_1,$$

$$\begin{pmatrix} a & b \\ 0 & 0 \end{pmatrix} \begin{pmatrix} a & b \\ c & d \end{pmatrix} = \begin{pmatrix} a^2+bc & b(a+d) \\ 0 & 0 \end{pmatrix} \in I_1.$$

根据定义可知, I_1 是 $M_2(\mathbf{Z})$ 的左理想. 对于 I_2, I_3 的结论, 留给读者自行证明, 见习题 4.1 第 9 题.

例 14 考虑整数环 $\mathbf{Z}$,则 $n\mathbf{Z}=\{kn\,|\,k\in\mathbf{Z}\}$ 是整数环 $\mathbf{Z}$ 的理想.

事实上,对任意 $k_1n,k_2n\in n\mathbf{Z}$,有 $k_1n-k_2n=(k_1-k_2)n\in n\mathbf{Z}$,并且对任意 $kn\in n\mathbf{Z},m\in\mathbf{Z}$,有 $(kn)m=m(kn)=kmn\in n\mathbf{Z}$,这样由定义知 $n\mathbf{Z}$ 是 $\mathbf{Z}$ 的理想.

例 15 设 R 是一个环,则 $\{0\}$ 与 R 自身显然都是 R 的理想.这两个理想称为环 R 的**平凡理想**,其他的理想(如果有的话)称为环 R 的**非平凡理想**.

定义 12 如果 R 是只有平凡理想的非零环,则称环 R 为**单环**.

定理 3 除环是单环.

证明 只需证明除环没有非零真理想.设 R 是除环,I 是 R 的理想.如果 $I\neq\{0\}$,在 I 中任取 $a\neq 0\in I$,则存在 $a^{-1}\in R$,从而 $aa^{-1}=e\in I$.于是,对任意 $r\in R$,有 $r=e\cdot r\in I$.这样,有 $I=R$.得证.

定理 4 设 R 是环,I_1,I_2 是环 R 的理想,则 $I_1\bigcap I_2$ 也是环 R 的理想.

证明 对任意 $i_1,i_2\in I_1\bigcap I_2$ 以及对任意 $r\in R$,由 I_1,I_2 是环 R 的理想有 $i_1-i_2\in I_1$,$i_1-i_2\in I_2$,且 $ri_1,i_1r\in I_1,ri_1,i_1r\in I_2$.这样,有 $i_1-i_2\in I_1\bigcap I_2,ri_1,i_1r\in I_1\bigcap I_2$,所以 $I_1\bigcap I_2$ 也是环 R 的理想.

对这个定理,我们推广到任意多个理想的情形,即有下面的结论:

定理 5 设 R 是环,I_k 都是 R 的理想,其中 $k\in S$,它们的交集 $I=\bigcap\limits_{k\in S}I_k$ 也是 R 的理想.

证明 我们对 S 所含元素的个数 $|S|$ 作归纳法.

当 $|S|=2$ 时,由定理 4 可得此时结论成立.

假设 $|S|=n$ 时结论成立,即 n 个理想的交是理想.当 $|S|=n+1$ 时,不妨设 $I=\bigcap\limits_{k=1}^{n+1}I_k=\bigcap\limits_{k=1}^{n}I_k\bigcap I_{n+1}$.由于 $\bigcap\limits_{k=1}^{n}I_k$ 和 I_{n+1} 都是理想,则两个理想的交也是理想.这样,I 也是理想.

定义 13 设 R 是环,T 是 R 的非空子集.作 R 的理想族 $A=\{I\,|\,T\subseteq I,I\lhd R\}$,得到理想 $\bigcap\limits_{I\in A}I$,称 $\bigcap\limits_{I\in A}I$ 为 R 的**由子集 T 生成的理想**,记为 $\langle T\rangle$.

特别地,如果 T 中仅有一个元素 a,则把理想 $\langle\{a\}\rangle$ 记为 $\langle a\rangle$,并称此理想为由 a 生成的**主理想**.

定义 14 设 I,J 都是环 R 的理想.令
$$I+J=\{r\in R\,|\,r=i+j,i\in I,j\in J\},$$
称之为理想 I,J 的**和**.

定义 14 可以推广到 n 个理想的情形.

定理 6 环 R 的理想 I,J 的和 $I+J$ 是环 R 的理想.

证明 设 $a,b\in I+J,r\in R$,则有 $a_1,b_1\in I,a_2,b_2\in J$,使得

$$a=a_1+a_2, \quad b=b_1+b_2,$$

从而

$$a-b=a_1+a_2-(b_1+b_2)=(a_1-b_1)+(a_2-b_2)\in I+J,$$
$$ra=r(a_1+a_2)=ra_1+ra_2\in I+J, \quad ar=(a_1+a_2)r=a_1r+a_2r\in I+J.$$

这样，$I+J$ 为 R 的理想.

我们将此结论推广到任意多个理想的情形，即有下面的结论：

定理 7 理想的和是理想，即：设 R 是环，I_k 都是 R 的理想，其中 $k\in S$，那么它们的和 $I=\sum\limits_{k\in S}I_k$ 也是 R 的理想.

具体证明留给读者作为练习，见习题 4.1 第 12 题.

定理 8 设 I,J 是 R 的理想，那么 $I+J=\langle I\cup J\rangle$.

证明 $I+J$，$\langle I\cup J\rangle$ 都是 R 的理想.

对任意 $i+j\in I+J (i\in I, j\in J)$，有 $i+j\in\langle I\cup J\rangle$，从而 $I+J\subseteq\langle I\cup J\rangle$. 对任意 $i\in I\cup J$，有 $i\in I$ 或 $i\in J$. 若 $i\in I$，则有 $i=i+0\in I+J$；若 $i\in J$，则有 $i=0+i\in I+J$. 故 $\langle I\cup J\rangle\subseteq I+J$.

这样，$I+J=\langle I\cup J\rangle$.

五、商环

在群论中，介绍了正规子群之后，我们还引入了商群的概念. 对于环也有类似商群的概念，那就是商环.

定理 9 设 R 是环，I 是 R 的理想. 作为加法群，可得商群 $\overline{R}=R/I$. 在商群 $\overline{R}$ 中再定义乘法为 $(a+I)*(b+I)=ab+I$，$\forall a+I, b+I\in R/I$，则 $(\overline{R},+,*)$ 是环.

证明 首先，要证明乘法运算"$*$"的定义是合理的，即它与陪集的代表元选择无关. 设 $a_1,a_2,b_1,b_2\in R$，且

$$a_1+I=a_2+I, \qquad b_1+I=b_2+I,$$

从而有 $a,b\in I$，使得 $a_1=a_2+a, b_1=b_2+b$，于是

$$a_1b_1=(a_2+a)(b_2+b)=a_2b_2+a_2b+ab+ab_2.$$

由于 I 是 R 的理想，$a,b\in I$，故

$$a_2b,ab,ab_2\in I, \quad 从而 \quad a_2b+ab+ab_2\in I.$$

这样，$a_1b_1-a_2b_2\in I$，即

$$a_1b_1+I=a_2b_2+I.$$

这说明 $\overline{R}$ 上定义的运算"$*$"是合理的.

其次，要证明 $\overline{R}$ 满足乘法结合律. 任取 $\overline{R}$ 中的三个元素，也就是 I 的三个陪集 $a+I$，

$b+I,c+I\in\overline{R}$,于是有

$$[(a+I)*(b+I)]*(c+I)=(ab+I)*(c+I)=abc+I$$
$$=a(bc)+I=(a+I)*(bc+I)$$
$$=(a+I)*[(b+I)*(c+I)].$$

最后,验证 $\overline{R}$ 满足乘法分配律.任取 $a+I,b+I,c+I\in\overline{R}$,有

$$[(a+I)+(b+I)]*(c+I)=(a+b)+I)*(c+I)$$
$$=(a+b)c+I=(ac+I)+(bc+I)$$
$$=[(a+I)*(c+I)]+[(b+I)*(c+I)].$$

同理可证得另一侧分配律

$$(a+I)*[(b+I)+(c+I)]=[(a+I)*(b+I)]+[(a+I)*(c+I)].$$

综上所述,可得 $(\overline{R},+,*)$ 是环.

定义 15 设 R 是环,I 是 R 的理想.在商集 $\overline{R}=R/I$ 上规定加法和乘法如下:对任意 $a+I,b+I\in\overline{R}$,有

$$(a+I)+(b+I)=a+b+I, \quad (a+I)*(b+I)=ab+I.$$

在此两种运算下,$\overline{R}$ 构成一个环,称为环 R 对理想 I 的**商环**.

由商环的定义,容易推出下面的结论:

定理 10 设 R 是环,I 是 R 的理想,则

(1) 商环 R/I 的零元是 $\overline{0}=I$;

(2) 如果 R 有单位元 e,且 $e\in I$,则 $\overline{e}=e+I$ 为商环 R/I 的单位元.

结论很容易验证,留给读者自行完成,见习题 4.1 第 15 题.

例 16 由于 $n\mathbf{Z}=\{kn\,|\,k\in\mathbf{Z}\}$ 是 $(\mathbf{Z},+,\cdot)$ 的理想,从而有商环

$$\mathbf{Z}/n\mathbf{Z}=\{0+n\mathbf{Z},1+n\mathbf{Z},\cdots,(n-1)+n\mathbf{Z}\},$$

而且我们看到,$\mathbf{Z}/n\mathbf{Z}$ 中的零元是 $0+n\mathbf{Z}$,单位元是 $1+n\mathbf{Z}$.

习 题 4.1

1. 验证:$\mathbf{Z}[i]$ 和 $\mathbf{Q}[i]$ 关于数的普通加法与乘法分别构成一个环.

2. 判别有理数集 $\mathbf{Q}$ 关于下列给定的运算是否构成环:

(1) 对 $\forall a,b\in\mathbf{Q}$,有 $a+b=3ab$,$a\cdot b=2ab$;

(2) 对 $\forall a,b\in\mathbf{Q}$,有 $a+b=3(a+b)$,$a\cdot b=ab$.

3. 若环 R 对于加法来说构成一个循环群,证明:R 是交换环.

4. 设 R 是环.如果每个元素 $a\in R$ 均满足 $a^2=a$,则称 R 为 **Boole 环**.求证:

(1) 布尔环 R 必为交换环,并且 $a+a=0,\forall a\in R$.

(2) 设 U 是集合,S 是 U 的全部子集组成的集族,即 $S=\{V\,|\,V\subseteq U\}$.对于 $A,B\in S$,

定义

$$A-B=\{c\in U\,|\,c\in A,c\notin B\},$$
$$A+B=(A-B)\cup(B-A),\quad A\cdot B=A\cap B.$$

求证：$(S,+,\cdot)$ 是布尔环. 环 S 是否有幺元？

5. 设 R 是环，$a\in R$. 若对任意 $r\in R$，有 $ra=ar$，则称 a 可以与 R 中每一个元素交换. 所有这样的元素构成集合，称为环 R 的**中心**，记为 $Z(R)$，即 $Z(R)=\{a\,|\,ar=ra,\forall r\in R\}$. 证明：集合 $Z(R)$ 是环.

6. 证明：一个除环的中心是一个域.

7. 设 R 是有单位元的交换环，证明：若 R 满足乘法消去律，则 R 必为整环.

8. 设 R 是有单位元的环，$a,b\in R$，证明：$1-ab$ 可逆 $\Longleftrightarrow 1-ba$ 可逆.

9. 证明：

(1) $I_2=\left\{\begin{pmatrix}a&0\\b&0\end{pmatrix}\Big|\,a,b\in\mathbf{Z}\right\}$ 是 $M_2(\mathbf{Z})$ 的右理想；

(2) $I_3=\left\{\begin{pmatrix}a&b\\c&d\end{pmatrix}\Big|\,a,b,c,d\in\mathbf{Z}\right\}$ 是 $M_2(\mathbf{Z})$ 的理想.

10. 设 I 是 R 的理想. 令 $r(I)=\{x\in R\,|\,xr=0,\forall r\in I\}$，证明：$r(I)$ 是 R 的理想.

11. 设 I 是 R 的理想. 令 $(R:I)=\{x\in R\,|\,xr\in I,\forall r\in R\}$，证明：$(R:I)$ 是 R 的包含 I 的理想.

12. 证明：理想的和还是理想（定理 7）.

13. 设 R 是环. 令

$$S=\{a\in R\,|\,a=xy-yx,\ x,y\in R\},\quad A=\langle S\rangle,$$

证明：R/A 是交换环.

14. 环 R 中的元素 a 叫做**幂零元**，是指存在正整数 m，使得 $a^m=0$.

(1) 若 R 为交换环，a 和 b 均为幂零元，证明：$a+b$ 也是幂零元.

(2) 若 R 不为交换环，(1) 中的结论是否仍成立？

(3) 证明：交换环 R 中所有幂零元组成的集合 N 是 R 的理想，且商环 R/N 中只有 0 是幂零元.

15. 证明定理 10 的结论.

§4.2 交 换 环

我们先回忆一下前面提到交换环的定义：如果环 R 满足乘法交换律，则称环 R 为交换环. 交换环处于代数和代数几何的交汇处，因而交换环的理论得到迅速发展，所以讨论交换环是很有必要的,而且我们在后面章节中讨论的都是交换环.

对于交换环结构的讨论,我们需要用到它的一些性质.

我们先给出几个交换环的性质:

命题 1 (1) 交换环的子环仍是交换环;

(2) 交换环的左、右理想是理想;

(3) 交换环对于理想的商环也是交换环.

这些结论都比较容易验证,留给读者自行证明,见习题 4.2 第 1 题.

下面我们开始讨论交换环的理想.

定理 1 设 R 为环,$a \in R$,则

(1) $\langle a \rangle = \left\{ \sum_{i=1}^{n} x_i a y_i + xa + ay + ma \mid x_i, y_i, x, y \in R, n \in \mathbf{N}, m \in \mathbf{Z} \right\}$;

(2) 如果 R 是有单位元的环,则

$$\langle a \rangle = \left\{ \sum_{i=1}^{n} x_i a y_i \mid x_i, y_i \in R, n \in \mathbf{N} \right\};$$

(3) 如果 R 是交换环,则

$$\langle a \rangle = \{ xa + ma \mid x \in R, m \in \mathbf{Z} \};$$

(4) 如果 R 是有单位元的交换环,则

$$\langle a \rangle = aR = \{ ar \mid r \in R \}.$$

证明 (1) 设

$$I = \left\{ \sum_{i=1}^{n} x_i a y_i + xa + ay + ma \mid x_i, y_i, x, y \in R, n \in \mathbf{N}, m \in \mathbf{Z} \right\},$$

易知 I 为 R 的理想. 因为 $a = 1 \cdot a \in I$ ($1 \in \mathbf{Z}$),所以 I 为包含 a 的理想,从而 $\langle a \rangle \subseteq I$.
又因为 $\langle a \rangle$ 是由 a 生成的理想,所以 $\langle a \rangle$ 一定包含所有的形如

$$xay, \quad xa, \quad ay, \quad ma \quad (x, y \in R, m \in \mathbf{Z})$$

的元素及这些元素的和,因此 $\langle a \rangle \supseteq I$. 于是 $\langle a \rangle = I$.

(2) 如果 R 有单位元 e,则

$$ma = (me)ae \quad (m \in \mathbf{Z}), \quad xa = xae, \quad ay = eay$$

都是形如 xay 的元素. 所以

$$\langle a \rangle = \left\{ \sum_{i=1}^{n} x_i a y_i \mid x_i, y_i \in R, n \in \mathbf{N} \right\}.$$

(3) 如果 R 是交换环,则 $xay = xya, ay = ya$,从而

$$\sum_{i=1}^{n} x_i a y_i + xa + ay + ma$$

$$= \sum_{i=1}^{n} x_i y_i a + xa + ya + ma$$

$$= x'a + ma, \quad x' \in R.$$

所以 $\langle a \rangle = \{xa + ma \mid x \in R, m \in \mathbf{Z}\}$.

(4) 如果 R 是有单位元 e 的交换环,则 $ma = (me)a = a(me)$, $xa = ax$, $\forall x \in R$. 所以
$$\langle a \rangle = \{xa \mid x \in R\} = aR.$$

下面我们再介绍几个概念.

定义 1　设 R 为交换环, I 是 R 的理想. 如果 I 满足条件: $I \neq R$, 并且对 $\forall a, b \in R$, 当 $ab \in I$ 时, 必有 $a \in I$ 或 $b \in I$(或等价地, 当 $a \notin I$, $b \notin I$ 时, 必有 $ab \notin I$), 则称 I 为环 R 的**素理想**.

例 1　设 R 是一个交换的无零因子环, 证明: R 的零理想 $\{0\}$ 是它的素理想.

证明　任取 $a, b \in R$, 且 $ab \in \{0\}$, 那么 $ab = 0$. 由于 R 是无零因子环, 则有 $a = 0$ 或 $b = 0$, 即 $a \in \{0\}$ 或 $b \in \{0\}$, 所以零理想 $\{0\}$ 是它的素理想.

定义 2　如果零理想 $\{0\}$ 是环 R 的素理想, 则称 R 为**素环**.

定理 2　设 R 是有单位元的交换环, I 是 R 的理想, 则商环 R/I 是整环当且仅当 I 是 R 的素理想.

证明　设 $\overline{R} = R/I$ 是整环. 在 R 中任取两个元素 a, b, 使得 $ab \in I$, 即 $\overline{ab} = I = \overline{0}$. 由于 $\overline{R}$ 是整环, 则 $\overline{R}$ 中无零因子, 且 $\overline{0} = \overline{a} \cdot \overline{b} = \overline{ab}$, 从而有 $\overline{a} = \overline{0}$ 或 $\overline{b} = \overline{0}$, 即证得 I 是素理想.

反之, 设 I 是素理想. 在 $\overline{R}$ 中任取 $\overline{a} \neq \overline{0}$, $\overline{b} \neq \overline{0}$, 下证 $\overline{a} \cdot \overline{b} \neq \overline{0}$. 这里 $\overline{a} \neq \overline{0}$, $\overline{b} \neq \overline{0}$ 意味着 $a \notin I$, $b \notin I$, 但 I 是素理想, 可得 $ab \notin I$, 于是 $\overline{a} \cdot \overline{b} \neq \overline{0}$. 因此 $\overline{R} = R/I$ 无零因子. 又 R 是有单位元的交换环, 所以 $\overline{R} = R/I$ 也是有单位元的交换环, 即证得 $\overline{R}$ 是整环.

推论　设 R 是有单位元的交换环, 则 R 为整环的充分必要条件是 R 为素环.

证明　充分性显然. 对于必要性, 由定理 2 可知, 我们只需证 $R/\{0\}$ 是整环, 则可得 $\{0\}$ 是素理想, 也即可得 R 是素环. 在 $R/\{0\}$ 中任取两个元素 $\overline{a}, \overline{b}$, 使得 $\overline{ab} = \overline{0}$, 也就是 $ab = 0$. 又 R 是整环, 则可得 $a = 0$ 或 $b = 0$. 这样, 就有 $\overline{a} = \overline{0}$ 或 $\overline{b} = \overline{0}$, 于是 $R/\{0\}$ 是整环. 命题得证.

现在我们进而问: 保证 R/I 是域的理想 I 是什么样子的?

为回答这一问题, 我们先做一点准备. 由 §4.1 的定理 3 易知域 F 的理想只有 $\langle 0 \rangle$ 和 F 本身. 反过来, 我们有下面的结论:

命题 2　设 R 是有单位元的交换环. 如果 R 除了 $\langle 0 \rangle$ 和 R 外没有其他理想, 则 R 必是域.

证明　这就是要证 R 的非零元素 a 必有逆元. 易知 $aR = Ra$ 是环 R 的一个理想. 由于 R

有单位元 e,故 $0\neq a=ae\in aR$,即 $aR\neq\langle 0\rangle$,从而依假设该有 $aR=R$. 再由于 $e\in R$,故有 $b\in R$,使得 $ab=e$,即 a 有逆元 b. 因此结论得证.

若使 R/I 是一个域,就是要求在 I 和 R 之间不再有 R 的理想. 这就是下面定义的内容.

定义 3 环 R 的一个真理想 I 称为 R 的**极大理想**,如果不存在 R 的理想 J,使得

$$I\subset J\subset R.$$

定理 3 设 R 是有单位元的交换环,I 是 R 的理想,则 R/I 是域当且仅当 I 是 R 的极大理想.

证明 由上面命题 2 知,我们需要证明:R/I 没有非零的真理想当且仅当 I 是 R 的极大理想.

若 R/I 没有非零的真理想,则不存在理想 J/I,使得 $I\subset J/I\subset R/I$,也就是不存在理想 J,使得 $I\subset J\subset R$. 那么,I 是 R 的极大理想. 反过来,也是成立的.

由定理 2 和定理 3 便得到下面的结论:

命题 3 设 R 是有单位元的交换环,则 R 的极大理想必是 R 的素理想.

下面看几个例子.

例 2 考虑整数环 **Z**. 我们知道由某个整数 n 生成的理想为 $\langle n\rangle$. 这样,若 n 不是素数,如 $n=6=2\cdot 3$,此时 $2\notin\langle 6\rangle$,$3\notin\langle 6\rangle$,但 $2\cdot 3\in\langle 6\rangle$,这说明 $\langle 6\rangle$ 不是素理想,同理 $\langle n\rangle$ 也不是素理想. 若 p 是素数,$\langle p\rangle$ 是极大理想,当然更是素理想,这样 **Z** 的极大理想和素理想是等价的概念,它们就是 $\langle p\rangle$,其中 p 是素数.

例 3 考虑数域 F 上一元多项式环 $F[x]$. 若 $p(x)\in F[x]$ 是不可约多项式,则易知 $\langle p(x)\rangle$ 是 $F[x]$ 的极大理想,因而也是 $F[x]$ 的素理想;若 $f(x)$ 不是不可约多项式,则 $f(x)$ 可分解为两个多项式 $g(x)$ 和 $h(x)$ 的乘积,即 $f(x)=g(x)h(x)$,可知 $\langle f(x)\rangle$ 不是素理想. 这样 $F[x]$ 的极大理想和素理想是等价的概念,它们就是 $\langle p(x)\rangle$,其中 $p(x)$ 是不可约多项式.

例 3 环 **Z**$[x]$ 的理想 $\langle x\rangle$ 是素理想. 现考查由 2 和 x 生成的理想 $\langle 2,x\rangle$,此理想中的元素为

$$2\cdot g(x)+x\cdot h(x),\quad g(x),h(x)\in\mathbf{Z}[x],$$

即是常数项为偶数(包括 0)的整系数多项式. 若有理想 I,使得 $\langle 2,x\rangle\subset I$,则 I 中必有一个常数项为奇数的整系数多项式,随之 $1\in I$,因而 $I=\mathbf{Z}[x]$. 这就说明 $\langle 2,x\rangle$ 是 **Z**$[x]$ 的极大理想. 但由于 $\langle x\rangle\subset\langle 2,x\rangle$,这样,**Z**$[x]$ 的理想 $\langle x\rangle$ 是素理想,不是极大理想.

下面我们来研究一下特殊的交换环——整环 R 的特征.

对于整环 R 的加法群,有下面两种情形:一种情形是对任意 $n\in\mathbf{Z}^{+}$(正整数),n 个 e 相加都不是 0,即 e 的阶是 ∞. 这时对任意 $0\neq a\in R$,任意 n 个 a 相加也不是 0,因为若 $0a=0=a+\cdots+a=na$,由于 $a\neq 0$ 及乘法消去律成立,应有 $n=0$,而这是与假设矛盾的. 因此,在这种

情形下,加法群$(R,+)$的每个非零元的阶都是 ∞.

另一种情形是存在某个$n\in\mathbf{Z}^+$,在加法群$(R,+)$中$ne=0$,即e的阶是有限的.设其阶为$n>1$.若n不是素数,则有$0=ne=(n_1n_2)e$.在整环R中有乘法消去律,故$n_1e=0$或$n_2e=0$.但n_1,n_2都小于n,这和e的阶为n是矛盾的.故在这种情形下,e的阶为素数p,随之,与上类似地可得加群$(R,+)$中任意非零元素的阶都等于素数p.

总结一下就是下面的结论:

命题 4　设R是有单位元的整环,则

(1) 加法群$(R,+)$中所有非零元素有相同的阶,或者是 ∞,或者是素数p;

(2) 当R的单位元为数 1 时,R或含整数环$\mathbf{Z}$为其子环,或含$\mathbf{Z}_p$(p为素数)为其子环.

证明　(1)就是前面讨论的结果.(2)成立是因为,当单位元 1 的阶为 ∞ 时,1 生成的子环$\langle 1\rangle$就是整数环$\mathbf{Z}$;而当单位元 1 的阶为素数p时,子环$\langle 1\rangle$就是$\mathbf{Z}_p$.

定义 4　整环R的加法群$(R,+)$的非零元素的公共阶,称为R的**特征**.

由上面的讨论知,整环R的特征或为 ∞,或为素数p.

命题 5　设R是特征为p的整环,则有
$$(a+b)^p=a^p+b^p \quad (\forall a,b\in R).$$

证明　因为对$\forall a,b\in R$,有
$$(a+b)^p=a^p+\mathrm{C}_p^1a^{p-1}b+\cdots+\mathrm{C}_p^{p-1}ab^{p-1}+b^p,$$
又因R的特征是p,则
$$\mathrm{C}_p^ia^{p-i}b^i=0 \quad (i=1,2,\cdots,p-1).$$

因此,结论成立.

上面的讨论说明,由于整环R的乘法有交换律和消去律,因此对R的加法有一些限制.

命题 6　(1) 特征为 ∞ 的数域含有理数域$\mathbf{Q}$为其子域;

(2) 特征为素数p的域含有限域$\mathbf{Z}_p$为其子域(§5.1 的定理 6 给出这时$\mathbf{Z}_p$是有限域).

由于有上面的命题,我们引入下面的定义:

定义 5　称$\mathbf{Q}$及$\mathbf{Z}_p$(p是素数)为**素域**.

这样,特征为 ∞ 的素域就是有理数域$\mathbf{Q}$;而对任一素数p,有唯一特征p的素域,这就是$\mathbf{Z}_p$.

下面讨论整环R的子环和商环.

整环R的有单位元的子环H当然还是整环,因为乘法的交换律和消去律对整个R成立,当然对R的一部分H也是成立的.

但整环R的商环R/I(I为R的理想)就不一定是整环了,而问题就出在乘法消去律上.

例如,数域F上的多项式环$F[x,y]$是整环,但商环$F[x,y]/\langle xy\rangle$便不是,因为$\bar{x}\neq\bar{0}$,$\bar{y}\neq\bar{0}$,而$\bar{x}\,\bar{y}=\overline{xy}=\bar{0}$.

习　题　4.2

1. 证明命题 1.

2. 找出 $\mathbf{Z}_{18}$ 的子环以及理想,找出极大理想与素理想.

3. 证明:$\langle 1+i \rangle$ 是环 $\mathbf{Z}[i]$ 的理想,并且 $\mathbf{Z}[i]/\langle 1+i \rangle$ 是域.

4. 设 R 是所有偶数组成的环,证明:$\langle 4 \rangle$ 是 R 的极大理想,但 $R/\langle 4 \rangle$ 不是域.

§4.3　多项式环

本节的主要目的是把多项式环的概念从系数取自数域推广到系数取自一般的有单位元的环上. 说到多项式,读者自然会想到形如
$$f(x)=3x^4-2x^3+x^2+x-2$$
的表达式,其中 $3,-2,1,1,-2$ 称为多项式 $f(x)$ 的系数. 如果 $f(x)$ 的系数属于某个数域 F(或数环 D),就称 $f(x)$ 为数域 F(或数环 D)上的多项式. 对于一个多项式 $f(x)$,它的系数是很明确的,但对于这其中的 x 却很难简单地说清楚. 下面为了能够把多项式的概念推广到一般的环上,先对这个 x 给出一个概念.

以下,总假设环 R 是有单位元 e 的环.

定义 1　设 R 是有单位元的环,按 R 上的乘法运算,如果 x 满足条件:

(1) 对 $\forall r \in R$,有 $xr=rx$;

(2) $ex=x$;

(3) 对 R 中的任意一组不全为零的元素 $a_n,a_{n-1},\cdots,a_1,a_0$,使得
$$f(x)=a_nx^n+a_{n-1}x^{n-1}+\cdots+a_1x+a_0 \neq 0,$$
则称 x 为 R 上的一个 **未定元**.

下面的定理保证了有单位元的环上未定元的存在性,在此我们不加以证明.

定理 1　设 R 是有单位元的环,则一定存在环 R 上的一个未定元 x.

定义 2　设 R 是有单位元的环,x 是 R 上的未定元,$a_n,a_{n-1},\cdots,a_1,a_0 \in R$,称形如
$$f(x)=a_nx^n+a_{n-1}x^{n-1}+\cdots+a_1x+a_0 \neq 0$$
的表达式为 R 上(关于 x)的 **一元多项式**,其中 a_ix^i 称为多项式 $f(x)$ 的 i **次项**,a_i 称为 i 次项的 **系数**,a_0 称为 **常数项**. 如果 $a_n \neq 0$,则称 a_n 为 **首项系数**,并称 $f(x)$ 的 **次数** 为 n,记做
$$\deg f(x)=n.$$
系数全为零的多项式称为 **零多项式**. 零多项式不规定次数.

容易验证环 R 上的一元多项式的全体
$$R[x]=\{a_nx^n+a_{n-1}x^{n-1}+\cdots+a_1x+a_0 \mid n \geq 0, a_n,a_{n-1},\cdots,a_1,a_0 \in R\}$$

关于多项式的加法和乘法运算构成一个环.

定义 3　设 R 是有单位元的环,x 是 R 上的未定元,称环 $R[x]$ 为 R 上以 x 为未定元的**一元多项式环**.

由多项式环的定义立即可以得到如下定理:

定理 2　设 R 是有单位元的环,x 是 R 上的未定元.

(1) R 的零元 0 就是 $R[x]$ 的零元(即零多项式);

(2) $R[x]$ 是有单位元的环,且 R 的单位元就是 $R[x]$ 的单位元;

(3) 如果 R 是无零因子环,则 $R[x]$ 也是无零因子环,且 $R[x]$ 的可逆元就是 R 的可逆元;

(4) 如果 R 是交换环,则 $R[x]$ 也是交换环;

(5) 如果 R 是整环,则 $R[x]$ 也是整环.

这个定理的证明作为练习,见习题 4.3 第 1 题.

设 R 是有单位元 e 的环,x 是 R 上的未定元,则 $R[x]$ 仍是一个有单位元 e 的环,从而存在环 $R[x]$ 上的未定元 y,于是又有 $R[x]$ 上的多项式环 $R[x][y]$,称为环 R 上的二元多项式环,记做 $R[x,y]$. 显然,y 也是 R 上的未定元,于是可归纳地定义 R 上以 $x_1,x_2,\cdots,x_n$ 为 n 个未定元的 n **元多项式环** $R[x_1,x_2,\cdots,x_n]$,其中每个 $x_i(i=1,2,\cdots,n)$ 是 R 上的未定元.

习　题　4.3

1. 证明定理 2.

2. 设 R 是有单位元的交换环,x 是 R 上的未定元,S 是 R 的子环,I 是 R 的理想,证明:$S[x]$ 是 $R[x]$ 的子环,$I[x]$ 是 $R[x]$ 的理想.

3. 在 $R[x]$ 中计算乘积:

(1) $(x^2+6x-3)(2x^2-3x+5)$,其中 $R=\mathbf{Z}_7$;

(2) $(9x^3-2x-7)(4x^3-2x^2+2x+5)$,其中 $R=\mathbf{Z}_{12}$.

4. 证明:$\mathbf{Z}_3[x]/\langle x^2+1\rangle$ 是域.

§4.4　整环的因式分解

本节将一般地讨论整环中的因式分解问题,因此本节始终假定所讨论的环是整环.

我们已经知道,整数环 $\mathbf{Z}$ 的结构:每一个正整数都可以唯一地分解成若干个素数的乘积,且这种分解在一定意义下是唯一的(不考虑素数的排列次序);数域 F 上的一元多项式环 $F[x]$ 的结构:每一个次数大于 0 的多项式可以分解成若干个不可约多项式的乘积,而且在相伴的意义下这种分解方式是唯一的.整数环 $\mathbf{Z}$ 和一元多项式环 $F[x]$ 都是整环.那么自然会问：对于任意一个整环 R，有没有类似于 $\mathbf{Z}$ 和 $F[x]$ 这样的结构？本节就来探讨这一问题.

定义 1　设 R 是整环. 对任意取定的 $a,b\in R$，如果存在 $c\in R$，使得 $b=ac$，则称 a **整除** b，或称 a 是 b 的**因子**，记做 $a\mid b$；如果 a 不能整除 b，记为 $a\nmid b$.

显然，整除关系具有自反性和传递性，但是不满足对称性.

设 R 是整环，$c\in R$ 是可逆元，则 $c\ne 0$. 于是，对任何 $a\in R$，有

$$a=1a=(cc^{-1})a=c(c^{-1}a)，\quad 从而 \quad c\mid a.$$

又若 $a\ne 0$，c 是 R 的可逆元，则 $a=c^{-1}(ca)$，故 $ca\mid a$. 我们常常称 ca 为 a 的**相伴元**.

容易看到，b 是 a 的相伴元 $\Longleftrightarrow a\mid b,b\mid a$. 所以，若 b 是 a 的相伴元，则 a 是 b 的相伴元，即 a,b 互为相伴元. 这时也称 a 与 b **相伴**，记为 $a\sim b$. 两个相伴元相差一个可逆元. 这样，对任何 $a\ne 0$，可逆元及 a 的相伴元都是 a 的因子. 这两类因子称为 a 的**平凡因子**. a 的平凡因子以外的因子，称为 a 的**真因子**. 也就是说，如果 $b\mid a$，但 $a\nmid b$，则 b 是 a 的真因子，但不是 a 的相伴元.

在整数环 $\mathbf{Z}$ 中，n 与 $-n$ 是相伴的，在多项式环 $F[x]$ 中，$f(x)$ 与 $cf(x)$ 是相伴的，其中 $0\ne c\in F$.

定义 2　设 R 是整环，$a\in R$，$a\ne 0$ 且不是可逆元（即 a 为 R 的非零不可逆元）. 如果 a 不能分解成两个真因子的乘积，则称 a 为**不可约元**.

定义 3　设 R 是整环，a 为 R 的非零不可逆元. 若 a 满足条件：

(1)（分解的存在性）a 可分解为有限多个不可约元的乘积；

(2)（分解的唯一性）如果 a 有两种不同的分解，即

$$a=p_1 p_2\cdots p_s=q_1 q_2\cdots q_t,$$

其中 $p_i(i=1,2,\cdots,s)$，$q_j(j=1,2,\cdots,t)$ 都是 R 的不可约元，那么 $s=t$，并且适当调整因子的次序，有 p_i 与 q_i 恰好对应相伴，即

$$p_i\sim q_i，\quad i=1,2,\cdots,t,$$

则称 a **有唯一分解**. 如果 R 中每个非零不可逆元都有唯一分解，则称 R 为**唯一分解整环**.

说明：这个定义对零元和可逆元不作讨论，是因为在任何整环中，如果

$$0=a_1 a_2\cdots a_s,$$

则一定存在 $a_i=0$ $(i\in\{1,2,\cdots,s\})$. 这样，至少存在 a_i 为不可约元，使得 $a_i=0$. 如果 c 为可逆元，且有

$$c=a_1 a_2\cdots a_s,$$

于是 c 与每一个 a_i 都相伴，那么每个 a_i 都是可逆元.

例 1　整数环 $\mathbf{Z}$ 是唯一分解整环.

证明　在整数环 $\mathbf{Z}$ 中，根据算术基本定理，不计因子的次序，每一个大于 1 的正整数可

唯一分解为素数的乘积,即对 $m \in \mathbf{Z}$ 且 $m > 1$,有

$$m = p_1^{k_1} p_2^{k_2} \cdots p_s^{k_s},$$

其中 $p_i (i = 1, 2, \cdots, s)$ 为素数,$k_j \in \mathbf{N}$ $(j = 1, 2, \cdots, s)$. 那么对于 $-m$,我们有

$$-m = -p_1^{k_1} p_2^{k_2} \cdots p_s^{k_s}.$$

于是,对于整数环中每个非零且又不为 1 和 -1 的整数 m,都有唯一的分解表达式.

例 2 域 F 上的多项式环 $F[x]$ 是唯一分解整环.

这个结论的证明我们会在本节后面的讲解中给出.

下面的一个例子说明,不是所有的整环都是唯一分解整环.

在介绍这个例子之前,我们先做一点准备.

设 d 是无平方因子的整数. 对任意 $a + b\sqrt{d} \in \mathbf{Q}[\sqrt{d}]$,称

$$N(a + b\sqrt{d}) = |a^2 - db^2|$$

为 $a + b\sqrt{d}$ 的**范数**.

命题 1 设 d 是无平方因子的正整数,$R = \mathbf{Z}[\sqrt{d}]$,则对任意 $\alpha, \beta \in R$,有以下性质:

(1) $N(\alpha) \in \mathbf{N}$,且 $N(\alpha) = 0$ 当且仅当 $\alpha = 0$;

(2) $N(\alpha\beta) = N(\alpha)N(\beta)$;

(3) 如果 $\alpha | \beta$,那么 $N(\alpha) | N(\beta)$.

证明 由于 $\alpha, \beta \in R = \mathbf{Z}[\sqrt{d}]$,我们令 $\alpha = a + b\sqrt{d}, \beta = e + f\sqrt{d}$,其中 $a, b, e, f \in \mathbf{Z}$.

(1) $N(\alpha) = |a^2 - db^2| \in \mathbf{N}$ 是显然的.

如果 $N(\alpha) = |a^2 - db^2| = 0$,可得

$$a^2 - db^2 = 0. \tag{4.1}$$

若 $a = b = 0$,则 $\alpha = 0$,得证. 于是假设 a, b 不全为零,不妨设 $b \neq 0$,则(4.1)式变形为

$$d = \left(\frac{a}{b}\right)^2.$$

这与 d 为无平凡因子的整数矛盾. 这样 $a = b = 0$,即 $\alpha = 0$. 反之,显然成立.

(2) 由于

$$\alpha\beta = (a + b\sqrt{d})(e + f\sqrt{d}) = ae + bfd + (be + af)\sqrt{d},$$

$$N(\alpha\beta) = |(ae + bfd)^2 - d(be + af)^2| = |a^2e^2 + d^2b^2f^2 - dbe^2 - da^2f^2|,$$

$$N(\alpha)N(\beta) = |(a^2 - db^2)(e^2 - df^2)| = |a^2e^2 - db^2e^2 - da^2f^2 + d^2b^2f^2|,$$

于是

$$N(\alpha\beta) = N(\alpha)N(\beta).$$

(3) 如果 $\alpha | \beta$,那么存在 $\gamma \in R$,使得 $\beta = \gamma\alpha$. 根据性质(2),可得

$$N(\beta) = N(\gamma)N(\alpha).$$

又因 $N(\beta),N(\gamma),N(\alpha)\in\mathbf{N}$,则 $N(\alpha)|N(\beta)$.

例3 设整环 $R=\mathbf{Z}[\sqrt{-5}]=\{a+b\sqrt{-5}|a,b\in\mathbf{Z}\}$,证明:整环 R 不是唯一分解整环.

证明 在整环 $R=\mathbf{Z}[\sqrt{-5}]$ 中,我们有

$$6=2\times3=(1+\sqrt{-5})(1-\sqrt{-5}).$$

我们先利用范数,找到整环 $\mathbf{Z}[\sqrt{-5}]$ 中的可逆元.假设 $w=a+b\sqrt{-5}$ 为可逆元.因为 $N(w)=a^2+5b^2\geqslant1,N(w^{-1})\geqslant1$,并且

$$1=N(1)=N(ww^{-1})=N(w)N(w^{-1}),$$

所以我们有 $N(w)=N(w^{-1})=1$.这样得到,$\mathbf{Z}[\sqrt{-5}]$ 中只有两个元素 1 和 -1 是可逆元.又 $N(2)=4,N(3)=9,N(1-\sqrt{-5})=N(1+\sqrt{-5})=6$.通过上面的讨论,可以得到在 $\mathbf{Z}[\sqrt{-5}]$ 中,不存在数 s,使得 $N(s)=2$ 或 $N(s)=3$.所以 $2,3,1-\sqrt{-5},1+\sqrt{-5}$ 都是不可约元(否则,如 3 是可约元,则存在 $r_1,r_2\in\mathbf{Z}[-5]$,且 $r_1,r_2\neq1,3$,使得 $3=r_1r_2$,从而 $9=N(3)=N(r_1)N(r_2)$,即有 $N(r_1)=N(r_2)=3$,矛盾),且这四个数之间也没有相伴关系,这就证明了 $\mathbf{Z}[\sqrt{-5}]$ 中的元素 6 有分解存在,但不是唯一的,从而证明了 $\mathbf{Z}[\sqrt{-5}]$ 不是唯一分解整环.

类似地,整环 $\mathbf{Z}[\sqrt{-3}]$ 也不是唯一分解整环.请读者自行证明,见习题 4.4 第 1 题.

在整数中,我们有素数的概念.在整环中,我们可以模仿素数的定义,给出素元的概念.

定义4 设 R 是整环,$p\in R$.如果 p 是非零不可逆元,且对任意 $a,b\in R$,只要 $p|ab$,必有 $p|a$ 或 $p|b$,则称 p 是 R 的一个**素元**.

从定义知,在整环中,素元一定是不可约元.由定义还可得到:在整环 R 中,若 $p=ab$,则有 $p|a$ 或 $p|b$.无论 $p|a$ 还是 $p|b$,都说明 p 不能分解成两个真因子乘积.

反过来,在整环中,不可约元却不一定是素元.对此,我们从上面的例子就能看出:

$$6=2\times3=(1+\sqrt{-5})(1-\sqrt{-5}),$$

其中 3 是不可约元,而且 $3|(1+\sqrt{-5})(1-\sqrt{-5})$.因为 $1+\sqrt{-5},1-\sqrt{-5}$ 都是不可约元,并且又都不与 3 相伴,所以 $3\nmid1+\sqrt{-5}$,并且 $3\nmid1-\sqrt{-5}$.这样,说明 3 是不可约元,但不是素元.

但是在唯一分解整环中,逆命题是成立的,它就是下面的定理:

定理1 在唯一分解整环中,不可约元一定是素元.

证明 设 R 是唯一分解整环,$p\in R$ 是不可约元.又设 $p|ab$,则存在 $c\in R$,使得 $cp=ab$.下面分四种情形证明:

(1)当 a 和 b 有一个是零元时,不妨设 $a=0$,则有 $p|a$,定理得证.

(2)当 a 和 b 有一个是可逆元时,不妨设 a 为可逆元,则由 $cp=ab$,这样就有 $b=$

$(a^{-1}c)p$，于是 $p|b$.

（3）当 a 和 b 是非零元素且不可逆，c 是可逆元时，由 $cp=ab$ 可得 $p=(c^{-1}a)b$，就有 $b|p$. 因为 p 是不可约元，则 b 不是 p 的真因子，于是 $p|b$.

（4）当 a 和 b 是非零元素且不可逆，c 是不可逆元时，显然此时 $c\neq 0$. 又因 R 是唯一分解整环，必有

$$c=p_1p_2\cdots p_n,$$

其中每个 $p_i(i=1,2,\cdots,n)$ 都是 R 的不可约元. 于是

$$ab=p_1p_2\cdots p_np$$

就是元素 ab 的一个不可约因子分解式. 又因 a 和 b 是非零元素且不可逆，它们也可以单独分解为

$$a=q_1q_2\cdots q_{m_1},\quad b=r_1r_2\cdots r_{m_2},$$

其中 $q_t,r_k(t=1,2,\cdots,m_1;k=1,2,\cdots,m_2)$ 也都是 R 的不可约元，于是我们得到

$$ab=q_1q_2\cdots q_{m_1}r_1r_2\cdots r_{m_2}=p_1p_2\cdots p_np.$$

由唯一分解整环的定义，不可约元 $q_1,q_2,\cdots,q_{m_1},r_1,r_2,\cdots,r_{m_2}$ 中必然有一个与 p 是相伴的. 如果 q_j 与 p 是相伴的，由 $q_j|a$ 可得 $p|a$；如果 r_k 与 p 是相伴的，由 $r_k|b$ 可得 $p|b$.

综上，定理得证.

下面我们介绍两个特殊的环.

定义5 设 R 是整环. 如果 R 中的每个理想都是主理想，则称 R 为**主理想整环**.

命题2 设 R 是主理想整环，则在 R 中不能有无穷多个理想 $N_1,N_2,\cdots$，使得

$$N_1\subset N_2\subset\cdots\subset N_i\subset N_{i+1}\subset\cdots,\quad i=1,2,\cdots. \tag{4.2}$$

证明 由于 R 是主理想整环，则对每一个理想 N_i，都存在 $a_i\in R$，使得 $\langle a_i\rangle=N_i$. 于是，在(4.2)式中的包含关系成立的条件下，a_{i+1} 是 $a_i(i=1,2,\cdots)$ 的因子.

下面考虑(4.2)式中这些理想的并集 I.

对于任意 $a,b\in I$，存在 i,j，使得 $a\in\langle a_i\rangle,b\in\langle a_j\rangle$. 不妨设 $i\leqslant j$，那么

$$a\in\langle a_i\rangle\subset\langle a_j\rangle.$$

这样 a,b 同属于理想 $\langle a_j\rangle$. 于是，我们可得 $a-b\in\langle a_j\rangle\subset I,ra\in\langle a_j\rangle\subset I$，其中 $r\in R$. 因此，理想的并集 I 是 R 的一个理想. 又因 R 是主理想整环，则 I 是一个主理想，从而存在 $r\in R$，使得 $I=\langle r\rangle$. 这样，一定存在 $k\in\mathbf{N}$，使得 $\langle r\rangle=\langle a_k\rangle$.

由上段的讨论我们得知，这个 a_k 一定是这些主理想序列里的最后一个项. 否则，我们将有一个 a_{k+1}，使得 $\langle a_k\rangle\subset\langle a_{k+1}\rangle$，继而有 $\langle r\rangle\subset\langle a_{k+1}\rangle$. 又因 $I=\langle r\rangle$ 是理想的并集，则

$$\langle a_{k+1}\rangle\subset I=\langle r\rangle,$$

矛盾出现. 所以，理想的并集 I 就是这些主理想序列中的最后一项，从而结论成立.

命题3 设 R 是主理想整环，$p\in R,p\neq 0$，则下列说法等价：

(1) p 是 R 的一个素元；

(2) $\langle p \rangle$ 是 R 的一个极大理想；

(3) $\langle p \rangle$ 是 R 的一个素理想.

证明 (1)$\Longrightarrow$(2)：如果 p 是 R 的素元，那么 p 不是单位元，故

$$1 \notin \langle p \rangle = \{rp \in R \mid r \in R\}.$$

所以 $\langle p \rangle \neq R$.

设 N 是 R 的理想，$\langle p \rangle \subset N$. 由于 R 是主理想整环，可设 $N = \langle a \rangle$，其中 $a \in R$，于是 $p \in \langle a \rangle$，从而存在 $b \in R$，使得 $p = ab$. 又因为 p 是素元，所以 a 或者为单位元，或者与 p 相伴. 如果 a 是与 p 相伴的，则必有 $a \in \langle p \rangle$，从而 $\langle a \rangle = N = \langle p \rangle$，与假设矛盾. 所以，$a$ 只能是单位元，而由单位元生成的理想就是 R 本身，所以 $N = R$，从而 $\langle p \rangle$ 是个极大理想.

(2)$\Longrightarrow$(3)：设 $\langle p \rangle$ 是 R 的极大理想. 任取 $a,b \in R$，如果 $ab \in \langle p \rangle$，那么在 $R/\langle p \rangle$ 中有

$$ab + p = (a + \langle p \rangle)(b + \langle p \rangle) = p,$$

其中 p 就是 $R/\langle p \rangle$ 的零元. 因为商环 $R/\langle p \rangle$ 是域，而域不含非零的零因子，故

$$a + \langle p \rangle = \langle p \rangle \quad \text{或} \quad b + \langle p \rangle = \langle p \rangle,$$

即 $a \in \langle p \rangle$ 或 $b \in \langle p \rangle$. 所以 $\langle p \rangle$ 是 R 的素理想.

(3)$\Longrightarrow$(1)：设 $\langle p \rangle$ 是素理想. 如果 $a,b \in R$，使得 $ab = p$，那么 $ab \in \langle p \rangle$，从而或者 $a \in \langle p \rangle$，或者 $b \in \langle p \rangle$. 若 $a \in \langle p \rangle$，则 $p \mid a$，从而 a 与 p 相伴，b 是 R 的单位元；如果 $b \in \langle p \rangle$，则 b 与 p 相伴，a 是 R 的单位元. 总之，p 没有任何非平凡因子. 又因为 $\langle p \rangle \neq R$，p 不是 R 的可逆元，同时 $p \neq 0$，故 p 为 R 的素元.

定理 2 每个主理想整环 R 都是唯一分解整环.

证明 先证明当 R 为主理想整环时，它的非零不可逆元必为若干素元之积. 如果不是，设 $a \in R, a \neq 0$，a 是不可逆元，且 a 不能写成若干个素元的乘积，那么 a 一定不是素元，否则 $a = a$ 即为素元积的形式. 于是 a 必然仅有非平凡因子. 设 b 和 c 是 a 的非平凡因子，$a = bc$，于是 $a \in \langle b \rangle, a \in \langle c \rangle$. 由于 b 和 c 均不与 a 相伴，必有 $b \notin \langle a \rangle, c \notin \langle a \rangle$，从而有

$$\langle a \rangle \subset \langle b \rangle, \quad \langle a \rangle \subset \langle c \rangle.$$

由 $a = bc$，而 a 不是素元的乘积，可以断言 b 和 c 一定至少有一个也不是素元的乘积（当 b 和 c 均为素元的乘积时，$bc = a$ 就是素元之积）. 取这样一个不是素元乘积者记为 a_1，它满足：

(1) a_1 是 a 的非平凡因子，$\langle a \rangle \subset \langle a_1 \rangle$；

(2) a_1 不能写成素元积的形式.

由(1)可知 a_1 非零，且不是单位元，由(2)进一步知道 a_1 具有和 a 完全一样的性质.

我们完全仿照对 a 的讨论，可找到 $a_2 \in R$，满足 $\langle a_1 \rangle \subsetneqq \langle a_2 \rangle$，$\langle a_2 \rangle \neq \langle a_1 \rangle$，且 a_2 不是素元

的乘积. 这样不断做下去, 即有

$$\langle a \rangle \subset \langle a_1 \rangle \subset \cdots \subset \langle a_i \rangle \langle a_{i+1} \rangle \subset \cdots, \quad i=1,2,\cdots.$$

而命题 2 已经证明了, 在主理想整环中不能有这种结论的. 这表明对 a 的假定不能成立.

再来证明 R 具有分解唯一性. 设 $a \in R$, 且

$$a = p_1 p_2 \cdots p_s = q_1 q_2 \cdots q_t, \tag{4.2}$$

其中 p_i 和 $q_j (i=1,2,\cdots,s; j=1,2,\cdots,t)$ 都是 R 的素元. 因为 p_1 是素元, 由命题 3 知, $\langle p_1 \rangle$ 是 R 的素理想. (4.2)式表明 $q_1 q_2 \cdots q_t \in \langle p_1 \rangle$, 故必有某个 $q_j \in \langle p_1 \rangle$. 因为顺序可以不考虑, 我们不妨假设 $q_1 \in \langle p_1 \rangle$, 即 $p_1 | q_1$. 但 q_1 是素元, p_1 是 q_1 的因子, 故 p_1 一定是与 q_1 相伴的, 即有

$$q_1 = u p_1, \quad \text{其中 } u \in R \text{ 是可逆元}.$$

将(4.2)式中的 p_1 消去, 得

$$p_2 \cdots p_s = (u q_2) \cdots q_t,$$

其中 $u q_2$ 也是素元(由定义易知).

继续下去并不断调整右端素元的顺序, 即有 p_i 与 q_i 相伴对所有 $i=1,2,\cdots,t$ 都成立, 同时 $s=t$.

定义 6 设 R 是整环. 如果存在映射

$$\phi: \{R \text{ 的非零元的全体}\} \to \mathbf{Z}^+ \cup \{0\},$$

使得对任意 $a,b \in R, b \neq 0$, 有 $q,r \in R$, 满足

$$a = bq + r,$$

其中 $r=0$ 或 $\phi(r) < \phi(b)$, 则称 R 为**欧几里得整环**(简称**欧氏环**).

例 4 整数环是欧氏环.

这是因为存在映射

$$\phi: \mathbf{Z} \setminus \{0\} \to \mathbf{Z}^+ \cup \{0\},$$
$$a \mapsto |a|,$$

其中 $|a|$ 是整数 a 的绝对值, 使得对于任意 $a,b \in \mathbf{Z}, b \neq 0$, 有 $q,r \in \mathbf{Z}$, 满足

$$a = bq + r,$$

其中 $r=0$ 或 $\phi(r) = |r| < |b| = \phi(b)$.

定理 3 每个欧氏环都是主理想整环, 因而是唯一分解整环.

证明 设 R 是欧氏环, 映射 ϕ 满足定义 6 的条件, A 是 R 的一个理想.

如果 $A = \{0\}$, 那么, 它就是由 0 生成的主理想.

如果 $A \neq \{0\}$, 它包含非零元素, 令

$$T = \{\phi(x) \in \mathbf{Z}^+ \cup \{0\} \mid x \in A\}.$$

T 是 A 在映射 ϕ 之下的像. 由于 A 有非零元素, 所以 T 是非空的非负整数集, 它必有最小的

元素. 设 $a\in A$, 使得 $\phi(a)$ 是 T 中的最小元素. 我们断言, $A=\langle a\rangle$.

事实上, 由于 $a\in A$, 显然有 $\langle a\rangle\subseteq A$. 任取 $x\in A$, 根据定义, 必有 $q,r\in R$, 使得

$$x=aq+r, \quad r=0 \text{ 或 } \phi(r)<\phi(a).$$

但是, A 是 R 的理想, 由 $x,a\in A$ 可知 $aq\in A$, 而且

$$x-aq=r\in A.$$

而 $\phi(r)<\phi(a)$ 与 a 的选取相矛盾, 故只能 $r=0$, 即 $x=aq$, 从而 $x\in\langle a\rangle$. 由 x 的任意性推出 $A\subseteq\langle a\rangle$. 总之, $A=\langle a\rangle$, A 是 R 的主理想.

这样, 我们就得到下列环类的关系:

$$\text{欧氏环类}\subseteq\text{主理想整环类}\subseteq\text{唯一分解整环类}\subseteq\text{整环类}.$$

从上面的定理我们还可以得到下面的结论:

定理 4　整数环是主理想整环, 因而是一个唯一分解整环.

下面我们来证明前面例 2 的结论. 我们先来证明一个引理.

引理　若 $R[x]$ 是整环 R 上的一元多项式环, $R[x]$ 的元素

$$g(x)=a_nx^n+a_{n-1}x^{n-1}+\cdots+a_0$$

的最高次数项系数 a_n 是 R 的可逆元, 则 $R[x]$ 中的任意多项式 $f(x)$ 都可以写成如下形式:

$$f(x)=q(x)g(x)+r(x),$$

其中 $q(x),r(x)\in R[x]$, 并且 $r(x)=0$ 或 $r(x)$ 的次数小于 $g(x)$ 的次数 n.

证明　若 $f(x)=0$ 或 $f(x)$ 的次数小于 n, 那么我们取

$$q(x)=0, \quad r(x)=f(x)$$

就能满足条件. 若 $f(x)$ 不为 0, 且 $f(x)$ 的次数不小于 n, 则假设

$$f(x)=b_mx^m+b_{m-1}x^{m-1}+\cdots+b_0,$$

其中 $m\geqslant n$. 我们取 $q_1(x)=a_n^{-1}b_mx^{m-n}$, 那么

$$f(x)-q_1(x)g(x)=b_mx^m+\cdots+b_0-(b_mx^m+a_n^{-1}b_ma_{n-1}x^{m-1}+\cdots)$$
$$\triangleq f_1(x),$$

其中 $f_1(x)=0$ 或 $f_1(x)$ 的次数小于 m. 如果 $f_1(x)=0$ 或 $f_1(x)$ 的次数小于 n, 那么取

$$q(x)=q_1(x), \quad r(x)=f_1(x).$$

如果 $f_1(x)$ 的次数不小于 n, 可用相同的方法, 得到

$$f_1(x)-q_2(x)g(x)=f(x)-[q_1(x)+q_2(x)]g(x)\triangleq f_2(x),$$

其中 $f_2(x)=0$ 或 $f_2(x)$ 的次数小于 $m-1$. 这样下去, 我们总可以得到

$$f(x)=[q_1(x)+q_2(x)+\cdots+q_i(x)]g(x)+f_i(x),$$

其中 $f_i(x)=0$ 或 $f_i(x)$ 的次数小于 n.

定理 5　域 F 上的一元多项式环 $F[x]$ 是欧氏环.

证明 我们取映射

$$\phi: F[x]\backslash\{0\} \to \mathbf{Z}^+ \bigcup \{0\},$$
$$f(x) \mapsto f(x) \text{的次数}.$$

任取 $g(x) \in F[x], g(x) \neq 0$，则 $g(x)$ 的最高次数项系数 $a_n \neq 0$. 又因为 a_n 是可逆元，则由引理，$F[x]$ 中的任一多项式 $f(x)$ 都可以写成

$$f(x) = q(x)g(x) + r(x)$$

的形式，其中 $r(x) = 0$ 或 $r(x)$ 的次数小于 $g(x)$ 的次数 n，即 $r = 0$ 或 $\phi(r) < \phi(g)$. 所以域 F 上的一元多项式环 $F[x]$ 是欧氏环.

这样，由定理 3 和定理 4，我们可以得到例 2 的结论，即：

推论 域 F 上的一元多项式环 $F[x]$ 是唯一分解环.

<h3 style="text-align:center">习　题　4.4</h3>

1. 证明：$\mathbf{Z}[\sqrt{-3}]$ 不是唯一分解整环.

2. 设 x, y 是整环 D 的元素，证明：

(1) $x \mid y$ 的充分必要条件是 $\langle x \rangle \supseteq \langle y \rangle$；

(2) x 与 y 相伴的充分必要条件是 $\langle x \rangle = \langle y \rangle$；

(3) y 是 x 的非平凡因子的充分必要条件是 $\langle x \rangle \subset \langle y \rangle \subseteq D$.

3. 设 R 为整环，a, b 为 R 的非零元素，$a \sim b$（即 a 与 b 相伴），求证：

(1) 若 a 为不可约元，则 b 也为不可约元；

(2) 若 a 为素元，则 b 也为素元.

<h2 style="text-align:center">§4.5　环的同态与同构</h2>

在群论中，有一类特殊的子群——正规子群，它在群论中扮演着重要的角色. 与此类似，在环论中，也有一类特殊的子环——理想，它在环论中的作用就相当于正规子群在群论中的作用. 大家回忆一下，在群论中，通过正规子群，定义了商群，进而得到了群的同态定理. 类似地，在环论中，由理想可以定义商环，进而有环的同态定理.

与群的情形一样，当我们考虑两个给定环 $(R, +, \cdot), (S, +, \cdot)$ 时，常常需要研究 R 到 S 的保持运算的映射，即同态映射. 更确切地，有下述定义：

定义 设 $(R, +, \cdot), (S, +, \cdot)$ 是两个环，映射 $\mu: R \to S$ 叫做**环同态**（简称**同态**），是指对任意 $a, b \in R$，有

$$\mu(a+b) = \mu(a) + \mu(b), \quad \mu(ab) = \mu(a)\mu(b).$$

如果同态 μ 是单射，则称 μ 为**单同态**；如果同态 μ 是满射，则称 μ 为**满同态**；如果同态 μ 是双射，则称 μ 是**同构**. 当存在 $\mu: R \rightarrow S$ 是同构时，称环 R 与环 S **同构**，记做 $R \cong S$.

例 1　设 R, S 是两个环，考虑映射 $\mu: R \rightarrow S$：对 $\forall r \in R, \mu(r) = 0$，这里 0 是 S 的零元. 显然，μ 是一个同态，叫做**零同态**，常常以 0 记之.

例 2　设 R 是 S 的子环. 考虑映射 $\mu: R \rightarrow S$：对 $\forall r \in R, \mu(r) = r$. 显然，$\mu$ 是一个单同态.

例 3　设 I 是环 R 的理想，$(R/I, +, \cdot)$ 是 R 关于 I 的商环. 考虑群 $(R, +)$ 到商群 $(R/I, +)$ 的自然同态 $\nu: (R, +) \rightarrow (R/I, +)$：对 $\forall r \in R, \nu(r) = r + I$. 由于对 $\forall r_1, r_2 \in R$，有
$$\nu(r_1 r_2) = r_1 r_2 + I = (r_1 + I)(r_2 + I) = \nu(r_1)\nu(r_2),$$
从而 ν 也是环 $(R, +, \cdot)$ 到商环 $(R/A, +, \cdot)$ 的同态，它仍然叫做自然同态，它是一个满同态.

命题　设 $\mu: R \rightarrow S$ 是环同态，则 μ 具有下述性质：

(1) $\mu(0) = 0, \mu(-a) = -\mu(a), \mu(ma) = m\mu(a), \forall a \in R, m \in \mathbf{Z}$；

(2) $\text{Im}\mu = \{\mu(r) \mid r \in R\} \leqslant S$；

(3) 如果 R 是交换环，那么 $\text{Im}\mu$ 也是交换环；

(4) 如果 R 有单位元 1，那么 $\mu(1)$ 是 $\text{Im}\mu$ 的单位元；

(5) 如果 R 有单位元，$a \in R$ 可逆，那么 $\mu(a)$ 在 $\text{Im}\mu$ 中可逆，且 $\mu(a)^{-1} = \mu(a^{-1})$；

(6) $\text{Ker}\mu = \{a \mid \mu(a) = 0, a \in R\}$ 是 R 的理想.

证明　(1) 这可以从 $\mu: (R, +) \rightarrow (S, +)$ 是群同态得到.

(2) 因 $\mu: (R, +) \rightarrow (S, +)$ 是同态，故 $\text{Im}\mu$ 是 $(S, +)$ 的子群. 又对 $\forall \mu(r_1), \mu(r_2) \in \text{Im}\mu$，有
$$\mu(r_1)\mu(r_2) = \mu(r_1 r_2) \in \text{Im}\mu,$$
从而 $\text{Im}\mu$ 是 S 的子环. $\text{Im}\mu$ 叫做 μ 的**同态像**.

(3) 对 $\forall \mu(r_1), \mu(r_2) \in \text{Im}\mu$，有
$$\mu(r_1)\mu(r_2) = \mu(r_1 r_2) = \mu(r_2 r_1) = \mu(r_2)\mu(r_1).$$

(4) 对 $\forall \mu(r) \in \text{Im}\mu$，有
$$\mu(r)\mu(1) = \mu(r1) = \mu(r), \quad \mu(1)\mu(r) = \mu(1r) = \mu(r),$$
从而 $\mu(1)$ 是 $\text{Im}\mu$ 的单位元.

(5) 由于
$$\mu(a^{-1})\mu(a) = \mu(a^{-1}a) = \mu(1), \quad \mu(a)\mu(a^{-1}) = \mu(aa^{-1}) = \mu(1),$$
从而 $\mu(a)$ 在 $\text{Im}\mu$ 中可逆，且 $\mu(a)^{-1} = \mu(a^{-1})$.

(6) 设 $K = \text{Ker}\mu$. 因为 K 是群同态 $\mu: (R, +) \rightarrow (S, +)$ 的核，所以 $(K, +)$ 是 $(R, +)$ 的子群. 设 $r \in R, a \in K$，则
$$\mu(ra) = \mu(r)\mu(a) = \mu(r)0 = 0,$$

从而 $ra\in K$. 同样有 $ar\in K$. 所以 K 是环 R 的理想. $K=\mathrm{Ker}\mu$ 叫做环同态 μ 的**核**.

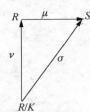

今设 $\mu\colon R\to S$ 是环同态,如果只考虑加法群 $(R,+)$ 和 $(S,+)$,则存在同态 $\sigma\colon R/K\to S$,使作为加法群,图 4.5.1 可交换.

事实上,这也是一张关于环的交换图,因为对 $\forall a+K,b+K\in R/K$,有

$$\sigma[(a+K)(b+K)]=\sigma(ab+K)=\sigma(a+K)\sigma(b+K),$$
$$\mu\nu[(a+K)(b+K)]=\mu\nu(ab+K)=\mu(ab)=\mu(a)\mu(b)$$
$$=\sigma(a+K)\,\sigma(b+K).$$

图　4.5.1　　这样,我们就得到下述定理:

定理 1(环的同态基本定理)　设 $\mu\colon R\to S$ 是环同态,记
$$K=\mathrm{Ker}\mu=\{a\,|\,a\in R,\mu(a)=0\},$$
又设 $\nu\colon R/K\to R$ 是环的自然同态,则存在唯一的环的单同态 $\sigma\colon R/K\to S$.

例 4　设 $\mu\colon R\to S$ 是环同态,R 是单环,则 $K=\mathrm{Ker}\mu=\{0\}$ 或 $K=R$. 当 $K=R$ 时,$\mu=0$ 是零同态;当 $K=\{0\}$ 时,由于 μ 也是 $(R,+)$ 到 $(S,+)$ 的群的单同态,从而 μ 是一个单射,所以 μ 作为环的同态是一个单同态.

与群的同构定理类似,我们有下述环的同构定理:

定理 2(环的第一同构定理)　设 $\mu\colon R\to S$ 是环满同态,$K=\mathrm{Ker}\mu$,则对 R 的包含 K 的子环 H,使其对应于 $\mu(H)=\{\mu(h)\,|\,h\in H\}$ 的 μ 是 R 的包含 K 的子环集到 S 的子环集的一个双射,而且 H 是 R 的理想当且仅当 $\mu(H)$ 是 S 的理想. 此时,还有商环
$$R/H\cong S/\mu(H).$$

证明　如果只考虑加法,则 μ 是加法群 $(R,+)$ 到加法群 $(S,+)$ 的满同态,且 $\mathrm{Ker}\mu=K$,从而按群的第一同构定理,对 $(R,+)$ 的包含 K 的子群 H,使其对应于 $\mu(H)=\{\mu(h)\,|\,h\in H\}$ 的 μ 是 $(R,+)$ 的包含 K 的子群集到 $(S,+)$ 的子群集的一个双射. 由此,我们只需证明:在这个对应下,H 是 R 的子环$\Longleftrightarrow\mu(H)$ 是 S 的子环;H 是 R 的理想$\Longleftrightarrow\mu(H)$ 是 S 的理想. 事实上,由于环的同态像是子环,又注意到 $H=\{h\,|\,h\in R,\mu(h)\in\mu(H)\}$,从而 H 是 R 的子环$\Longleftrightarrow\mu(H)$ 是 S 的子环. 又若 H 是 R 的理想,则对任何 $s\in S$,由于 μ 是满射,故存在 $r\in R$,使得 $s=\mu(r)$,从而
$$s\mu(H)=\mu(r)\mu(H)=\mu(rH)\subseteq\mu(H);$$
同样,有 $\mu(H)s\subseteq\mu(H)$. 于是 $\mu(H)$ 是 S 的理想. 反之,如 $\mu(H)$ 是 S 的理想,同样地,注意到 $H=\{h\,|\,h\in R,\mu(h)\in\mu(H)\}$,故 H 也是 R 的理想.

当 H 是 R 的理想时,考虑映射 $a\colon R\to S/\mu(H)\colon$ 对 $\forall r\in R,a(r)=\mu(r)+\mu(H)$. 易知 a 是满同态,且 $\mathrm{Ker}a=H$,从而 $R/H\cong S/\mu(H)$.

定理 3(环的第二同构定理)　设 R 是环,S 是 R 的子环,I 是 R 的理想,则 $S+I=\{s+a\,|\,s\in S,a\in I\}$ 是 R 的子环,$S\cap I$ 是 S 的理想,且映射

$$\overline{\mu}: S/(S\cap I)\rightarrow (S+I)/I,$$
$$s+S\cap I \mapsto s+I$$

是一个同构,从而 $S/(S\cap I)\cong (S+I)/I$.

证明 由于 I 是理想,可以直接验证 $S+I$ 是 R 的子环. 如果只考虑加法,则如在群的第二同构定理的证明中所看到的,映射

$$\mu: S\rightarrow (S+I)/I,$$
$$s\mapsto s+I$$

是加法群 $(S,+)$ 到加法群 $((S+I)/I,+)$ 的满同态,而且 $\mathrm{Ker}\mu=S\cap I$. 现在考虑 S 及 $(S+I)/I$ 中的乘法. 由于对 $\forall s_1,s_2\in S$,有

$$\mu(s_1s_2)=s_1s_2+I=(s_1+I)(s_2+I)=\mu(s_1)\mu(s_2),$$

从而 μ 也是环 $(S,+,\cdot)$ 到环 $((S+I)/I,+,\cdot)$ 的满同态,故由同态基本定理知 $S\cap I$ 是 S 的理想,$\overline{\mu}: S/(S\cap I)\rightarrow (S+I)/I$ 是同构映射,从而 $S/(S\cap I)\cong (S+I)/I$.

定理 4 设 R 与 R' 是两个有单位元的环,x 与 y 分别是其上的未定元. 如果 $R\cong R'$,则

$$R[x]\cong R'[y]$$

证明 设 $\phi: R\rightarrow R'$ 是同构. 对任意 $f(x)=a_0+a_1x+a_2x^2+\cdots+a_nx^n\in R[x]$,规定

$$\widetilde{\phi}: R[x]\rightarrow R'[y],$$
$$f(x)\mapsto f(y)=a'_0+a'_1y+a'_2y^2+\cdots+a'_ny^n,$$

其中 $a'_i=\phi(a_i)$ $(i=0,1,2,\cdots,n)$,则 $\widetilde{\phi}$ 为环 $R[x]$ 到环 $R'[y]$ 的同构(详细的证明作为练习).

习 题 4.5

1. 设 T 是所有形如

$$a+b\sqrt{3}, \quad a,b\in \mathbf{R}$$

的实数构成的 $\mathbf{R}$ 的子环. 令 $f: a+b\sqrt{3}\mapsto a-b\sqrt{3}$,证明:$f$ 是 T 的自同态. 求出

$$\mathrm{Ker}f, \quad \mathrm{Im}f.$$

2. 设 R 是环,$J_1,J_2,\cdots,J_n$ 是 R 的理想,满足 $J_i+J_j=R$ $(1\leqslant i,j\leqslant n,i\neq j)$(称 $J_1,J_2,\cdots,J_n$ 间**两两互素**),证明有如下环同构:

$$\frac{R}{J_1\cap\cdots\cap J_n}\cong\frac{R}{J_1}\oplus\cdots\oplus\frac{R}{J_n}.$$

3. 证明定理 4.

第五章 域

域理论是研究叫做域的特定种类偏序集合的数学分支. 因此域理论可以看做序理论的分支. 域是定义了两个代数运算的特殊代数系统, 是可以进行四则运算的数集的抽象, 它同时具有顺序关系和代数运算, 在数学上起着非常重要的作用. 本章从域的定义出发, 进一步讨论了有理数域、有序域及扩域.

§5.1 域的基本概念及性质

一、域的概念及基本性质

我们在第四章已经介绍过域的概念: 设 F 是有单位元的交换环, F^* 表示 F 中所有非零元素的组成集合. 如果 F^* 在 F 的乘法之下构成群, 则称 F 为域. 域是一类特殊的环, 是一类交换的除环.

我们知道, 有理数集、实数集及复数集在数的普通加法和乘法的运算下, 可以构成域.

这一节我们进一步详细探讨域. 下面先给出一个域的等价定义.

定义 1 设 F 是非零交换环, 称 F 为**域**, 如果 F 满足条件:

(1) F 有乘法单位元 e;

(2) 对任意 $r \in F$, 只要 $r \neq 0$, 则必存在 $s \in F$, 使得 $rs = sr = e$.

下面我们对域的两个定义的等价性加以证明:

如果环 F 的所有非零元素组成的集合 F^* 在 F 的乘法之下构成群, 设 e 是群 F^* 的单位元, 即对任意 $r \in F^*$, 必有 $er = re = r$.

但是 F 与 F^* 仅差一个零元 0, 且 $e0 = 0e = 0$. 所以, 对任意 $x \in F$, 都有 $ex = xe = x$. 这样 e 为整个环 F 的单位元, F 满足条件 (1).

对任意 $r \in F$, 只要 $r \neq 0$, 则 $r \in F^*$, 而 F^* 是群, 一定存在 $s \in F^* \subset F$, 使得 $sr = rs = e$. 这样 F 满足条件 (2).

反之, 假设环 F 满足条件 (1) 和条件 (2). 首先, 对任意 $x, y \in F^*$, 必

有 $xy \in F^*$,即 $xy \neq 0$.若不然,根据条件(1)和条件(2)应有 z ,使得 $yz = zy = e$,于是

$$0 = (xy)z = x(yz) = x,$$

矛盾.这说明 F^* 在 F 的乘法之下封闭.也就是说,环 F 的乘法运算也是 F^* 上的运算.

其次,条件(1)表明: F 有单位元 e ,则有 $e \neq 0$.否则,对任意 $x \in F$,有

$$x = ex = 0x = 0,$$

与 F 为非零环矛盾.所以 $e \in F^*$.这样, F^* 有单位元.

最后,对任意 $r \in F^*$,因为 $r \neq 0$,由条件(2)知,必有 $s \in F$,使得

$$sr = rs = e.$$

显然, $s \neq 0$,否则导致 $sr = rs = 0$,矛盾.这说明 $s \in F^*$.这样, r 在 F^* 中恒有逆元.

总之,集合 F^* 在 F 的乘法之下构成群.

下面我们再给一个域的等价命题.

定理 1   设 F 是个至少含两个元素的交换环,那么 F 为域的充分必要条件是,对任意 $a, b \in F, a \neq 0$,方程 $ax = b$ 恒有唯一解,即有唯一确定的 $c \in F$,使得 $ac = b$.

证明   设 F 是域.任取 $a, b \in F, a \neq 0$,考虑方程

$$ax = b. \tag{5.1}$$

由于 $a \neq 0$,则 a 必有乘法逆元 a^{-1} .令 $c = a^{-1}b$,则

$$ac = a(a^{-1}b) = (aa^{-1})b = b.$$

也就是说, c 满足方程(5.1).进一步,若还有 $d \in F$,使得 $ad = b$,那么,由

$$ad = b = ac \quad (a \neq 0)$$

消去 a ,立得 $d = c$.这说明,方程(5.1)的解是唯一的.

反之,设在 F 中方程(5.1)当 $a \neq 0$ 时恒有唯一解.由于 F 至少含两个元素,可任取 $a \neq 0$,考虑方程

$$ax = a, \quad a \neq 0.$$

根据假设,它有唯一解,设为 e .可断言 e 为 F 的单位元.事实上,任取 $d \in F$,满足 $ad = b$.这意味着 d 满足方程 $ax = b$.再由 e 满足 $ax = a$,即 $ae = a$,可得到 $a(ed) = (ae)d = ad = b$,即 ed 也满足方程 $ax = b$.根据唯一性条件,必有

$$de = ed = d.$$

这说明 e 为 F 的单位元.进一步,对任意 $d \in F, d \neq 0$,方程 $dx = e$ 必有唯一解 g ,即 $dg = gd = e$,从而 F 的每个非零元素恒有逆元.所以, F 是个域.

由上一章 §4.1 的定理 3 我们知道,除环是单环.也就是说,除环没有非零真理想.那么域也没有非零真理想.

定理 2   域不含非平凡的理想,也就是域 F 的理想只有 $\langle 0 \rangle$ 和 F 本身.

根据此定理,则有下面的结论:

定理 3　设 φ 是环 R 到环 S 的同态,且为满射.如果 R 是域,则 φ 或者为同构映射,或者将 R 的所有元素映成 S 的零元(即 φ 是零同态).

证明　考虑 φ 的核 $\mathrm{Ker}\varphi$.它是环 R 的理想.由定理 2 知 $\mathrm{Ker}\varphi=\{0\}$ 或 $\mathrm{Ker}\varphi=R$.

如果 $\mathrm{Ker}\varphi=R$,则对任意 $r\in R$,恒有 $\varphi(r)=0$,

如果 $\mathrm{Ker}\varphi=\{0\}$,则 φ 必然是单射,从而 φ 是同构映射.

由此定理也可推出下面的结论:

推论　域是单环.

定理 4　域都是整环.

证明　域是有单位元的交换环,并且每个非零元素都有逆元.设 F 是域.任取 $a,b\in F$,$a\neq 0$,若 $ab=0=0a$,则有

$$a^{-1}ab=a^{-1}0a\Longrightarrow b=0.$$

于是可得,域是无零因子环,继而域是整环.

那么反过来,什么样的整环是域呢?对此,下面的定理给出了答案.

定理 5　只含有限个元素的整环必为域.

证明　设 R 是有限整环,那么 R 是有单位元 e 的交换环.根据定义 1 可知,要证明 R 为域,只需验证它的每个非零元素均有逆元即可.

任取 $a\in R,a\neq 0$,考虑元素

$$a,\ a^2,\ \cdots,\ a^n,\ \cdots.$$

由 R 的有限性,上述元素必出现重复.不妨设有正整数 $k,l\ (k<l)$,使得 $a^k=a^l$.由于 $a^l=a^k\cdot a^{l-k}$,从而

$$a^k(e-a^{l-k})=0. \tag{5.2}$$

而 a 不是零因子,进而 a^k 也不是零因子,于是(5.2)式意味着 $e-a^{l-k}=0$,即

$$e=a^{l-k}=a\cdot a^{l-k-1},\quad l-k-1\geqslant 0.$$

这说明元素 a^{l-k-1} 就是 a 的逆元(注意,$l-k-1=0$ 时,$a^0=e$).

定理 6　环 $\mathbf{Z}_n$ 为域的充分必要条件是 n 为素数.

证明　若 n 不为素数,必有正整数 p,q,使得

$$n=pq,\quad 1<p<n,1<q<n.$$

于是,在 $\mathbf{Z}_n$ 中,$[p]\neq[0],[q]\neq[0]$,但 $[p][q]=[0]$,从而 $\mathbf{Z}_n$ 有非零的零因子,$\mathbf{Z}_n$ 当然不是域.

反之,设 n 为素数.任取 $[p],[q]\in\mathbf{Z}_n$,当 $[p]$ 和 $[q]$ 均不为 $[0]$ 时,必有

$$1\leqslant p<n,\quad 1\leqslant q<n.$$

由于 n 为素数,它不能整除 p,又不能整除 q,则必不能整除它们的乘积.设

$$pq=in+j,\quad 0\leqslant j<n,$$

则 $j\neq0$，也就是 $[p][q]=[pq]=[j]\neq[0]$，即 $\mathbf{Z}_n$ 不含非零的零因子．又 $\mathbf{Z}_n$ 为有限环，由定理 5 知 $\mathbf{Z}_n$ 必为域．

二、子域

定义 2   域 $(F,+,\cdot)$ 的子集 S 称为 F 的**子域**，如果 S 是 F 的子环且它在 F 的运算之下是域．

例 1   在实数域 $\mathbf{R}$ 中，子集 $S=\left\{x\in\mathbf{R}\,\middle|\,x=a+b\sqrt{2},a,b\text{ 为有理数}\right\}$ 是 $\mathbf{R}$ 的子域．

事实上，显然 $1\in S$，且它是 S 的单位元．

若 $s\in S,s\neq0$，设 $s=a+b\sqrt{2}$，其中 a,b 为有理数，那么 $a-b\sqrt{2}\neq0$．否则，导致 $a=b\sqrt{2}$，或者 $b=0,a=0$，或者 $b\neq0,\dfrac{a}{b}=\sqrt{2}$（即两有理数之比为无理数），均引出矛盾．于是

$$(a+b\sqrt{2})(a-b\sqrt{2})=a^2-2b^2\neq0.$$

由于 a^2-2b^2 亦为有理数，所以

$$(a+b\sqrt{2})^{-1}=\frac{a}{a^2-2b^2}-\frac{b}{a^2-2b^2}\sqrt{2}\in S.$$

所以 S 是域，从而它是实数域 $\mathbf{R}$ 的一个子域．

三、商域

在介绍商域的概念之前，我们先给出一个定理：

定理 7   每一个没有零因子的交换环 R 都是某个域 F 的子环．

证明   如果 R 只包含零元，则定理成立．

假设 R 中至少含有两个元素．用 $a,b,c,\cdots$ 来表示 R 中的元素，我们作一个集合

$$A=\left\{\text{所有符号 }\frac{a}{b}\right\}\quad(a,b\in R,b\neq0).$$

在 A 上规定一个关系"$\sim$"如下：

$$\frac{a}{b}\sim\frac{a'}{b'}\quad\text{当且仅当}\quad ab'=a'b.$$

下面证明这是个等价关系：

自反性：显然，$ab=ab$，即有 $\dfrac{a}{b}\sim\dfrac{a}{b}$．

对称性：如果 $\dfrac{a}{b}\sim\dfrac{a'}{b'}$，则有 $ab'=a'b$，那么 $\dfrac{a'}{b'}\sim\dfrac{a}{b}$．

传递性：如果 $\dfrac{a}{b}\sim\dfrac{a'}{b'}$，且 $\dfrac{a'}{b'}\sim\dfrac{a''}{b''}$，那么有

$$ab'=a'b \quad 及 \quad a'b''=a''b'.$$

于是

$$(ab'')b'=(ab')b''=(a'b)b''=(a'b'')b=(a''b')b=(a''b)b',$$

但 $b'\neq0$，R 没有零因子，根据消去律可得

$$ab''=a''b, \quad 即 \quad \frac{a}{b}\sim\frac{a''}{b''}.$$

这样，"$\sim$"是一个等价关系.

这个等价关系把集合 A 分成若干类 $\left[\dfrac{a}{b}\right]$. 我们作一个集合

$$Q=\left\{所有类\left[\dfrac{a}{b}\right]\right\}.$$

对于 Q 中的元素，我们规定加法和乘法如下：

$$\left[\frac{a}{b}\right]+\left[\frac{c}{d}\right]=\left[\frac{ad+bc}{bd}\right], \quad \left[\frac{a}{b}\right]\left[\frac{c}{d}\right]=\left[\frac{ac}{bd}\right].$$

这个定义合理的. 事实上，因 R 没有零因子，$b\neq0$，$d\neq0\Rightarrow bd\neq0$，那么 $\left[\dfrac{ad+bc}{bd}\right]$，$\left[\dfrac{ac}{bd}\right]$ 都是

Q 的元素. 另外，假定 $\left[\dfrac{a}{b}\right]=\left[\dfrac{a'}{b'}\right]$，$\left[\dfrac{c}{d}\right]=\left[\dfrac{c'}{d'}\right]$，那么有

$$\left[\frac{a}{b}\right]+\left[\frac{c}{d}\right]=\left[\frac{a'}{b'}\right]+\left[\frac{c'}{d'}\right] \quad 和 \quad \left[\frac{a}{b}\right]\left[\frac{c}{d}\right]=\left[\frac{a'}{b'}\right]\left[\frac{c'}{d'}\right].$$

事实上，

$$ab'=a'b, \quad cd'=c'd, \quad ab'dd'=a'bdd', \quad cd'bb'=c'dbb',$$
$$(ad+bc)bd'=(a'd'-b'c')bd, \quad \left[\frac{ad+bc}{bd}\right]=\left[\frac{a'd'+b'c'}{b'd'}\right];$$

同时，$ab'cd'=a'bc'd\Rightarrow(ac)(b'd')=(a'c')(bd)$，于是 $\left[\dfrac{ac}{bd}\right]=\left[\dfrac{a'c'}{b'd'}\right]$. 这样可得，两类相加

或相乘与代表选取无关.

Q 关于加法构成一个交换群：

(1) $\left[\dfrac{a}{b}\right]+\left[\dfrac{c}{d}\right]=\left[\dfrac{c}{d}\right]+\left[\dfrac{a}{b}\right]$；

(2) $\left[\dfrac{a}{b}\right]+\left(\left[\dfrac{c}{d}\right]+\left[\dfrac{e}{f}\right]\right)=\left[\dfrac{a}{b}\right]+\left[\dfrac{cf+de}{df}\right]=\left[\dfrac{adf+bcf+bde}{bdf}\right]$，

$\left(\left[\dfrac{a}{b}\right]+\left[\dfrac{c}{d}\right]\right)+\left[\dfrac{e}{f}\right]=\left[\dfrac{ad+bc}{bd}\right]+\left[\dfrac{e}{f}\right]=\left[\dfrac{adf+bcf+bde}{bdf}\right]$；

(3) $\left[\dfrac{0}{b}\right]+\left[\dfrac{c}{d}\right]=\left[\dfrac{bc}{bd}\right]=\left[\dfrac{c}{d}\right]$；

(4) $\left[\dfrac{a}{b}\right]+\left[\dfrac{-a}{b}\right]=\left[\dfrac{a-a}{b}\right]=\left[\dfrac{0}{b}\right]$.

Q 中的全体非零元素对于乘法来说构成一个交换群:乘法满足交换律与结合律,单位元是 $\left[\dfrac{a}{a}\right]$,$\left[\dfrac{a}{b}\right]$ 的逆元是 $\left[\dfrac{b}{a}\right]$.易得分配律也成立.这样,$Q$ 构成一个域.

我们把 Q 的所有形如 $\left[\dfrac{qa}{q}\right]$ 的元素作成一个集合 G,其中 q 是 R 中一个固定的元素,a 为任意的.设 R 到 G 的一个映射 φ,使得

$$\varphi:a\mapsto\left[\frac{qa}{q}\right].$$

由于

$$\varphi(a)+\varphi(b)=\left[\frac{qa}{q}\right]+\left[\frac{qb}{q}\right]=\left[\frac{q^2(a+b)}{q^2}\right]=\left[\frac{q(a+b)}{q}\right]=\varphi(a+b),$$

$$\varphi(a)\varphi(b)=\left[\frac{qa}{q}\right]\left[\frac{qb}{q}\right]=\left[\frac{q(ab)}{q}\right]=\varphi(ab),$$

所以映射 φ 是同构映射,从而 $R\cong G$.

定理 8　由所有形如 $\dfrac{a}{b}$ 的元素组成的集合就是 Q,其中 $a,b\in R,b\neq 0$,且

$$\frac{a}{b}=ab^{-1}=b^{-1}a.$$

证明　要证明 Q 的每一个元素可以写成 $\dfrac{a}{b}$ 的样子,只需证明 Q 的每一个元素 $\left[\dfrac{a}{b}\right]$ 可以写成如下形式:

$$\left[\frac{a}{b}\right]=\frac{\left[\dfrac{c}{d}\right]}{\left[\dfrac{f}{g}\right]}=\left[\frac{c}{d}\right]\left[\frac{f}{g}\right]^{-1},\quad\left[\frac{c}{d}\right],\left[\frac{f}{g}\right]\in Q.$$

对 Q 中的任意元素 $\left[\dfrac{a}{b}\right]$,由于 $\left[\dfrac{qb}{q}\right]^{-1}=\left[\dfrac{q}{qb}\right]$,我们有

$$\left[\frac{a}{b}\right]=\left[\frac{q^2a}{q^2b}\right]=\left[\frac{qa}{q}\right]\left[\frac{q}{qb}\right]=\left[\frac{qa}{q}\right]\left[\frac{qb}{q}\right]^{-1}=\frac{\left[\dfrac{qa}{q}\right]}{\left[\dfrac{qb}{q}\right]},$$

结论得证.

Q 中的元素既然都可以写成 $\dfrac{a}{b}$ 的样子,那么 Q 中的元素还有以下性质:

(1) $\dfrac{a}{b}=\dfrac{c}{d}$ 当且仅当 $ad=bc$;

(2) $\dfrac{a}{b}+\dfrac{c}{d}=\dfrac{ad+bc}{bd}$;

(3) $\dfrac{a}{b}\cdot\dfrac{c}{d}=\dfrac{ac}{bd}$.

这样,Q 与 R 的关系,就和有理数域与整数环的关系一样. 我们通常也将 $\dfrac{a}{b}=ab^{-1}=b^{-1}a$ 定义为除法运算.

定义 3 域 Q 称为非零环 R 的**商域**,如果 Q 包含 R,并且 Q 刚好是由所有元素 $\dfrac{a}{b}$ 组成,其中 $a,b\in R,b\neq 0$,

由定理 7 和定理 8 知,一个非零的无零因子交换环至少有一个商域.

于是有下面的定理:

定理 9 设 R 是非零环,F 是包含 R 的域,那么 F 包含 R 的一个商域.

证明 对 $\forall a,b\in R,b\neq 0$,在 F 中有 $\dfrac{a}{b}=ab^{-1}=b^{-1}a$,

设 Q 是由所有的形如 $\dfrac{a}{b}$ 的元素组成的集合,其中 $a,b\in R,b\neq 0$,那么 Q 是 R 的商域. 显然,Q 是 F 的子集.

由于 R 的每一个商域都满足上面的性质(1),(2),(3),而这些运算性质完全决定于 R 的加法和乘法,因此,R 的商域的构造完全决定于 R 的构造,所以我们有下面的定理.

定理 10 同构的环其商域也同构.

这样,抽象地来看,一个环最多只有一个商域.

我们在上一章介绍了特征的概念,并由 §4.2 可知整环的特征为 ∞ 或素数. 那么,域作为一个特殊的情形,有下面的结论:

命题 域 F 的特征或为 ∞ 或为素数.

下面我们用抽象代数的方法来处理一个数论问题,可以看到其论证十分简洁.

例 2 (**Fermat 小定理**)设 p 是个素数,证明:如果整数 a 不能被 p 整除,则 p 必整除 $a^{p-1}-1$.

证明 由于 p 是素数,故 $\mathbf{Z}_p\cong\mathbf{Z}/\langle p\rangle$ 为域.

因 a 不能被 p 整除,$a\notin\langle p\rangle$,从而 a 在 $\mathbf{Z}$ 对 $\langle p\rangle$ 的等价类

$$[a]\neq[0]=\langle p\rangle,$$

又因为 $\mathbf{Z}/\langle p\rangle$ 是域,它的所有非零元素构成乘法群,是一个 $p-1$ 阶群,故 $[a]^{p-1}=[1]$. 注意 $\mathbf{Z}/\langle p\rangle$ 中乘法的定义,即知 $[a^{p-1}]=[a]^{p-1}=[1]$,从而 $a^{p-1}\in[1]$,p 整除 $a^{p-1}-1$.

例 3 用 $(Q,+)$ 表示有理数加法群,用 $(I,+)$ 表示整数加法群,用 $(M,+)$ 表示 $(Q,+)$ 关于 $(I,+)$ 的商群,证明:不管用什么方法定义 M 上的乘法"$\times$"使得 $(M,+,\times)$ 构成环,该

环都不会有单位元.

证明 设 $(M,+,\times)$ 是环. M 中的每个元素就是 $(I,+)$ 的一个陪集, 必形如

$$\frac{a}{b}+I, \quad a,b\in I, b\neq 0.$$

进一步, 不妨设 b 是个正整数, 那么将该元素自己加自己, 加 b 次, 得

$$\underbrace{\left(\frac{a}{b}+\cdots+\frac{a}{b}\right)}_{b次}+I=a+I=I.$$

I 实际上是 M 中的零元, 从而说明 M 中每个元素的阶数都有限.

假设环 $(M,+,\times)$ 有单位元 $\bar{e}$:

$$\bar{e}=\frac{a}{b}+I, \quad a,b\in I, \ b>0,$$

那么 b 个 $\bar{e}$ 相加得 $b\bar{e}=I$, 即 $\bar{e}$ 在 $(M,+)$ 中阶数有限. 根据 §4.2 的命题 4 知, 环 M 的特征数为 k,k 是个正整数.

但是, 考虑 M 中的元素 $\frac{k}{k+1}+I$, 则有

$$I=k\left(\frac{k}{k+1}+I\right)=\frac{k^2}{k+1}+I=\left(\frac{k^2-1}{k+1}+I\right)+\left(\frac{1}{k+1}+I\right).$$

由于 $\frac{k^2-1}{k+1}=k-1,(k-1)+I=I$, 知

$$k\left(\frac{k}{k+1}+I\right)=\frac{1}{k+1}+I\neq I,$$

矛盾. 所以 $(M,+,\times)$ 不能有乘法单位元.

定理 11 令 E 是域. 若 E 的特征是 ∞, 那么 E 含有一个与有理数域 $\mathbf{Q}$ 同构的子域; 若 E 的特征是素数 p, 那么 E 含有一个与 $\mathbf{Z}_p\cong\mathbf{Z}/\langle p\rangle$ 同构的子域, $\langle p\rangle$ 是由 p 生成的主理想.

证明 由于域 E 包含单位元 e, 因此 E 也包含所有 ne(n 为整数). 令 G 是由所有形如 ne 的元素组成的集合, 显然 G 关于 E 上的加法和乘法运算构成环. 取一个映射 φ, 使得

$$\varphi: n\mapsto ne.$$

由于

$$\varphi(n+m)=(n+m)e=ne+me=\varphi(n)+\varphi(m),$$
$$\varphi(nm)=(nm)e=(ne)(me)=\varphi(n)\varphi(m),$$

于是映射 φ 是整数环 $\mathbf{Z}$ 到 G 的同态满射.

(1) 如果 E 的特征是 ∞, 这时映射 φ 就是一个同构映射, 于是 $\mathbf{Z}\cong G$. 又 E 包含 G 的商域 F, 而由定理 10 可得 F 与 $\mathbf{Z}$ 的商域——有理数域 $\mathbf{Q}$ 同构, 所以第一个结论成立.

(2) 如果 E 的特征是素数 p, 这时 G 是 E 的子域, 且

$$\mathbf{Z}/\mathrm{Ker}\varphi \cong G.$$

但是 $\varphi(p)=pe=0$，则 $p\in\mathrm{Ker}\varphi$，于是 $\langle p\rangle\subseteq\mathrm{Ker}\varphi$. 又因 p 是素数，故 $\langle p\rangle$ 是极大理想. 另外，$\varphi(1)=e\neq0$，所以 $\mathrm{Ker}\varphi\neq\mathbf{Z}$. 故 $\mathrm{Ker}\varphi=\langle p\rangle$，因而

$$\mathbf{Z}/\langle p\rangle \cong G.$$

所以，有理数域 $\mathbf{Q}$ 和 $\mathbf{Z}/\langle p\rangle$ 都不含真子域.

定义 4　设 F 是域. 如果 F 没有真子域，则称域 F 为**素域**.

由定理 6 可知，一个素域或是与有理数域 $\mathbf{Q}$ 同构，或是与 $\mathbf{Z}_p$（p 为素数）同构. 于是有下面的定理：

定理 12　设 F 是域. 若 F 的特征是 ∞，那么 F 包含一个与有理数域 $\mathbf{Q}$ 同构的子域；若 F 的特征是素数 p，那么 F 包含一个与 $\mathbf{Z}_p$ 同构的素域.

推论　素域是最小的域.

定理 13　在同构的意义下，有理数域 $\mathbf{Q}$ 是特征为 ∞ 的域中最小的域.

证明　假设 F 是特征为 ∞ 的域，则 F 有单位元 e. 根据加法运算，可得域 F 中包含元素 $e,2e,3e,\cdots,ne,\cdots$. 由于域 F 的特征为 ∞，因此 $e,2e,3e,\cdots,ne,\cdots$ 都不为 0，并且都可逆. 从中任取两个元素 $ne,me\in F$，则 $\dfrac{ne}{me}=ne(me)^{-1}\in F$. 设 R 是 F 的子集，且

$$R=\left\{\frac{ne}{me}\in F\,\middle|\,n,m\in\mathbf{Z}\right\}.$$

下面我们验证 R 是 F 的子域.

当 $n=m=1$ 时，可得 $\dfrac{ne}{me}=\dfrac{e}{e}=ee^{-1}=e$，则 R 中含单位元 e.

又因 F 是域，则具有交换律，于是 R 为交换环. 要证 R 是域，根据定义 1，下面只需证 R 中的任意元素都可逆.

任取 $\dfrac{ne}{me}\in R$，都有 $\dfrac{me}{ne}\in R$，使得 $\dfrac{ne}{me}\cdot\dfrac{me}{ne}=\dfrac{me}{ne}\cdot\dfrac{ne}{me}=e$. 这说明，$R$ 中的任意元素可逆. 这样，R 是 F 的子域.

取映射

$$\varphi:\ R\rightarrow\mathbf{Q},$$
$$\frac{ne}{me}\mapsto\frac{n}{m}.$$

下面我们证明映射 φ 是同构映射. 首先，映射 φ 是双射，这是显然的. 其次，有

$$\varphi\left(\frac{n_1e}{m_1e}+\frac{n_2e}{m_2e}\right)=\varphi\left(\frac{n_1m_2e+m_1n_2e}{m_1m_2e}\right)=\varphi\left[\frac{(n_1m_2+m_1n_2)e}{m_1m_2e}\right]=\frac{n_1m_2+m_1n_2}{m_1m_2},$$

$$\varphi\left(\frac{n_1e}{m_1e}\right)+\varphi\left(\frac{n_2e}{m_2e}\right)=\frac{n_1}{m_1}+\frac{n_2}{m_2}=\frac{n_1m_2+m_1n_2}{m_1m_2}=\varphi\left(\frac{n_1e}{m_1e}+\frac{n_2e}{m_2e}\right),$$

$$\varphi\left(\frac{n_1 e}{m_1 e} \cdot \frac{n_2 e}{m_2 e}\right) = \varphi\left(\frac{n_1 e n_2 e}{m_1 m_2 ee}\right) = \varphi\left[\frac{(n_1 n_2)e}{(m_1 m_2)e}\right] = \frac{n_1 n_2}{m_1 m_2} = \varphi\left(\frac{n_1 e}{m_1 e}\right)\varphi\left(\frac{n_2 e}{m_2 e}\right).$$

所以映射 φ 是同构映射. 这样表明, 在同构的意义下, 有理数域 **Q** 是 F 的子域.

由 F 的任意性可得, 在特征为 ∞ 的域中, 有理数域 **Q** 是最小的域.

习 题 5.1

1. 设有限域 F 的特征为 p, 证明: $\varphi: a \rightarrow a^p$ (其中 $a \in F$) 是 F 上的自同构映射. 特别地, 对任意 $b \in F$, 有唯一的一个元素 $c \in F$, 使得 $c^p = b$.

2. (1) 求有理数域 **Q** 的全部子域;

(2) 求证 $\mathbf{Q}[\sqrt{2}] = \{a + b\sqrt{2} \mid a, b \in \mathbf{Q}\}$ 是实数域 **R** 的子域, 并求 $\mathbf{Q}[\sqrt{2}]$ 的全部子域.

3. 设 F 是一个有四个元素的域, 证明:

(1) F 的特征是 2;

(2) F 的非零元素或非单位元素都满足方程 $x^2 = x + e$ (e 为 F 的单位元).

§5.2 有 序 域

我们提过, 域是同时具有顺序关系和代数运算的集合, 域理论可以看做序理论的分支. 这个领域主要应用于计算机科学中, 特别是针对函数式编程语言, 用它来指定指称语义. 这一节就对联结着顺序关系和代数运算的有序域进行讨论.

定义 1 设非空集 M 中有一个二元关系 "$\geqslant$". 如果这个关系满足下列条件:

(1) 自反性: 对 $\forall a \in M$, 有 $a \geqslant a$;

(2) 对称性: 对 $\forall a, b \in M$, 若 $a \geqslant b, b \geqslant a$, 则 $a = b$;

(3) 传递性: 对 $\forall a, b, c \in M$, 若 $a \geqslant b, b \geqslant c$, 则 $a \geqslant c$,

那么称关系 "$\geqslant$" 为 M 上的**偏序**, 并称 $(M, \geqslant)$ 为**偏序集**.

定义 2 若 $(M, \geqslant)$ 是偏序集, 且对 $\forall a, b \in M$, 或有 $a \geqslant b$, 或有 $b \geqslant a$, 则称 $(M, \geqslant)$ 为**有序集**.

通常 $a \geqslant b$ 也记为 $b \leqslant a$, 且将 "$a \geqslant b$ 且 $a \neq b$" 记为 $a > b$ 或 $b < a$.

显然, 偏序集 M 为有序集当且仅当对 $\forall a, b \in M, a = b, a > b, b > a$ 三者有且仅有一个成立.

例如, 整数集 **Z**, 实数集 **R** 和有理数集 **Q** 都是有序集.

在域中, 正的元素, 负的元素以及元素的绝对值这几个概念, 是由顺序关系联结着的. 这些概念, 尤其是元素的顺序, 不可能仅用域的代数运算来定义. 虽然如此, 但正是由于代数运算的存在, 使我们能在域中引进顺序.

定义 3 设 F 是域, 对于 F 的元素定义一个性质, 叫做**正的**, 记为 > 0. 如果 F 满足性质:

（1）对于 F 中的每个元素 a，关系 $a=0,a>0,-a>0$ 有且仅有一个成立；

（2）对 $\forall a,b\in F$，若 $a>0,b>0$，则 $a+b>0,ab>0$，

那么称 F 为**有序域**.

若 $-a>0$，称 a 是**负**的，记为 $a<0$.

定理 1　若在有序域 F 中如下定义元素的顺序：

$$a>b \text{ 当且仅当 } a-b>0,$$

则 F 是有序集.

证明　对任意 $a,b\in F$，若 $a-b=0$，则 $a=b$；若 $a-b>0$，则 $a>b$；若 $-(a-b)>0$，则 $b>a$. 由定义 3 的（1）知，可见这三种关系恰有一种成立.

另外，若 $a>b,b>c$，则 $a-b>0,b-c>0$. 于是由定义 3 的（2）知

$$(a-b)+(b-c)>0, \quad \text{故} \quad a>c.$$

所以 F 是一个有序集.

定理 1 说明，为了在域中引进顺序，定义 3 中的（1）与（2）是足够的，而且条件（2）给出了域中的运算与顺序的通常联系.

定理 2　设 F 是有序域，则对任意 $a,b,c\in F$，有

（1）如果 $a>b$，那么 $a+c>b+c$；

（2）如果 $a>b$，且 $c>0$（或 $c<0$），那么 $ac>bc$（或 $ac<bc$）；

（3）单位元 $e>0$；

（4）当 $ab>0$ 时，$a>b$ 当且仅当 $a^{-1}<b^{-1}$；

（5）当 $bd>0$ 时，$\dfrac{a}{b}>\dfrac{c}{d}$ 当且仅当 $ad>bc$.

证明　（1）因 $a>b$，故 $a-b>0$，即 $(a+c)-(b+c)>0$，从而 $a+c>b+c$.

（2）因 $a>b,c>0$，故 $a-b>0,c>0$，$ac-bc=(a-b)c>0$，所以 $ac>bc$.

同理可证 $a>b,c<0$ 时，$ac<bc$.

（3）显然 $e\neq 0$. 假设 $e<0$，则对于 $a>0$，有 $a=ae<0$，矛盾. 所以 $e>0$.

（4）先证若 $a>0$，则 $a^{-1}>0$. 若不然，设 $a^{-1}<0$，由（2）知 $e=aa^{-1}<0$，矛盾. 故 $a^{-1}>0$.

这样，由 $ab>0$ 知 $(ab)^{-1}>0$. 若 $a>b$，有

$$b^{-1}-a^{-1}=a^{-1}b^{-1}(a-b)=(ab)^{-1}(a-b)>0,$$

故 $b^{-1}>a^{-1}$，即 $a^{-1}<b^{-1}$. 反之，若 $a^{-1}<b^{-1}$，则

$$a-b=ab(b^{-1}-a^{-1})>0, \quad \text{即} \quad a>b.$$

（5）由 $\dfrac{a}{b}>\dfrac{c}{d}$ 得 $\dfrac{a}{b}-\dfrac{c}{d}=\dfrac{ad-bc}{bd}>0$. 又因 $bd>0$，于是有

$$ad-bc=\left(\frac{ad-bc}{bd}\right)bd>0, \quad \text{即} \quad ad>bc.$$

反之,由 $ad>bc,bd>0$ 得 $ad-bc>0,(bd)^{-1}>0$,于是

$$(ad-bc)(bd)^{-1}=\frac{ad-bc}{bd}=\frac{a}{b}-\frac{c}{d}>0,\quad 即\quad \frac{a}{b}>\frac{c}{d}.$$

定理 3 设 F 是有序域,则对任意 $a,b,c\in F$,有

(1) 如果 $a>b,c>d$,那么 $a+c>b+d$;

(2) 如果 $a>b,c>d$,且 a,b,c,d 均为正(负)的,那么 $ac>bd$;

(3) 如果 $a<b,c>d$,且 a,b,c,d 均为正的,那么 $\frac{a}{c}<\frac{b}{d}$.

证明 (1) 若 $a>b,c>d$,由定理 2 知 $a+c>b+c,b+c>b+d$,于是得

$$a+c>b+d.$$

(2) 若 $a>b,c>0$,且 $c>d,b>0$,由定理 2 知 $ac>bc,bc>bd$,再由定理 1 知 $ac>bd$.当 a,b,c,d 均为负时,可同理证之.

(3) 由 $c>0$ 有 $c^{-1}>0$,又由 $a<b,c^{-1}>0$,根据定理 2 知 $ac^{-1}<bc^{-1}$.当 $c>d$ 且 $c>0,d>0$ 时,由定理 2 有 $c^{-1}<d^{-1}$,又 $b>0$,故 $bc^{-1}<bd^{-1}$.于是有

$$ac^{-1}<bd^{-1},\quad 即\quad \frac{a}{c}<\frac{b}{d}.$$

定义 4 域中的元素 a 的**绝对值** $|a|$ 是指元素 a 和 $-a$ 中非负的元素.

显然,$|0|=0$,且当 $a\neq 0$ 时,$|a|>0$.

定理 4 绝对值计算满足下列规则:

(1) $||a|-|b||\leqslant|a+b|\leqslant|a|+|b|$;

(2) $|ab|=|a||b|$;

(3) $a^2=(-a)^2=|a|^2\geqslant 0$,其中等号当且仅当 $a=0$ 时成立.

证明 (1) 先证 $|a+b|\leqslant|a|+|b|$.由 $-|a|\leqslant a\leqslant|a|$ 和 $-|b|\leqslant b\leqslant|b|$,将两式相加,再由定理 2 得

$$-|a|-|b|\leqslant a+b\leqslant|a|+|b|.$$

若 $a+b\leqslant 0$,则 $-(a+b)=|a+b|$,由不等式左边 $-|a|-|b|\leqslant a+b$ 可得 $-(a+b)\leqslant|a|+|b|$,即 $|a+b|\leqslant|a|+|b|$.若 $a+b\geqslant 0$,则 $a+b=|a+b|$,从而有 $|a+b|\leqslant|a|+|b|$.

再证 $||a|-|b||\leqslant|a+b|$.

当 $a\geqslant 0,b\geqslant 0$ 时,$||a|-|b||=|a-b|$,很明显有 $|a-b|<|a+b|$;

当 $a\geqslant 0,b<0$ 时,$||a|-|b||=|a+b|$,很明显有 $|a+b|=|a+b|$;

当 $a<0,b\geqslant 0$ 时,$||a|-|b||=|-a-b|=|a+b|$,很明显有 $|a+b|=|a+b|$;

当 $a<0,b<0$ 时,$||a|-|b||=|b-a|$,很明显有 $|b-a|<|a+b|$.

所以,对任何 a,b,都有 $||a|-|b||\leqslant|a+b|$.

(2),(3)显然成立.

由定理中的(3)可知,对于域中的元素 $a_1, a_2, \cdots, a_n$,有

$$a_1^2 + a_2^2 + \cdots + a_n^2 \geqslant 0,$$

其中等号当且仅当 $a_1 = a_2 = \cdots = a_n = 0$ 时成立.

显然 $n \cdot e = \overbrace{e + e + \cdots + e}^{n \uparrow} > 0$,因此不能有 $n \cdot e = 0$. 这就是说,有序域的特征数是 ∞.

于是有下述定理:

定理5 所有有序域都具有特征数 ∞.

一个有序域 F,实质上是指可以在域 F 上定义一个偏序"$\geqslant$",使得 $(F, \geqslant)$ 构成有序集. 类似地,我们可以在交换环 R 上定义一个偏序"$\geqslant$",使得 $(R, \geqslant)$ 为有序集,这时称 R 为有序环.

定理6 若 R 是有序环,F 是 R 的商域,那么 F 可以按一种方法且仅有一种方法定义为有序域,使得 R 中的元素在其中保持原来的顺序.

证明 因为 F 是 R 的商域,所以 F 中的每个元素 a 都具有形式

$$a = \frac{b}{c} \quad (b, c \in R, c \neq 0).$$

规定:$\dfrac{b}{c} > 0$ 当且仅当 $bc > 0$. 下面证明这样的规定满足定义3的两个条件:

(1) 由于 R 是有序环,故关系 $bc = 0, bc > 0, bc < 0$ 恰有一种成立,因而 $\dfrac{b}{c} = 0, \dfrac{b}{c} > 0, \dfrac{b}{c} < 0$ 有且仅有一种成立.

(2) 若 $a_1 = \dfrac{b_1}{c_1} > 0, a_2 = \dfrac{b_2}{c_2} > 0$,则 $b_1 c_1 > 0, b_2 c_2 > 0$,因而

$$(b_1 c_2 + b_2 c_1) c_1 c_2 = (b_1 c_1) c_2^2 + (b_2 c_2) c_1^2 > 0, \quad \text{故} \quad a_1 + a_2 = \frac{b_1 c_2 + b_2 c_1}{c_1 c_2} > 0.$$

又 $(b_1 b_2)(c_1 c_2) = (b_1 c_1)(b_2 c_2) > 0$,故

$$a_1 a_2 = \frac{b_1 b_2}{c_1 c_2} > 0.$$

所以 F 是一个有序域. 显然 R 中的元素在 F 中保持原来的顺序.

假设 F 已按要求的方式定义为有序域,于是对 F 中的任一元素 $a = \dfrac{b}{c}$,下列三种关系有且仅有一种成立:$\dfrac{b}{c} = 0, \dfrac{b}{c} > 0, -\dfrac{b}{c} > 0$,即 $bc^{-1} = 0, bc^{-1} > 0, -bc^{-1} > 0$ 有且仅有一种成立. 因此,F 的可能的序由 R 的序唯一确定.

推论 有理数域 $\mathbf{Q}$ 的序只能按一种方式定义.

证明 因为整数环 $\mathbf{Z}$ 只有一种方式定义序,即通常的数的大小顺序,而 $\mathbf{Q}$ 是 $\mathbf{Z}$ 的商域,故有理数域 $\mathbf{Q}$ 的序只能按一种方式定义.

于是有下面的结论:

定理 7 有理数域 **Q** 是最小的有序域.

定义 5 有序环(域)R 称为 **Archimedes 有序环(域)**,如果它具有 Archimedes 公理:对于 $\forall a,b\in R$,且 $b>0$,存在自然数 n,使得 $nb>a$.

我们熟悉的整数环 **Z**,有理数域 **Q** 和实数域 **R** 都是 Archimedes 有序的. 但也存在非 Archimedes 有序环. 例如,设 **Q**$[x]$ 是有理数域 **Q** 上的一元多项式环,任取

$$f(x)=a_n x^n+a_{n-1}x^{n-1}+\cdots+a_1 x+a_0\in \mathbf{Q}[x].$$

规定 $f(x)>0$ 当且仅当 $a_n>0$,则 **Q**$[x]$ 构成一个有序环. 考查 $x,1\in\mathbf{Q}[x],1>0$. 对于任意自然数 n,均有 $x-n\cdot 1>0$,即 $n\cdot 1<x$,故 **Q**$[x]$ 是非 Archimedes 有序的.

有序环元素之间顺序的性质可以由于元素顺序的某种稠密性而不同. 为了精确地描述这些顺序的性质,给出如下定义:

定义 6 有序环(域)R 称为**分离**的,如果对 $\forall a\in R$,存在着与 a 紧挨着的后面一个元素 $b\in R$,以及与 a 紧挨着的前面一个元素 $c\in R$(即 a 与 b 之间,a 与 c 之间都不存在 R 中的元素);有序环 R 称为**稠密**的,如果对 R 中的任意两个不同元素 a,b,在 a 与 b 之间存在着一个元素 $c\in R$,使得 $a<c<b$ 或 $b<c<a$.

定理 8 有序环 R 是分离的当且仅当它的正元素集有最先元;有序环 R 是稠密的,当且仅当它的正元素集无最先元. 因此,任一有序环或是分离的,或是稠密的.

证明 首先,由 $a<b$ 有 $-a>-b$.

若 R 的正元素集中有最先元 b,则负元素集中有最后元 $-b$. 这是因为,若有 $c\in R$,使得 $-b<c<0$,则 $b>-c>0$,与 b 是正元素集的最先元矛盾. 现在对 $\forall a\in R$,由 $-b<0<b$ 有

$$a-b<a<a+b,$$

且 $a-b$ 与 $a+b$ 是紧挨着 a 的两个元素. 因为,若有 $a<c<a+b$,则 $0<c-a<b$,与 b 是正元素集的最先元矛盾. 故 R 是分离的.

设 R 的正元素集无最先元. 对 $\forall a,b\in R$,不妨 $a<b$,则有 $0<b-a$,因而存在正元素 c,使得 $0<c<b-a$. 由此可得 $a<c+a<b$,故 R 是稠密的.

由于分离性和稠密性是互相排斥的,而上面被证明的两个论断的前提包括了所有可能性,故逆命题也正确.

例如,整数环 **Z** 是分离的,有理数域 **Q** 是稠密的.

习 题 5.2

1. 证明复数域不是有序域,进而说明,复数自然不能像实数那样比较大小.
2. 证明定理 7.

<h1 style="text-align:center">§5.3　扩　　域</h1>

一、扩域的概念

扩域是相对于子域而提出的概念. 在 §5.1 中, 我们介绍了子域的概念: 域 F 的子集 S 在 F 的运算之下构成域, 则称 S 为 F 的子域. 这时也称 F 为 S 的扩域.

定义 1　令 E 是域, $F \subset E$. 若 F 在 E 的运算下也成为域, 则称 E 为 F 的**扩域**.

显然若 E 是域 F 的扩域, 则 F 是 E 的子域.

例如, 复数域 $\mathbf{C}$ 是实数域 $\mathbf{R}$ 的扩域, 复数域 $\mathbf{C}$ 和实数域 $\mathbf{R}$ 都是有理数域 $\mathbf{Q}$ 的扩域. 在同构意义下, 由于素域是最小的域, 则任何域都是素域的扩域.

扩域的用处常常表现在: 域 F 中的某些数学问题只在 F 中考虑不能解决, 或是不能简单地得到解决, 而在其扩域中考虑就容易解决.

例 1　对有理数域 $\mathbf{Q}$ 上的矩阵 $\boldsymbol{A} = \begin{pmatrix} 1 & 5 \\ 1 & 1 \end{pmatrix}$, 求 $\boldsymbol{A}^k$ 的迹.

解　如果想先求出 $\boldsymbol{A}^k$, 再求出它的迹, 这将是很难的. 但是, 如果我们先把 $\boldsymbol{A}^k$ 的特征值求出来, 立即就能求出它的迹. 我们知道 $\boldsymbol{A}^k$ 的特征值是 $\boldsymbol{A}$ 的特征值的 k 次幂. 而

$$|\lambda \boldsymbol{I} - \boldsymbol{A}| = \begin{vmatrix} \lambda-1 & 5 \\ 1 & \lambda-1 \end{vmatrix} = (\lambda-1)^2 - 5 = (\lambda-1+\sqrt{5})(\lambda-1-\sqrt{5}),$$

所以在 $\mathbf{Q}$ 中是算不出 $\boldsymbol{A}$ 的特征值的. 在实数域 $\mathbf{R}$ 中, $\boldsymbol{A}$ 的两个特征值是 $1 \pm \sqrt{5}$, 而 $\boldsymbol{A}^k$ 的两个特征值是 $(1+\sqrt{5})^k$ 及 $(1-\sqrt{5})^k$, 于是

$$\mathrm{tr}(\boldsymbol{A}^k) = (1+\sqrt{5})^k + (1-\sqrt{5})^k.$$

上面这个例子表明: 对某些即使在子域中有解答的数学问题, 要求出这个解答, 比较简单的方法却是在它的扩域中进行的. 这是引进扩域的一个好处.

二、单纯扩域

先来考查下述问题: 设 E 是域 F 的扩域, 任取 $a \in E$, 那么用 F 中的元素及 a 尽可能多次地进行加、减、乘、除运算, 能做出一个什么样的集合? 记这个集合为 $F(a)$, 可证

$$F(a) = \left\{ \frac{f_1(a)}{f_2(a)} \,\middle|\, f_1(x), f_2(x) \in F[x], f_2(a) \neq 0 \right\}, \tag{5.3}$$

其中 $F[x]$ 是 F 上的所有多项式组成的集合.

事实上, 每个 $\dfrac{f_1(a)}{f_2(a)}$ 均可由 F 中的元素和 a 经多次加、减、乘、除运算来得到, 故得

(5.3)式的右端⊆(5.3)式的左端.

反之,用 F 中的元素和 a 经多次加、减、乘(没有除)运算其结果必是 $f(a)$($f(x)\in$ $F[x]$),再做一次除法就是(5.3)式右端的形式的元素,而(5.3)式右端中的元素再进行加、减、乘、除运算,其结果仍为这种形式,故(5.3)式的左端⊆(5.3)式的右端,从而(5.3)式成立.

把一个元素 a 推广到 E 中的一个子集 S,可以得到如下结果:

定理 1　设 E 是域 F 的扩张域,S 是 E 的子集.令

$$F(S)=\left\{\frac{f_1(a_1,\cdots,a_k)}{f_2(a_1,\cdots,a_k)}\,\Big|\,a_1,\cdots,a_k\in S,f_i(x_1,\cdots,x_k)\in F[x_1,\cdots,x_k],\right.$$

$$\left.\text{其中 }i=1,2,f_2(x_1,\cdots,x_k)\neq0\right\},$$

则 $F(S)$ 是用 F 中的元素和 S 中的元素尽可能多次地进行加、减、乘、除运算所得到的元素组成的集合,它是 E 的子域,且是 E 的包含 F 及 S 的最小子域.

证明　用对 $F(a)$ 类似的讨论知,$F(S)$ 是用 F 中的元素和 S 中的元素尽可能多次地进行加、减、乘、除运算所得到的元素组成的集合.由于 $F(S)$ 对加、减、乘、除运算都封闭,故 $F(S)$ 是 E 的子域.

又对 E 的任一子域 K,若它包含 F 及 S,则它包含由 F 及 S 中的元素尽可能多次的经加、减、乘、除运算后所得到的元素的集合 $F(S)$.故 $F(S)$ 是 E 的包含 F 及 S 的最小子域.

定理 2　设 E 是域 F 的扩域,S_1,S_2 是 E 的子集,则 $F(S_1)(S_2)=F(S_1\bigcup S_2)$.

证明　由 $F(S_1)(S_2)$ 的定义知 $F,S_1,S_2\subseteq F(S_1)(S_2)$,故由定理 1 有

$$F(S_1\bigcup S_2)\subseteq F(S_1)(S_2).$$

又 $F(S_1\bigcup S_2)$ 包含 $F(S_1)$ 及 S_2,仍由定理 1 有

$$F(S_1)(S_2)\subseteq F(S_1\bigcup S_2).$$

这就证明了结论.

定义 2　设 E 是域 F 的扩域,S 是 E 的子集,称 $F(S)$ 为 F 上添加 S 得到的 E 的子域.当 $S=\{a_1,a_2,\cdots,a_n\}$ 时,记 $F(S)=F(a_1,a_2,\cdots,a_n)$.当 $E=F(a)$ 时,称 E 为 F 的一个**单纯扩域**.

例如,复数域 $\mathbf{C}$ 是实数域 $\mathbf{R}$ 添加一个复数 i 而成的,所以复数域 $\mathbf{C}=\mathbf{R}(\mathrm{i})$.

定义 3　设 E 是域 F 的扩域,α 是 E 中的元素.如果存在 F 中的不全为零的元素 $a_0,a_1,\cdots,a_n$,使得

$$a_0+a_1\alpha+a_2\alpha^2+\cdots+a_n\alpha^n=0,$$

则称 α 为 F 上的**代数元**;假如这样的 $a_0,a_1,\cdots,a_n$ 不存在,则称 α 为 F 上的**超越元**.当 α 是 F 上的代数元时,$F(\alpha)$ 就叫做 F 的**单代数扩域**;当 α 是 F 上的超越元时,$F(\alpha)$ 就叫做 F 的**单超越扩域**.

例如,$\sqrt{2}$,$\sqrt[5]{2}$ 均为 $\mathbf{Q}$ 上的代数元,π,e 均为 $\mathbf{Q}$ 上超越元.

定理 3　设 F 是域,E 是 F 的单纯扩域,$E=F(\alpha)$,那么,或者 E 同构于 $F[x]$ 的商域,或者存在 F 上的不可约多项式 $p(x)$,使得

$$F(x)\cong F[x]/\langle p(x)\rangle.$$

证明　由于 $E=F(\alpha)$,E 是 F 的单纯扩域,则 E 包含 F 上的 α 的多项式环

$$F[\alpha]=\Big\{\sum_k a_k\alpha^k\,|\,a_k\in F\Big\}.$$

给定一个映射

$$\varphi:\quad F[x]\ \rightarrow F[\alpha],$$
$$\sum_k a_k x^k\mapsto\sum_k a_k\alpha^k,$$

那么,对任意 $k,l\ (l<k)$,有

$$\varphi\Big(\sum_k a_k x^k+\sum_l b_l x^l\Big)=\varphi\Big[\sum_k(a_k+b_k)x^k\Big]=\sum_k(a_k+b_k)\alpha^k$$
$$=\sum_k a_k\alpha^k+\sum_l b_l\alpha^l=\varphi\Big(\sum_k a_k x^k\Big)+\varphi\Big(\sum_l b_l x^l\Big),$$
$$\varphi\Big(\sum_k a_k x^k\cdot\sum_l b_l x^l\Big)=\varphi\Big[\sum_s\Big(\sum_{i+j=s}a_i b_j\Big)x^s\Big]=\sum_s\Big(\sum_{i+j=s}a_i b_j\Big)\alpha^s$$
$$=\sum_k a_k\alpha^k\cdot\sum_l b_l\alpha^l=\varphi\Big(\sum_k a_k x^k\Big)\cdot\varphi\Big(\sum_l b_l x^l\Big),$$

其中 $b_{l+1}=0,b_{l+2}=0,\cdots,b_k=0$. 于是,映射 φ 是 F 上的多项式环 $F[x]$ 到 $F[\alpha]$ 的同态满射.

由于元素 α 或者是 F 上的代数元,或者是 F 上的超越元,下面我们分两种情形来讨论:

情形 1:若 α 是 F 上的超越元,这时映射 φ 是同构映射,则有

$$F[\alpha]\cong F[x].$$

由 §5.1 的定理 10 可得 $F[\alpha]$ 的商域 $\cong F[x]$ 的商域. 又由 §5.1 的定理 9 可知

$$F[x]\text{ 的商域}\subseteq F(\alpha).$$

另外,$F[\alpha]$ 的商域包含 F,也包含 α,因此由 $F(\alpha)$ 的定义可得

$$F(\alpha)\subseteq F[x]\text{ 的商域}.$$

故 $F(\alpha)\cong F[x]$ 的商域.

情形 2:若 α 是 F 上的代数元,这时有

$$F[\alpha]\cong F[x]/\text{Ker}\varphi.$$

由于 $F[x]$ 是主理想整环,所以 $\text{Ker}\varphi=\langle p(x)\rangle$,其中 $p(x)\in F[x]$. 这样,$F[x]$ 的主理想的两个生成元能够互相整除,因而它们只能相差一个单位元因子,而 $F[x]$ 的单位元就是 F 的非零元素. 所以,令 $p(x)$ 的最高次数项系数是 1,$p(x)$ 就是唯一确定的. 由 $\text{Ker}\varphi$ 的定义可得 $p(\alpha)=0$. 由此得 $p(x)$ 不是 F 的非零元素,但 α 是 F 上的代数元,所以 $p(x)$ 也不是零多项

式.因此 $\deg(p(x)) \geqslant 1$.

我们可以断定,$p(x)$是不可约多项式.如果$p(x)$是可约多项式,则有$p(x)=g(x)h(x)$,其中 $\deg(g(x)) < \deg(p(x))$,$\deg(h(x)) < \deg(p(x))$,从而有

$$p(\alpha)=g(\alpha)h(\alpha)=0.$$

但$g(\alpha),h(\alpha)$都是域$F(\alpha)$的元,而域没有零因子,所以由上式可得

$$g(\alpha)=0 \quad \text{或} \quad h(\alpha)=0.$$

这样,$g(x) \in \mathrm{Ker}\varphi, h(x) \in \mathrm{Ker}\varphi$,故

$$p(x)|g(x) \quad \text{或} \quad p(x)|h(x).$$

显然矛盾.假设不成立,$p(x)$应是不可约多项式,因而$\langle p(x)\rangle$是$F[x]$的极大理想,而$F[x]/\langle p(x)\rangle$是域.这样,由$F[\alpha] \cong F[x]/\langle p(x)\rangle$,则$F[\alpha]$是域.但$F[\alpha]$包含$F$,也包含$\alpha$,并且 $F[\alpha] \subseteq F(\alpha)$,所以

$$F(\alpha)=F[\alpha] \cong F[x]/\langle p(x)\rangle.$$

这个命题告诉我们,给定了域F,它上的单纯扩域只有两种.那么,这两种之间的差别是怎样造成的呢?关键是映射

$$\varphi: f(x) \mapsto f(a)$$

的核 $\mathrm{Ker}\varphi$. $\mathrm{Ker}\varphi = \{0\}$意味着,对任意非零多项式$f(x)$都有$f(a) \neq 0$. $\mathrm{Ker}\varphi = \langle p(x)\rangle$意味着,存在$F$上的不可约多项式$p(x)$,使得

(1) $p(a)=0$;

(2) 对$\forall g(x) \in F[x]$,若$g(a)=0$,则$g(x) \in \langle p(x)\rangle$.

定理 4 设E是域F的扩域.如果$a \in E$是F上的代数元,则必存在F上的不可约多项式$p(x)$,使得

(1) $p(a)=0$;

(2) 对$\forall f(x) \in F[x]$,只要$f(a)=0$,则$f(x) \in \langle p(x)\rangle$,即 $p(x)|f(x)$.

证明 若a是F上的代数元,设$g(x) \in F[x]$,$g(x) \neq 0$且$g(a)=0$.这说明a不是F上的超越元.由定理3的证明可看出

$$\varphi: f(x) \mapsto f(a), \quad f(x) \in F[x],$$

$\mathrm{Ker}\varphi \neq \{0\}$.那么,必有不可约多项式$p(x)$,使得

$$\mathrm{Ker}\varphi = \langle p(x)\rangle.$$

它等价于$p(x)$满足(1)和(2).

定义 4 设F是域,E是F的扩域.如果E中的每一个元素都是F上的代数元,那么E称为F的**代数扩域**.

设E是域F的扩域,E有加法,又有乘法,把F对E的乘法看成域F对E数量乘积,则E自然地成为F上的线性空间(关于线性空间的其他运算规则是自然成立的).

定义 5 设 E 是域 F 的扩域. 以 $[E:F]$ 表示 E 作为 F 上的线性空间的维数, 称为 E 对 F 的**扩张次数**. 若 $[E:F]=\infty$, 则称 E 为 F 的**无限次扩域**; 若 $[E:F]=n$, 则称 E 为 F 的 n **次扩域**.

定理 5 设 H,E 均是域 F 的扩域, $H \subset E$, 则 $[E:F]=[E:H][H:F]$.

证明 先假定 $[E:H]=n$, $[H:F]=m$. 设 $e_1,e_2,\cdots,e_n$ 是 E 作为 H 上的线性空间的一组基, $h_1,h_2,\cdots,h_m$ 是 H 作为 F 上的线性空间的一组基, 则 E 中的任意元素 a 可表示为

$$a=\sum_{i=1}^{n} l_i e_i \quad (l_i \in H, i=1,2,\cdots,n),$$

而 l_i 可表示为

$$l_i=\sum_{j=1}^{m} f_{ij}h_j \quad (f_{ij} \in F, r=1,2,\cdots,n; j=1,2,\cdots,m),$$

从而

$$a=\sum_{i=1}^{n} l_i e_i=\sum_{i=1}^{n}\left(\sum_{j=1}^{m} f_{ij}h_j\right)e_i=\sum_{i=1}^{n}\sum_{j=1}^{m} f_{ij}e_i h_j,$$

它是 $\{e_i h_i \mid i=1,2,\cdots,n; j=1,2,\cdots,m\}$ 的线性组合, 系数在 F 上. 我们要证明它是 E 作为 F 上的线性空间的一组基, 这只要证明 $\{e_i h_j \mid i=1,\cdots,n; j=1,\cdots,m\}$ 在 F 上是线性无关的.

设有

$$\sum_{i=1}^{n}\sum_{j=1}^{m} l_{ij}e_i h_j=0 \quad (l_{ij} \in F, i=1,\cdots,n; j=1,\cdots,m),$$

于是 $\sum_{j=1}^{m} l_{ij}h_j \in H \ (i=1,2,\cdots,n)$, 从而得 H 上的一个线性关系

$$\sum_{i=1}^{n}\left(\sum_{j=1}^{m} l_{ij}h_j\right)e_i=0.$$

但 $e_1,e_2,\cdots,e_n$ 在 H 上是线性无关的, 故

$$\sum_{j=1}^{m} l_{ij}h_j=0 \quad (i=1,2,\cdots,n).$$

又由于 $l_{ij} \in F(i=1,2,\cdots,n; j=1,2,\cdots,m)$ 及 $h_1,h_2,\cdots,h_m$ 在 F 上是线性无关的, 故

$$l_{ij}=0 \quad (i=1,2,\cdots,n; j=1,2,\cdots,m).$$

所以 $\{e_i h_j \mid i=1,2,\cdots,n; j=1,2,\cdots,m\}$ 在 F 上线性无关, 因而是 E 作为 F 上的线性空间的基. 这就证明了 $[E:F]=mn=[E:H][H:F]$.

现假定 $[E:H]$, $[H:F]$ 中有一个为 ∞, 不妨设 $[H:F]=\infty$, 则对任意正整数 m, H 中有 m 个在 F 上线性无关的元素 $h_1,h_2,\cdots,h_m$. 由 $H \subset E$, 这也是 E 中 m 个在 F 上线性无关的元素, 于是 E 对 F 的维数大于任意正整数 m, 因此 $[E:F]=\infty=[E:H][H:F]$.

推论 设 H,E 均为域 F 的扩域, $H \subset E$. 若 H,E 均是有限次扩域, 则有 $[H:F] \mid [E:F]$.

下面的定理给出了单纯扩域的构造及单纯扩域的扩张次数.

定理 6 设 E 是域 F 的扩域,则 $a \in E$ 是 F 上的代数元当且仅当存在 F 上的不可约多项式 $f(x)$ 以 a 为根,并且这样的 $f(x)$ 是 F 上以 a 为根的最低次多项式. 设 $\deg(f(x)) = n$,则 $[F(a):F] = n$,且 $1, a, \cdots, a^n$ 是 $F(a)$ 作为 F 上的线性空间的基. 若 $a \in E$ 是 F 上的超越元,则 $[F(a):F] = \infty$.

证明 设 $a \in E$ 是 F 上的代数元,则有 $p(x) \in F[x]$,使得 $p(a) = 0$. 将 $p(x)$ 分解成 $F[x]$ 中不可约多项式的乘积:
$$p(x) = p_1(x) p_2(x) \cdots p_s(x),$$
其中 $p_1(x), p_2(x), \cdots, p_s(x)$ 为 $F[x]$ 中的不可约多项式,则
$$p(a) = p_1(a) p_2(a) \cdots p_s(a) = 0.$$
由于 E 中无零因子,故必有某个 i,使得 $p_i(a) = 0$. 这个 $p_i(x)$ 即为定理中所要的不可约多项式 $f(x)$.

反之,若存在 F 上的不可约多项式以 a 为根,当然 a 是 F 上的代数元.

又设 $m(x)$ 是 F 上满足 $m(a) = 0$ 的多项式. 作除法算式
$$m(x) = q(x) f(x) + r(x),$$
其中 $r(x)$ 或为零,或 $\deg(r(x)) < \deg(f(x))$. 代入 a,由 $f(a) = m(a) = 0$ 知 $r(a) = 0$. 若 $r(x) \neq 0, \deg(r(x)) < \deg(f(x))$,由 $f(x)$ 不可约得 $r(x), f(x)$ 互素,故有 F 上的多项式 $u(x), v(x)$,使得 $u(x) f(x) + v(x) r(x) = 1$. 再代入 a,则左端为零,右端为 1,矛盾. 故 $r(x) = 0$.

以上证明了 F 上任何以 a 为根的多项式 $m(x)$ 都是 $f(x)$ 的倍数. 因此 $f(x)$ 是 F 上最低次的以 a 为根的多项式.

再来看
$$F(a) = \left\{ \frac{f_1(a)}{f_2(a)} \,\middle|\, f_1(x), f_2(x) \in F(x), f_2(a) \neq 0 \right\}.$$

我们能进一步简化这个集合的结构. 首先,对任何 $f_2(x)$,若 $f_2(a) \neq 0$,则显然 $f(x) \nmid f_2(x)$. 又 $f(x)$ 不可约,得 $f_2(x), f(x)$ 互素,于是有 $u(x), v(x) \in F[x]$,使得
$$u(x) f(x) + v(x) f_2(x) = 1.$$

将 a 代入,由 $f(a) = 0$ 得到 $v(a) f_2(a) = 1$. 但是 $f_2(a) \neq 0$,故 $v(a) = \dfrac{1}{f_2(a)}$. 这样 $F(a)$ 中的任一元素 $\dfrac{f_1(a)}{f_2(a)}$ 必有形式 $f_1(a) v(a)$,它是以 F 中的元素为系数的 a 的多项式. 令 $M(x) = f_1(x) v(x) \in F[x]$,作除法算式
$$M(x) = q(x) f(x) + r(x),$$
可知
$$r(x) = a_0 \cdot e + a_1 \cdot x + \cdots + a_{n-1} \cdot x^{n-1} \quad (a_i \in F, i = 0, 1, \cdots, n-1),$$

于是
$$M(a) = a_0 \cdot e + a_1 \cdot a + \cdots + a_{n-1} \cdot a^{n-1}.$$
这就说明 $F(a)$ 中的任一元素是 $e, a, \cdots, a^{n-1}$ 在 F 上的线性组合.

下面再证 $e, a, \cdots, a^{n-1}$ 在 F 上是线性无关的. 设有 $a_0, a_1, \cdots, a_{n-1} \in F$, 使得
$$a_0 \cdot e + a_1 \cdot a + \cdots + a_{n-1} \cdot a^{n-1} = 0.$$
令 $r(x) = a_0 + a_1 x + \cdots + a_{n-1} x^{n-1} \in F[x]$, 则 $r(a) = 0$. 上面已证 $f(x)$ 是以 a 为根的 F 上的最低次多项式, 其次数为 n. 而 $r(x)$ 以 a 为根, 若 $r(x)$ 不为 0, 则次数 $\leqslant n-1$, 与 $f(x)$ 的次数最低矛盾. 故 $r(x) = 0$, 于是 $a_0, a_1, \cdots, a_{n-1}$ 全为 0. 因此 $e, a, \cdots, a^{n-1}$ 在 F 上线性无关. 这样我们就证明了 $F(a)$ 作为 F 上的线性空间以 $e, a, \cdots, a^{n-1}$ 为一组基, 当然有 $[F(a) : F] = n$.

当 a 为 F 上的超越元时, 对任意 n, 若有 $a_0, a_1, \cdots, a_{n-1} \in F$, 使得
$$a_0 \cdot e + a_1 \cdot a + \cdots + a_{n-1} \cdot a^{n-1} = 0,$$
即有 F 上的多项式 $a_0 + a_1 x + \cdots + a_{n-1} x^{n-1}$ 以 a 为根, 这只能是零多项式, 即有 $a_0 = a_1 = \cdots = a_{n-1} = 0$. 故对任意 $n, e, a, \cdots, a^{n-1}$ 在 F 上线性无关, 从而 $F(a)$ 中有任意多个在 F 上线性无关的元素, 即 $[F(a) : F] = \infty$.

推论　设 E 为域 F 的扩域, $a \in E$ 为 F 上的代数元, 则 F 上以 a 为根的不可约多项式就是 a 的极小多项式, 且 F 上任意以 a 为根的多项式以这个极小多项式为其因式, 于是最多差一个倍数, 极小多项式是唯一的(使得 $f(a) = 0$ 的首项系数为 1 且次数最低的多项式 $f(x)$ 称为 a 的极小多项式).

三、分裂域

定义 6　设 F 是域, $f(x)$ 是 F 上的一个 n 次多项式. F 的扩域 E 称为 $f(x)$ 的**分裂域**, 如果满足条件:

(1) $f(x)$ 作为 E 上的多项式(因为 $F \subseteq E$)可以分解为一次多项式之积:
$$f(x) = a(x - a_1) \cdots (x - a_n), \quad a_i \in E;$$

(2) 对于 F 的任意扩域 $G, F \subseteq G \subseteq E$, 只要 $G \neq E$, 则 $f(x)$ 在 G 上不能有如上的一次多项式乘积分解形式.

例 2　证明: 有理数域 $\mathbf{Q}$ 上的多项式 $x^2 + 1$ 有分裂域, 但复数域 $\mathbf{C}$ 不是有理数域 $\mathbf{Q}$ 上多项式 $x^2 + 1$ 的分裂域.

证明　考虑复数域 $\mathbf{C}$ 的子域 $\mathbf{Q}(\mathrm{i})$. $x^2 + 1$ 作为 $\mathbf{Q}(\mathrm{i})$ 上的多项式有
$$x^2 + 1 = (x + \mathrm{i})(x - \mathrm{i}), \quad 1, \mathrm{i}, -\mathrm{i} \in \mathbf{Q}(\mathrm{i}).$$
而 $\mathbf{Q}(\mathrm{i})$ 是复数域 $\mathbf{C}$ 的真子域, 故复数域 $\mathbf{C}$ 不是有理数域 $\mathbf{Q}$ 上多项式 $x^2 + 1$ 的分裂域.

进一步, 如果有 $\mathbf{Q}(\mathrm{i})$ 的子域 $G \supseteq \mathbf{Q}$, 且在 G 上 $x^2 + 1$ 可分解为一次多项式之积, 在不考虑相伴的情况下, 可设

$$x^2+1=(x-g)(x-h), \quad g,h\in G.$$

由于 $G\subseteq \mathbf{Q}(\mathrm{i})$,此等式也是 $\mathbf{Q}(\mathrm{i})[x]$ 上的分解,但

$$x^2+1=(x-g)(x-h)=(x-\mathrm{i})(x+\mathrm{i}), \quad g,h,\mathrm{i}\in\mathbf{Q}(\mathrm{i})$$

成立.再由分解唯一性,立刻可得到

$$g=\pm\mathrm{i}, \quad h=\pm\mathrm{i}.$$

进而,由 $g=\pm\mathrm{i}$ 可推出 $\mathbf{Q}(\mathrm{i})\subseteq G$.所以 $\mathbf{Q}(\mathrm{i})$ 是有理数域 $\mathbf{Q}$ 上多项式 x^2+1 的分裂域.

这个例子说明,域上多项式的分裂域不仅依赖于多项式,还依赖于域.

习 题 5.3

1. 设 $d\neq 0,1$,且是无平方因子的整数,证明:$[\mathbf{Q}(\sqrt{d}):\mathbf{Q}]=2$.

2. $\mathbf{Q}(x)$ 为 $\mathbf{Q}[x]$ 的分裂域,当然是 $\mathbf{Q}$ 的扩域.试求 $[\mathbf{Q}(x):\mathbf{Q}]$.

3. (1) 设 $K=\mathbf{Q}(\sqrt{2},\sqrt{3})$,试求 $[K:\mathbf{Q}]$;

(2) 证明:$\mathbf{Q}(\sqrt{2},\sqrt{3})=\mathbf{Q}(\sqrt{2}+\sqrt{3})$.

4. 设 K 是域 F 的有限次扩域,$[K:F]=p$,其中 p 是素数,证明:K 必为 F 的单纯扩域.

5. 复数 i 和 $\dfrac{2\mathrm{i}+1}{\mathrm{i}-1}$ 在有理数域 $\mathbf{Q}$ 上的极小多项式各是什么?$\mathbf{Q}(\mathrm{i})$ 和 $\mathbf{Q}\left(\dfrac{2\mathrm{i}+1}{\mathrm{i}-1}\right)$ 是否同构?

6. 证明:(1) $\mathbf{Q}[x]/\langle x^2+1\rangle$ 和高斯数域 $\mathbf{Q}[\mathrm{i}]$ 同构;

(2) $\mathbf{R}[x]/\langle x^2+1\rangle$ 和复数域 $\mathbf{C}$ 同构.

7. 求 $\sqrt{2}+\sqrt{3}$ 在有理数域 $\mathbf{Q}$ 上的极小多项式.

8. 设 $\mathbf{Q}$ 是有理数域,求 $[\mathbf{Q}(\sqrt[3]{2},\sqrt[4]{5}):\mathbf{Q}]$.

9. 设 E 是域 F 的扩域.如果 $a,b\in E$ 都是 F 上的代数元,证明:$a+b,a-b,ab$ 都是 F 上的代数元;当 $b\neq 0$ 时,ab^{-1} 也是域 F 上的代数元.

10. 证明:复数域 $\mathbf{C}$ 是实数域 $\mathbf{R}$ 上的多项式 x^2+1 的分裂域.

参 考 文 献

[1] 石生明. 近世代数初步. 第二版. 北京：高等教育出版社,2006.

[2] 丘维声. 抽象代数基础. 北京：高等教育出版社,2003.

[3] 盛德成. 抽象代数. 北京：科学出版社,2003.

[4] 刘绍学. 近世代数基础. 北京：高等教育出版社,2002.

[5] 韩士安,林磊. 近世代数. 北京：科学出版社,2009.

[6] 姚慕生. 抽象代数学. 第二版. 上海：复旦大学出版社,2005.

[7] 赵春来,徐明曜. 抽象代数 I. 北京：北京大学出版社,2007.

[8] 张禾瑞. 近世代数初步. 北京：高等教育出版社,1978.

[9] 牛凤文. 抽象代数. 第二版. 武汉：武汉大学出版社,2008.

[10] 胡冠章,王殿军. 应用近世代数. 第 3 版. 北京：清华大学出版社,2008.

[11] Joseph Rotman J. 抽象代数基础教程. 李样明,冯明军,译. 北京：机械工业出版社, 2008.

[12] Nathan Jacobson. Lectures in Abstract Algebra(1-3). 北京：Springer-Verlag 世界图书出版公司,2000.

[13] 聂灵沼,丁石孙. 代数学引论. 第二版. 北京：高等教育出版社,2000.

[14] Sheldon Axier. 线性代数应该这样学. 第 2 版. 杜现昆,马晶,译. 北京：人民邮电出版社,2010.

名 词 索 引

习题答案与提示

习　题　2.1

1. $M \cup N = \{a,c,d,e,f,g,h\}$，$M \cap N = \{a,e\}$，$M \backslash N = \{a,c,h\}$，$N \backslash M = \{d,f,g\}$，$M' = \{b,d,f,g\}$，$N' = \{b,c,h\}$，$M' \cup N' = \{b,c,d,f,g,h\}$，$M' \cap N' = \{b\}$.

2. $A \subseteq A \cup B = A \cap B \subseteq B$，$B \subseteq A \cup B = A \cap B \subseteq A$，所以 $A = B$.

3. $2^A = \{\varnothing, \{-1\}, \{3\}, \{-1,3\}\}$.

4. R 是 A 上的一个二元关系，显然满足对称性，但是，自反性和传递性不满足，例如，$1R'1$；显然 $4 \mid (3+1)$，$4 \mid (1+7)$，但是 $3 \nmid (1+7)$，即 $3R1, 1R7$，但是 $3R'7$.

5. (1)不是，因为不满足对称性；(3)不是，因为不满足传递性；(2)，(4)是等价关系.

6. (3)中每个元素是一个类，(4)中整个实数集构成一个类.

7. (1) 不是等价关系. 如取 $x = \{1\}, y = \{1,2\}$，则有 $x \subseteq y$，但是我们不能得到 $y \subseteq x$，即关系 R 不满足对称性；

   (2) R_1 是等价关系；R_2 不是等价关系，它不满足自反性和传递性；

   (3) 不是等价关系. 由于复数 0 不定义辐角，即 arg0 没有意义，也就是说，复数 0 与自身没有关系，所以它不满足自反性.

8. (1) (自反性)对任意 $A \in M_n(F)$，总有 $A = IAI$，其中 I 是 n 阶单位矩阵，得 $A \sim A$；

   (2) (对称性)如果 $A \sim B$，则存在可逆矩阵 P, Q，使得 $A = PBQ$，从而得 $P^{-1}AQ^{-1} = B$，其中 P^{-1}, Q^{-1} 也是可逆矩阵，所以 $B \sim A$；

   (3) (传递性)如果 $A \sim B, B \sim C$，则存在可逆阵 P, Q, U, V 使得 $A = PBQ, B = UCV$. 将后式的 $B = UVC$ 代入前式，即得 $A = PBQ = P(UVC)Q = (PU)C(VQ)$. 由于 PU, VQ 都是可逆矩阵，所以 $A \sim C$.

   综上，$\sim$ 是 $M_n(F)$ 上的一个等价关系.

习　题　2.2

1. 设 $f_1(a_1, a_2) = 1$，$f_2(a_1, a_2) = a_2 \ (\forall a_1, a_2 \in A)$，易证 f_1, f_2 都是 $A \times A$ 到 A 的映射.

2. f 是映射，且是满射，但不是单射.

3. f 是 $\mathbf{Z}$ 到 $\mathbf{Z}$ 的映射，但 f 既不是单射也不是满射.

4. 有 $3^3 = 27$ 个 A 到 B 的映射，有 $3! = 6$ 个 A 到 B 的单射、满射、双射.

5. 例如，$f: 1 \mapsto 2, 2 \mapsto 1$，其余 $x \mapsto x$；$g: 1 \mapsto 3, 3 \mapsto 1$，其余 $x \mapsto x$.

习　题　2.3

1. 例如，$x \circ_1 y = y$，$x \circ_2 y = x$.

2. (1)，(3)是 A 上的代数运算，(2)不是 A 上的代数运算.

3. 不满足结合律，也不满足交换律. 因为 $1, 2, 3 \in \mathbf{R}^*$，而

$$(1 \div 2) \div 3 = 1/6, \quad 1 \div (2 \div 3) = 3/2, \quad (1 \div 2) \div 3 \neq 1 \div (2 \div 3),$$

故不满足结合律；又因 $1 \div 2 \neq 2 \div 1$，故不满足交换律.

4. 因为代数运算. 满足交换律，所以。的运算表中关于主对角线对称的元素都相等，于是得下表：

$\circ$	a	b	c
a	a	b	c
b	b	c	a
c	c	a	

又因为代数运算。适合结合律，所以

$$c \circ c = (b \circ b) \circ c = b \circ (b \circ c) = b \circ a = b.$$

这就完成了计算，得到如下运算表：

$\circ$	a	b	c
a	a	b	c
b	b	c	a
c	c	a	b

5. 提示：对 n 作数学归纳法.

6. 提示：按题意需要验证：对 $\forall x, y, z \in A$，有

$$x \odot (y \oplus z) = (x \odot y) \oplus (x \odot z), \tag{1}$$

$$(y \oplus x) \odot z = (y \odot z) \oplus (x \odot z). \tag{2}$$

当 $x = 0$ 或 $x = a$ 时，(1)式的左、右两边都等于 0；当 $x = b$ 或 $x = c$ 时，(1)式的左、右两边都等于 $y \oplus z$，所以 $\odot$ 对 $\oplus$ 适合左分配律；

当 $y = z$ 时，(2)式的左、右两边都等于 0；当 $y = 0$ 时，(2)式的左、右两边都等于 $z \odot x$.

由运算表可得

$$(a \oplus b) \odot x = c \odot x = b \odot x = (a \odot x) \oplus (b \odot x),$$

$$(a \oplus c) \odot x = b \odot x = c \odot x = (a \odot x) \oplus (c \odot x),$$

$$(b \oplus c) \odot x = a \odot x = 0 = x \oplus x = (b \odot x) \oplus (c \odot x).$$

由于 $\oplus$ 的运算表关于主对角线对称，从而代数运算 $\oplus$ 适合交换律，因此我们已证得 $\odot$ 对于 $\oplus$ 适合右分配律.

习 题 2.4

1. (1) 设 $\overline{A}=\{$所有$\geqslant0$的实数$\}$，由 $xy\mapsto|xy|=|x||y|$ 可知，$x\mapsto|x|$ 是 A 到 $\overline{A}$ 的同态满射；

(2) 由于 $xy\mapsto 2xy\neq(2x)(2y)$（除非 $xy=0$），所以 $x\mapsto 2x$ 不是 A 到 $\overline{A}$ 的同态满射；

(3) 由于 $xy\mapsto(xy)^2=x^2y^2$，易知 $x\mapsto x^2$ 是 A 到 $\overline{A}$ 的同态满射，这里 $\overline{A}=\{$所有$\geqslant0$的实数$\}$；

(4) 一般来说 $-xy\neq(-x)(-y)$，所以 $x\mapsto x$ 不是 A 到 $\overline{A}$ 的同态满射.

2. 用 $\phi_1:a\mapsto\overline{a}$ 表示 A 到 $\overline{A}$ 的同态满射，$\phi_2:\overline{a}\mapsto\overline{\overline{a}}$ 表示 $\overline{A}$ 到 $\overline{\overline{A}}$ 的同态满射.

令 $\phi:a\mapsto\overline{\overline{a}}=\phi_2[\phi_1(a)]$，容易验证 ϕ 是 A 到 $\overline{\overline{A}}$ 的同态满射：

$$a\circ b\mapsto\phi_2[\phi_1(a\circ b)]=\phi_2[(\overline{a\circ b})]=\overline{\overline{a}}\,\overline{\overline{\circ}}\,\overline{\overline{b}}.$$

所以 ϕ 是 A 到 $\overline{\overline{A}}$ 的关于代数运算$\circ$，$\overline{\overline{\circ}}$来说的同态满射.

习 题 2.5

1. 所有 A 上的一一变换有 6 个：

$$\tau_1:a\mapsto a,\ b\mapsto b,\ c\mapsto c;\quad \tau_2:a\mapsto b,\ b\mapsto a,\ c\mapsto c;\quad \tau_3:a\mapsto b,\ b\mapsto c,\ c\mapsto a;$$

$$\tau_4:a\mapsto c,\ b\mapsto b,\ c\mapsto a;\quad \tau_5:a\mapsto c,\ b\mapsto a,\ c\mapsto b;\quad \tau_6:a\mapsto a,\ b\mapsto c,\ c\mapsto b.$$

容易验证 τ_1 及 τ_2 是 A 上的自同构.

2. $\phi:x\mapsto 2x$ 对数的普通加法来说是 A 上的一个自同构，验证这一点是容易的.

习 题 3.1

1. 提示：根据群的定义直接验证，知 G 是交换群.

2. 提示：根据群的定义直接验证，知 $(1,0)$ 是单位元，(a,b) 的逆元为 $\left(\dfrac{1}{a},-\dfrac{b}{a}\right)$. 如取 $a=b=1,c=2,d=0$，则 $(a,b)(c,d)\neq(c,d)(a,b)$，因此 G 是非交换群.

3. 提示：根据交换群的定义直接验证，知 0 函数是单位元，线性函数 f 的逆元是 $-f$.

4. 提示：由于 $a=a^{-1},b=b^{-1}$，从而 $ab=(ab)^{-1}=b^{-1}a^{-1}=ba$.

5. 提示：在 $(ab)^2=a^2b^2$ 两边同时左乘 a^{-1}，且右乘 b^{-1}.

6. 提示：用反证法. 若任意元素与其逆元均不相等，则 $G=\{b,b^{-1}|b\in G,b\neq e\}\bigcup\{e\}$ 有奇数个元素.

7. 提示：(1)$\Rightarrow$(2)：在(2)中取 e_r（或 e_l）为 G 的单位元 e 即可.

(2)$\Rightarrow$(3)：先证 G 中的任意元素 a 的左逆元 a_l 也是它的右逆元 a_r，即 $a_r=a_l$. 事实上，$a_l=a_l(aa_r)=(a_la)a_r=e_la_r=a_r$. 这个既是 a 的左逆元又是 a 的右逆元的元素称为 a 的逆元.

再证 G 的左单位元 e_l 一定是 G 的右单位元 e_r. 由左单位元 e_l 的定义知 $e_r=e_le_r$. 同理，$e_l=e_le_r$. 因此 $e_r=e_l$. 这个既是左单位元又是右单位元的元素称为 G 的单位元，简记为 e.

于是，$b=eb=(aa_r)b=a(a_rb)$，即 $x=a_rb$ 是 $ax=b$ 在 G 中的解. 同理，$y=ba_l$ 是 $ya=b$ 在 G 中的解.

(3)$\Rightarrow$(1)：由已知，只需证满足(3)的非空集合关于乘法必有单位元且每个元均有逆元即可.

由于方程 $ax=b$ 在 G 中有解，特别地，$ax=a$ 也有解，记其解为 e_r. 同理方程 $ya=a$ 在 G 中也有解，记其

解为 e_l. 于是, 对于 G 中的任意元素 a, 有 $ae_r=e_l a=a$. 由前面的证明过程知 $e_r=e_l$, 记其为 e. 于是有 $ae=ea=a$, 即 e 是 G 的单位元.

类似地可证明, 由方程 $ax=e$ 和 $ya=e$ 所确定的解是同一个解, 它就是 G 中元素 a 的逆元.

8. 提示: 利用第 7 题的结论 (3). 设 $G=\{a_1,a_2,\cdots,a_n\}$. 用 a 从左侧遍乘 G, 得集合 $G'=\{aa_1,aa_2,\cdots,aa_n\}$. 由于 G 有左、右消去律, 即当 $i\neq j$ 时, 有 $aa_i\neq aa_j$, 于是 G' 有 n 个互不相同的元素. 因此 $G'=G$. 这样, $ax=b$ 中的 b 一定是某个元 $aa_k (k\in\{1,2,\cdots,n\})$, 因而 $x=a_k$ 就是方程 $ax=b$ 在 G 中的一个解. 同理, 方程 $ya=b$ 在 G 中也有解.

如果 G 是无限集合, G 不一定是群. 如 $\mathbf{Z}\backslash\{0\}$ 关于数的普通乘法满足两个消去律和结合律, 但不是群.

习 题 3.2

1. S_A 有 6 个元素:

$$\tau_0:1\mapsto 1,2\mapsto 2,3\mapsto 3; \quad \tau_1:1\mapsto 1,2\mapsto 3,3\mapsto 2; \quad \tau_2:1\mapsto 2,2\mapsto 1,3\mapsto 3;$$

$$\tau_3:1\mapsto 2,2\mapsto 3,3\mapsto 1; \quad \tau_4:1\mapsto 3,2\mapsto 1,3\mapsto 2; \quad \tau_5:1\mapsto 3,2\mapsto 2,3\mapsto 1.$$

其中 τ_0 是单位元; $\tau_1^{-1}=\tau_1, \tau_2^{-1}=\tau_2, \tau_3^{-1}=\tau_4, \tau_5^{-1}=\tau_5$.

集合 $A=\{1,2,3\}$ 上的变换群共 6 个, 即

$$H_1=\{\tau_0\}, \quad H_2=\{\tau_0,\tau_1\}, \quad H_3=\{\tau_0,\tau_2\}, \quad H_4=\{\tau_0,\tau_5\}, \quad A_3=\{\tau_0,\tau_3,\tau_4\}, \quad S_A.$$

2. 提示: (1) 共 8 个元素, 包括绕其中心按逆时针旋转 $i\cdot 90°(i=0,1,2,3)$ 的旋转和关于两对角线、两组对边中点连线的反射.

(2) 共 4 个元素, 包括绕其对角线交点按逆时针旋转 $0°,180°$ 的旋转, 以及关于两组对边中点连线的反射.

(3) 共 4 个元素, 包括绕两对角线的交点按逆时针旋转 $0°,180°$ 的旋转和关于对角线的反射.

(4) 绕圆心按逆时针旋转任意角的旋转和关于任意直径的反射. 它是无限阶群.

习 题 3.3

1. 提示: a 与 $\sigma(a)$ 的阶不一定相等. 考查例 1.

2. 提示: 必要性显然. 充分性: 若 $\sigma(g)=g^{-1}$ 是群同构, 则

$$gh=\sigma(g^{-1})\sigma(h^{-1})=\sigma(g^{-1}h^{-1})=\sigma[(hg)^{-1}]=hg.$$

3. 提示: 用同态或同构的定义直接验证. (1) 是自同态, 但不是自同构. $\mathrm{Ker}f=\{-1,1\}$. (2),(3) 不是自同态, 也不是自同构.

4. 提示: (1) 1 是单位元, 每个元素的逆元均为其自身.

(2) 映射 $\sigma(0)=1,\sigma(1)=-1$ 是群 G_1 到群 G_2 的同构映射.

(3) 若 $A\in O_n(\mathbf{R})$, 则 $AA^{\mathrm{T}}=I$. 又 $|AA^{\mathrm{T}}|=|A||A^{\mathrm{T}}|$ 及 $|A|=|A^{\mathrm{T}}|$, 从而 $|A|=\pm 1$, 即 $\det$ 是 $O_n(\mathbf{R})$ 到 G_2 的映射. 由 $|AB|=|A||B|$ 知, $\det$ 是 $O_n(\mathbf{R})$ 到 G_2 的群同态. 显然 $\det$ 是满射. 求得

$$\mathrm{Ker}\det=\{A|A\in O_n(\mathbf{R}),|A|=1\}.$$

5. 提示: 由群的定义直接验证 G_2 是群. 单位矩阵 I_2 是单位元. $\begin{pmatrix} a & b \\ -b & a \end{pmatrix}$ 的逆元是 $\dfrac{1}{a^2+b^2}\begin{pmatrix} a & -b \\ b & a \end{pmatrix}$. 映射 $z=$

习题答案与提示

$a+b\mathrm{i}\mapsto\begin{pmatrix}a&b\\-b&a\end{pmatrix}$ 是群同构映射.

6. 提示: 恒等变换是自同构. 此外, 若 G 是交换群, 变换 $\sigma(g)=g^{-1}$ $(g\in G)$ 是不同于恒等变换的自同构; 若 G 是非交换群, 则存在元素 $g_0,h_0\in G$, 使得 $g_0h_0\neq h_0g_0$, 此时 $\rho_{g_0}(x)=g_0xg_0^{-1}$ 是不同于恒等变换的自同构.

7. 提示: 利用第 6 题的结论.

8. 提示: (1) 由习题 3.2 第 1 题的结论可知.

(2) 由 §3.2 的例 4 知, 映射 $\sigma:D_3\mapsto S_3:\sigma(T_0)=\tau_0,\sigma(S_1)=\tau_1,\sigma(T_1)=\tau_3,\sigma(S_2)=\tau_5,\sigma(T_2)=\tau_4,$ $\sigma(S_3)=\tau_2$. 是群同构映射.

习 题 3.4

1. 提示: 若 $(n,m)=1$, 则存在 $k,l\in\mathbf{Z}$ 满足 $kn+lm=1$. 于是, 对任意整数 $r(1\leqslant r\leqslant n)$, 有

$$a^r=a^{r(kn+lm)}=a^{n(kr)}a^{m(lr)}=ea^{m(lr)}=a^{m(lr)}.$$

2. 提示: 设 $G_1=\langle a\rangle$, σ 是 G_1 到 G_2 的群满同态, 则 $G_2=\langle\sigma(a)\rangle$.

3. 提示: $G=\langle a\rangle$ 是无限阶循环群, 则 $G\cong\mathbf{Z}$. 若 G_1 是无限阶循环群, 则也有 $G_1\cong\mathbf{Z}$. 当然有 $G\cong G_1$.

4. $a^0=e,a^q,a^{2q},\cdots,a^{(m-1)q}$ 是 $x^m=e$ 在 G 中 m 个不同的解.

5. z_1,z_3,z_7,z_9.

习 题 3.5

1. 提示: (1) 设 H 是 $G=\langle a\rangle$ 的子群. 若 $H=\langle e\rangle$, 显然是循环群. 若 $H\neq\langle e\rangle$, 设 $m=\min\{k\mid a^k\in H,a^k\neq e\}$, 则 $H=\langle a^m\rangle$ 也是循环群.

$H=\langle e\rangle$ 是任意群 G 的循环子群, 但 G 不一定是循环群.

(2) 设 H 是交换群 G 的群. 对 $\forall a,b\in H\subseteq G$, 在 G 中有 $ab=ba$, 在 H 中也有 $ab=ba$.

$H=\langle e\rangle$ 是任意群 G 的交换子群, 但 G 未必是交换群.

2. 提示: 充分性: 已知 S 是子群, 若 $a\in S$, 则 $e=aa^{-1}\in S$, 即 $aR'a$. 若 $a,b\in S$, 则 $ab^{-1}\in S$, 即 $aR'b$, 从而 $(ab^{-1})^{-1}=ba^{-1}\in S$, 即 $bR'a$. 若 $a,b,c\in S$, 则 $ab^{-1}\in S$, $bc^{-1}\in S$, 于是 $(ab^{-1})(bc^{-1})=ac^{-1}\in S$. 所以, 如果 $aR'b$, 且 $bR'c$, 则 $aR'c$.

必要性: 如果 R' 是等价关系, 设 $a\in S$, 由自反性, 有 $aR'a$, 即 $aa^{-1}=e\in S$.

如果 $S=\{e\}$, 当然 S 是 G 的子群.

如果 $S\neq\{e\}$, 设 $a\in S$, 则 $a=ae=ae^{-1}\in S$. 因此 $aR'e$. 由对称性得 $eR'a$, 即 $ea^{-1}=a^{-1}\in S$. 如果 $a,b\in S$, 则由上知 $aR'e$, $eR'b^{-1}$. 又由传递性知 $aR'b^{-1}$, 即 $ab\in S$.

3. 提示: 有可能. 考查习题 3.4 的第 5 题.

4. (1) $\{[0]\},\{[0],[6]\},\{[0],[4],[8]\},\{[0],[3],[6],[9]\},\{[0],[2],[4],[6],[8],[10]\}$ 及 $\mathbf{Z}_{12}$.

(2) $\{z_0\},\langle z_2\rangle=\langle z_4\rangle=\langle z_6\rangle=\{z_0,z_2,z_4,z_6,z_8\}$ 及 $\langle z_5\rangle=\{z_0,z_5\}$.

(3) G_1 只有平凡子群.

由于 $G_1\cong G_2$, 因此 G_2 也只有平凡子群.

(4) $\langle kn\rangle\,(k\in\mathbf{Z})$ 均是 $n\mathbf{Z}$ 的子群.

5. 提示：根据定理 1 直接验证即可.

6. 提示：若 $a,b\in N_G(S)$，$s\in S$，则存在 $s',s''\in S$，使得 $bs=s'b$，$as'=s''a$，于是

$$(ab)s=a(bs)=a(s'b)=(s''a)b=s''(ab).$$

由 s 的任意性知 $ab\in N_G(S)$. 在 $aS=Sa$ 两侧同时左乘、右乘 a^{-1}，则 $Sa^{-1}=a^{-1}S$. 所以，若 $a\in N_G(S)$，则 $a^{-1}\in N_G(S)$. 因此 $N_G(S)$ 是 G 的子群.

由例 1 知 $C_G(S)$ 是 G 的子群. 若 $a\in C_G(S)$，则对 $\forall s\in S$，总有 $as=sa$. 因此 $a\in N_G(S)$，从而 $C_G(S)\subseteq N_G(S)$. 因此 $C_G(S)$ 是 $N_G(S)$ 的子群.

7. 提示：由群的定义直接验证即可.

习 题 3.6

1. 提示：不一定是. 考查 $A=\{1,2,3\}$ 上的对称群 S_A 的子群 $H=\{i,\tau_1\}$，易知 $H\tau_2$ 根本不是群.

2. 提示：(1) 若 4 阶群 G 是循环群，则 $G\cong\mathbf{Z}_4$ 当然是交换群. 若 4 阶群 G 不是循环群. 由习题 3.1 的第 6 题，可设 $G=\{e,a,b,b^{-1}\}$，且 $a^2=e$. 易证 $ab=ba$，$ab^{-1}=b^{-1}a$，因此 G 是交换群.

(2) 由 Lagrange 定理知，当群 G 的阶是 $1,2,3$ 或 5 时，是循环群，当然是交换群. Lagrange 定理及 (1) 知，4 阶群 G 是交换群. 结论成立.

3. 提示：它们的阶均为素数 2. $G_1=\langle 1\rangle$，$G_2=\langle$奇数$\rangle$.

习 题 3.7

1. 提示：直接计算即知共有 3 个元素，即 (1)，(1 3 2)，(1 2 3).

2. 提示：(1) $\sigma=(1\,3\,5)(2\,6\,4)$，$\tau=(1\,3)(2\,5\,6)$，$\rho=(1\,2\,4\,5)(3\,6)$，$\varphi=(1\,2)(3\,6)(4\,5)$.

(2) 由 σ,τ,ρ 所确定的 6 的划分是 $(3,3)$，$(1,2,3)$ 及 $(2,4)$. 由定理 3 知，这三个置换两两不共轭.

(3) $\sigma\tau=(1\,5\,4\,2)$，$\tau\sigma=(3\,6\,4\,5)$，$\tau\sigma\tau^{-1}=(1\,6\,3)(2\,4\,5)$，$\tau^{-1}\sigma\tau=(1\,2\,3)(4\,6\,5)$.

3. 提示：对于任意置换 φ，有 $\varphi(a_1\,a_2\cdots a_k)\varphi^{-1}=(\varphi(a_1)\ \varphi(a_2)\ \cdots\ \varphi(a_k))$，因此

$$\tau=\rho\sigma\rho^{-1}=(\rho(1\,2)\rho^{-1})(\rho(3\,4)\rho^{-1})=(\rho(1)\ \rho(2))(\rho(3)\ \rho(4)).$$

取 $\rho(1)=5,\rho(2)=6,\rho(3)=1,\rho(4)=3,\rho(5)=2,\rho(6)=4$，即 $\rho=(1\,5\,2\,6\,4\,3)$，则有 $\tau=\rho\sigma\rho^{-1}$.

除此之外，若取 $\rho(1)=1,\rho(2)=3,\rho(3)=5,\rho(4)=6,\rho(5)=2,\rho(6)=4$，即 $\rho=(2\,3\,5)(4\,6)$，也有

$$\rho\sigma\rho^{-1}=\tau.$$

4. 提示：(1) 直接计算 $(i_1\,i_2\cdots\,i_{k-1}\,i_k)(i_k\,i_{k-1}\cdots\,i_2\,i_1)$ 即可；(2) 直接计算即可.

5. 提示：利用定理 3 及 4 的划分只有 $(1,1,1,1)$，$(1,1,2)$，$(1,3)$，$(2,2)$ 和 (4) 五种. 易知 S_4 具有 $(a_3\ a_4)$ 形式的置换有 $(1\,2)$，$(1\,3)$，$(1\,4)$，$(2\,3)$，$(2\,4)$，$(3\,4)$；具有 $(a_2\ a_3\ a_4)$ 形式的置换有 $(1\,2\,3)$，$(1\,2\,4)$，$(1\,3\,2)$，$(1\,3\,4)$，$(1\,4\,2)$，$(1\,4\,3)$，$(2\,3\,4)$，$(2\,4\,3)$；具有 $(a_1\ a_2)(a_3\ a_4)$ 形式的置换有 $(1\,2)(3\,4)$，$(1\,3)(2\,4)$，$(1\,4)(2\,3)$；具有 $(a_1\ a_2\ a_3\ a_4)$ 形式的置换有 $(1\,2\,3\,4)$，$(1\,2\,4\,3)$，$(1\,3\,2\,4)$，$(1\,3\,4\,2)$，$(1\,4\,2\,3)$，$(1\,4\,3\,2)$. 此外，S_4 还有单位元 (1).

$(1\,2\,3)$，$(1\,2\,4)$，$(1\,3\,2)$，$(1\,3\,4)$，$(1\,4\,2)$，$(1\,4\,3)$，$(2\,3\,4)$，$(2\,4\,3)$，$(1\,2)(3\,4)$，$(1\,3)(2\,4)$，$(1\,4)(2\,3)$，(1) 构成 A_4.

由定理 3 知,(1 2),(1 3),(1 4),(2 3),(2 4),(3 4)相互共轭,(1 2 3),(1 2 4),(1 3 2),(1 3 4),(1 4 2),
(1 4 3),(2 3 4),(2 4 3)相互共轭,(1 2)(3 4),(1 3)(2 4),(1 4)(2 3)相互共轭,(1 2 3 4),(1 2 4 3),(1 3 2 4),
(1 3 4 2),(1 4 2 3),(1 4 3 2)相互共轭,(1)只与自己共轭,且这五组中,任何两组之间的元素均不可能
共轭.

6. 提示:(1) 对 S_3 的各个子群加以验证知,满足条件的子群共有 3 个:$\{(1)\}$,A_3 及 S_3.

(2) 由于 A_3 的阶是素数,知 A_3 只有平凡子群,且这两个子群都满足条件.

习 题 3.8

1. 提示:$K=\{i,-i,1,-1\}$ 是 H 的正规子群,故 H 不是单群.

2. 提示:对每个子群——加以验证即可. 共 3 个:$\{(1)\}$,A_3 及 S_3.

3. 证明:由于 $[G:H]=2$,$x\in G$,若 $x\in H$,当然有 $xH=Hx=H$. 若 $x\notin H$,则 $G=H\bigcup xH=H\bigcup Hx$. 因此 $xH=Hx$.

4. 提示:由正规子群的定义及偶置换可以表示为偶数个对换的乘积即知前一结论成立. 设 ρ 是 H 中的一个奇置换,则 $H=K\bigcup K\rho$,因此 $[H:K]=2$.

5. 提示:由正规子群的定义即知.

6. 提示:设 $h_i n_i \in HN(h_i\in H,n_i\in N,i=1,2)$. 因 N 是正规子群,所以存在 $n',n\in N$,使得 $n_1 n_2^{-1}=n'$,且 $n'h_2^{-1}=h_2^{-1}n$. 因为 H 是 G 的子群,所以存在 $h\in H$,使得 $h_1 h_2^{-1}=h$,从而

$$(h_1 n_1)(h_2 n_2)^{-1}=(h_1 n_1)(n_2^{-1}h_2^{-1})=h_1(n_1 n_2^{-1})h_2^{-1}=h_1(n'h_2^{-1})=h_1(h_2^{-1}n)=(h_1 h_2^{-1})n=hn\in HN,$$

即 HN 是 G 的子群.

HN 不一定是正规子群. 如 $N=\{(1)\}$,$H=\{(1),(1\ 2)\}$ 分别是 S_3 的正规子群与子群. 显然 $HN=H$ 不是正规子群.

习 题 4.1

1. 先证 $\mathbf{Z}[i]$ 是环. 由于 $\mathbf{Z}[i]=\{m+ni\,|\,m,n\in\mathbf{Z}\}$,任意取 $m_1+n_1 i$,$m_2+n_2 i\in\mathbf{Z}[i]$,则

$$m_1+n_1 i+(m_2+n_2 i)=m_1+m_2+(n_1+n_2)i\in\mathbf{Z}[i],$$
$$(m_1+n_1 i)\cdot(m_2+n_2 i)=(m_1 m_2-n_1 n_2)+(m_1 n_2+m_2 n_1)i\in\mathbf{Z}[i],$$

取 $0,1\in\mathbf{Z}[i]$,有

$$0+m_1+n_1 i=m_1+n_1 i+0=m_1+n_1 i,\quad 1\cdot(m_1+n_1 i)=(m_1+n_1 i)\cdot 1=(m_1+n_1 i).$$

综上,$\mathbf{Z}[i]$ 是环.

下证 $\mathbf{Q}[i]$ 是环. 由于 $\mathbf{Q}[i]=\{m+ni\,|\,m,n\in\mathbf{Q}\}$,与 $\mathbf{Z}[i]$ 的证法相似.

任意取 $m_1+n_1 i,m_2+n_2 i\in\mathbf{Q}[i]$,则

$$m_1+n_1 i+(m_2+n_2 i)=m_1+m_2+(n_1+n_2)i\in\mathbf{Q}[i],$$
$$(m_1+n_1 i)\cdot(m_2+n_2 i)=(m_1 m_2-n_1 n_2)+(m_1 n_2+m_2 n_1)i\in\mathbf{Q}[i],$$

取 $0,1\in\mathbf{Q}[i]$,有

$$0+m_1+n_1 i=m_1+n_1 i+0=m_1+n_1 i,\quad 1\cdot(m_1+n_1 i)=(m_1+n_1 i)\cdot 1=(m_1+n_1 i).$$

综上,$\mathbf{Q}[i]$ 是环.

2. (1) 因为 **Q** 对于加法、乘法满足交换律,但是对 $\forall a \in \mathbf{Q}$,若 $a+b=3ab=a$,则 $b=\dfrac{1}{3}$,于是零元不唯一,所以不为环.

(2) 若 $a+b=3(a+b)=a$,则 $2a=-3b$,即 $b=-\dfrac{2a}{3}$,所以零元不唯一,所以不是环.

3. 由于环 R 对于加法作成一个循环环,则设生成元为 a,那么 R 中元素为 $0, a, 2a, 3a, \cdots$,即任意元素都可表示为 na. 任取两个元素 $ma, na \in R$,即有

$$(ma) \cdot (na) = mn(a \cdot a) = na \cdot ma,$$

所以 R 为交换环.

4. (1) 因 $a+a=(a+a)^2=a^2+a+a+a^2=a+a+a+a$,故 $a+a=0, \forall a \in R$.

因 $a+b=(a+b)^2=a^2+ab+ba+b^2=a+b+ab+ba$,故 $ab=-ba=ba, \forall a,b \in R$,即 R 为交换环.

(2) 直接验证,环 S 有幺元 U.

5. (1) 对任意 $x \in R$,有 $0 \cdot x = x \cdot 0 = 0$,所以 $0 \in Z(R)$,从而 $Z(R)$ 是 R 的一个非空子集.

(2) 对任意 $a, b \in Z(R)$,$x \in R$,有

$$(a-b)x = ax - bx = xa - xb = x(a-b), \quad (ab)x = a(bx) = a(xb) = (ax)b = (xa)b = x(ab),$$

所以 $a-b, ab \in Z(R)$. 于是 $Z(R)$ 是 R 的子环.

6. 设 R 是一个除环,则 $Z(R) = \{a \mid ra = ar, \forall r \in R\}$. 由上题知 $Z(R)$ 是环,含零元,同时,$Z(R)$ 中含单位元 e,有 $ea = ae$. 下面我们需要证 $Z(R)$ 有逆元且交换.

(1) 逆元: 对 $\forall a \in R$,有 $a^{-1} \in R$. 因为 $ar = ra$,所以 $ra^{-1} = a^{-1}r$,即 $a^{-1} \in Z(R)$.

(2) 交换: 对 $\forall a, b \in R$,因为 a, b 与 R 中任意元交换,所以 $ab = ba$.

7. 整环是有单位元的无零因子的交换环,所以我们只需证 R 为无零因子的环.

对 $\forall a, b \in R$,且 $ab = 0$,不妨设 $a \neq 0$,则有 $ab = 0 = a \cdot 0$. 因为 $a \neq 0$,由乘法消去律,则 $b = 0$. 同理设 $b \neq 0$,有 $ab = 0 = a \cdot 0$,可得 $a = 0$. 所以 R 为无零子环. 于是 R 为整环.

8. 提示:设 $1-ab$ 的逆元为 c,则可验证 $1+bca$ 是 $1-ba$ 的逆元.

若 $x^n = 0$,则 $1-x$ 的逆元为 $1+x+x^2+\cdots+x^{n-1}$,因此,形式上将 $1-ab$ 的逆元想象为 $c = 1+ab+(ab)^2+\cdots$,而将 $1-ba$ 的逆元想象为 $1+ba+(ba)^2+\cdots = 1+bca$,然后再加验证.

9. (1) 对任意矩阵 $\begin{pmatrix} c_1 & 0 \\ d_1 & 0 \end{pmatrix} \in I_2$,其中 $c, d \in \mathbf{Z}$,有

$$\begin{pmatrix} c & 0 \\ d & 0 \end{pmatrix} - \begin{pmatrix} a & 0 \\ b & 0 \end{pmatrix} = \begin{pmatrix} c-a & 0 \\ d-b & 0 \end{pmatrix} \in I_2,$$

同时,对任意矩阵 $\begin{pmatrix} a_1 & b_1 \\ c_1 & d_1 \end{pmatrix} \in M_2(\mathbf{Z})$,其中 $a_1, b_1, c_1, d_1 \in \mathbf{Z}$,有

$$\begin{pmatrix} a_1 & b_1 \\ c_1 & d_1 \end{pmatrix} \begin{pmatrix} a & 0 \\ b & 0 \end{pmatrix} = \begin{pmatrix} a_1a + bb_1 & 0 \\ c_1a + d_1b & 0 \end{pmatrix} \in I_2.$$

根据定义可得 I_2 是左理想.

(2) 对任意矩阵 $\begin{pmatrix} a_1 & b_1 \\ c_1 & d_1 \end{pmatrix} \in M_2(\mathbf{Z})$,其中 $a_1, b_1, c_1, d_1 \in \mathbf{Z}$,有

习题答案与提示

$$\begin{pmatrix} a_1 & b_1 \\ c_1 & d_1 \end{pmatrix} - \begin{pmatrix} a & b \\ c & d \end{pmatrix} = \begin{pmatrix} a_1-a & b_1-b \\ c_1-c & d_1-d \end{pmatrix} \in I_3,$$

$$\begin{pmatrix} a_1 & b_1 \\ c_1 & d_1 \end{pmatrix} \begin{pmatrix} a & b \\ c & d \end{pmatrix} = \begin{pmatrix} a_1a+b_1c & a_1b+b_1d \\ c_1a-d_1c & c_1b+d_1d \end{pmatrix} \in I_3,$$

$$\begin{pmatrix} a & b \\ c & d \end{pmatrix} \begin{pmatrix} a_1 & b_1 \\ c_1 & d_1 \end{pmatrix} = \begin{pmatrix} a_1a+bc_1 & ab_1+bd_1 \\ a_1c-c_1d & b_1c+d_1d \end{pmatrix} \in I_3$$

所以 I_3 是理想.

10. 对 $\forall r \in R, x \in r(I), i \in I$, 有 $rxi = r(xi) = r \cdot 0 = 0$, 所以 $rx \in r(I)$.

下证 $rx \in r(I)$. 设 $x \in r(I), i \in I$, 因为 I 是理想, 所以 $ri \in I$, 故 $r(I)$ 也是 R 的理想.

11. 首先证明 $I \subseteq (R:I)$. 因为 $(R:I) = \{x \in R \mid rx \in I, \forall r \in R\}$, I 为理想, 则对 $\forall i \in I$, 有 $i \in (R:I)$, 所以

$$V \subseteq (R:I).$$

下面证 $(R:I)$ 是理想.

对 $\forall a \in (R:I), r \in R$, 有 $ra \in I$, 则 $ra \in (R:I)$.

对 $\forall r_1 \in R$, 由于 I 是理想, 则 $r_1 a \in I$, 那么 $r_1 ar \in I$, 从而 $ar \in (R:I)$.

所以 $ar, ra \in (R:I)$, 从而 $(R:I)$ 是理想.

12. 与定理 2 的证明相同.

13. 因为 $0 = 0 \cdot 0 - 0 \cdot 0 \in S$, 所以 S 非空, $\langle S \rangle$ 有意义.

任取 R/A 中元素, A 的陪集 $u+A, v+A$, 必有

$$(u+A)(v+A) - (v+A)(u+A) = (uv+A) - (vu+A) = (uv-vu)+A = 0+A,$$

而 $A = 0+A$ 是环 R/A 的零元, 故有 $(u+A)(v+A) = (v+A)(u+A)$. 这说明 R/A 是个交换环.

14. (1) 设 $a^m = 0, b^n = 0$. 因 $ab = ba$, 故 $(a+b)^{m+n} = \sum_{i=0}^{m+n} C_{m+n}^i a^i b^{m+n-i}$. 因为或者 $i \geqslant m$, 或者 $m+n-i \geqslant n$, 故 $a^i b^{m+n-i} = 0, 0 \leqslant i \leqslant m+n$, 即 $(a+b)^{m+n} = 0$.

(2) 否, 例如, $M_2(\mathbf{R})$ 中 $\begin{pmatrix} 0 & 1 \\ 0 & 0 \end{pmatrix}$ 和 $\begin{pmatrix} 0 & 0 \\ 1 & 0 \end{pmatrix}$ 均为幂零元, 但 $\begin{pmatrix} 0 & 1 \\ 1 & 0 \end{pmatrix}$ 可逆.

(3) 由(1)可直接推出.

15. (1) 对任意的 $a+I \in R/I$, 有 $a+I+I = a+I = I+a+I$, 所以 I 是商环的零元.

(2) 如果有单位元 e, 则对任意 $a+I \in R/I$, 有

$$(e+I)(a+I) = ea+I = ae+I = (a+I)(e+I)(a+I),$$

所以 $e+I$ 是商环的单位元.

习 题 4.2

1. (1) 显然成立, 因为 R 的所有子环中的元素也都满足交换律.

(2) 设 I 是 R 的左理想, 则对任意 $i \in I, r \in R$, 有 $ir \in I$. 由于 $ir = ri$, 这样有 $ri \in I$. 所以 I 为 R 的理想. 同理, 若 I 是右理想, 则 I 是 R 的理想.

(3) 设 I 是 R 的理想,则有商环 R/I. 对任意 $a+I, b+I \in R/I$,有
$$(a+I)(b+I) = ab+I = ba+I = (b+I)(a+I),$$
于是商环满足交换律.

2. 设 I 为 $\mathbf{Z}_{18}$ 的任一子环,则 I 是 $\mathbf{Z}_{18}$ 的子加群. 于是,$I = \langle \bar{r} \rangle$,其中,$\bar{r}$ 可能的取值为 $\bar{0}, \bar{1}, \bar{2}, \bar{3}, \bar{6}, \bar{9}$,即 $\mathbf{Z}_{18}$ 有 6 个子加群:

$$I_1 = \{\bar{0}\}; \quad I_2 = \langle \bar{1} \rangle = \mathbf{Z}_{18}; \quad I_3 = \langle \bar{2} \rangle = \{\bar{0}, \bar{2}, \bar{4}, \bar{6}, \bar{8}, \overline{10}, \overline{12}, \overline{14}, \overline{16}, \} = \bar{2}\mathbf{Z}_{18};$$

$$I_4 = \langle \bar{3} \rangle = \{\bar{0}, \bar{3}, \bar{6}, \bar{9}, \overline{12}, \overline{15}\} = \bar{3}\mathbf{Z}_{18}; \quad I_5 = \langle \bar{6} \rangle = \{\bar{0}, \bar{6}, \overline{12}\} = \bar{6}\mathbf{Z}_{18}; \quad I_6 = \langle \bar{9} \rangle = \{\bar{0}, \bar{9}\} = \bar{9}\mathbf{Z}_{18};$$

显然它们都是 $\mathbf{Z}_{18}$ 的子环,所以 $\mathbf{Z}_{18}$ 共有 6 个子环:$\{\bar{0}\}, \mathbf{Z}_{18}, \bar{2}\mathbf{Z}_{18}, \bar{3}\mathbf{Z}_{18}, \bar{6}\mathbf{Z}_{18}, \bar{9}\mathbf{Z}_{18}$,并且 $\mathbf{Z}_{18}$ 的子环都是理想,从而 $\mathbf{Z}_{18}$ 一共有 6 个理想:$\{\bar{0}\}, \mathbf{Z}_{18}, \langle \bar{2} \rangle, \langle \bar{3} \rangle, \langle \bar{6} \rangle, \langle \bar{9} \rangle$. 显然,$\mathbf{Z}_{18}$ 不是 $\mathbf{Z}_{18}$ 的素理想. 又因为 $2 \cdot 3 = 6 \in \langle \bar{6} \rangle$,而 $2, 3 \notin \langle \bar{6} \rangle$,所以 $\langle \bar{6} \rangle$ 也不是 $\mathbf{Z}_{18}$ 的素理想. 同理可证,$\langle \bar{0} \rangle, \langle \bar{9} \rangle$ 都不是 $\mathbf{Z}_{18}$ 的素理想.

设 $a, b \in \mathbf{Z}_{18}, a \cdot b \in \langle \bar{3} \rangle$,则 $ab = r \cdot 3$(在 $\mathbf{Z}_{18}$ 中),所以 $18 \mid ab - 3r$(在 $\mathbf{Z}$ 中),从而存在 $l \in \mathbf{Z}$,使 $ab - 3r = 18l$. 因 $3 \mid 18$,所以 $3 \mid ab$,从而 $3 \mid a$ 或 $3 \mid b$. 由此得 $a \in \langle \bar{3} \rangle$ 或 $b \in \langle \bar{3} \rangle$,所以 $\langle \bar{3} \rangle$ 为 $\mathbf{Z}_{18}$ 的素理想. 同理可证,$\langle \bar{2} \rangle$ 也是 $\mathbf{Z}_{18}$ 的素理想. 所以 $\mathbf{Z}_{18}$ 的素理想为 $\langle \bar{2} \rangle$ 与 $\langle \bar{3} \rangle$.

$\mathbf{Z}_{18}$ 的极大理想是 $\langle \bar{2} \rangle$ 与 $\langle \bar{3} \rangle$.

3. 由于 $\mathbf{Z}[i] = \{m+ni \mid m, n \in \mathbf{Z}\}$,$\mathbf{Z}[i]$ 是交换环. 于是 $\langle 1+i \rangle$ 是主理想. 由定理 1(4) 可得
$$\langle 1+i \rangle = \{(1+i)(m+ni) \mid m, n \in \mathbf{Z}\} = \{(m-n)+(m+n)i \mid m, n \in \mathbf{Z}\}.$$
由于 m, n 是整数,知 $m+n$ 和 $m-n$ 的奇偶性相同. 显然,有
$$\langle 1+i \rangle = \{a+bi \mid a, b \in \mathbf{Z}, a \text{ 和 } b \text{ 有相同的奇偶性}\}.$$
下面要证 $\mathbf{Z}[i]/\langle 1+i \rangle$ 是域,只需证 $\langle 1+i \rangle$ 极大理想.

设 I 是 $\mathbf{Z}[i]$ 的理想,且 $\langle 1+i \rangle \subseteq I$. 对任意 $x+yi \in I$,但 $x+yi \notin \langle 1+i \rangle$,则 x, y 的奇偶性相异. 先设 x 为奇数,y 为偶数. 对任意 $m+ni \in \mathbf{Z}[i]$,若 m, n 奇偶性相同,则 $m+ni \in \langle 1+i \rangle$. 下面令 m, n 的奇偶性不同. 若 m 为奇数,n 为偶数,则存在 $a = m-x, b = n-y$. 显然,a, b 同为偶数,于是 $a+bi \in \langle 1+i \rangle$. 这样,$m+ni = x+yi+a+bi \in I$,于是 $I = \mathbf{Z}[i]$. 若 m 为偶数,n 为奇数,同样存在 $a = m-x, b = n-y$. 显然,a, b 同为奇数,于是 $a+bi \in \langle 1+i \rangle$. 这样,$m+ni = x+yi+a+bi \in I$,于是 $I = \mathbf{Z}[i]$.

同理,设 x 为偶数,y 为奇数,也可得 $I = \mathbf{Z}[i]$.

综上,可以得出 $\langle 1+i \rangle$ 是极大理想,进而 $\mathbf{Z}[i]/\langle 1+i \rangle$ 是域.

4. $R = \{\text{所有偶数}\} = \{2n \mid n \text{ 为自然数}\}$. 显然,$\langle 4 \rangle = \{4m \mid m \text{ 为自然数}\}$ 是 R 的理想. 下证 $\langle 4 \rangle$ 是 R 的极大理想.

设 I 是 R 的理想,且 $\langle 4 \rangle \subseteq I \subset R$. 取任意 $x \in I$,但 $x \notin \langle 4 \rangle$,则 $x \neq 4m$. 于是 $x = 2s$,其中 s 是奇数,否则,$x \in \langle 4 \rangle$,矛盾.

对于任意 $2n \in I$,其中 n 为自然数,若 n 为偶数,则 $2n \in \langle 4 \rangle$;若 n 为奇数,则存在 $y = \dfrac{n-s}{2}$,使得
$$2 \times 2y = 2(n-s) = 2n - 2s \in \langle 4 \rangle,$$
也就是 $2n = 2s + 4y \in I$. 于是 $I = 2R$,进而得出 $\langle 4 \rangle$ 是 R 的极大理想.

又因 R 没有单位元,则商环 $R/\langle 4 \rangle$ 也没有单位元,这样不满足域的定义,所以 $R/\langle 4 \rangle$ 不是域.

习 题 4.3

1. 提示:直接按定义可得.

2. 由 $S[x]$ 中任一元素

$$f(x)=a_0+a_1x+a_2x^2+\cdots+a_nx^n,$$

其中 $a_0,a_1,\cdots,a_n\in S$，因为 S 是 R 的子环，所以 $a_0,a_1,\cdots,a_n\in R$，从而 $S[x]$ 是 $R[x]$ 的子集. 又因为 $S[x]$ 对于 $R[x]$ 的加法与乘法构成环，所以 $S[x]$ 是 $R[x]$ 的子环. 任取

$$f(x)=a_0+a_1x+a_2x^2+\cdots+a_nx^n\in I[x],\quad g(x)=b_0+b_1x+b_2x^2+\cdots+b_nx^n\in R[x],$$

则

$$f(x)g(x)=\sum_{k=0}^{m+n}C_kx^k,\quad \text{其中}\quad C_k=\sum_{i+j=k}a_ib_j.$$

因为 I 是理想，所以 $a_ib_j\in I$，从而对 $\forall k$，有 $C_k\in I$. 故 $I[x]$ 是理想.

3. (1) 原式 $=2x^4+12x^3-6x^2-3x^3-18x^2+9x+5x^2+30x-15$

$\qquad =2x^4+9x^3-19x^2+39x-15=2x^4+2x^3+2x^2+4x+6$；

(2) 原式 $=36x^6-8x^4-28x^3-18x^5+4x^3+14x^2+18x^4-4x^2-14x+45x^3-10x-35$

$\qquad =36x^6-18x^5+10x^4+21x^3+10x^2-24x-35=6x^5+10x^4+9x^3+10x^2+1.$

4. 只需证明 $\langle x^2+1\rangle$ 为 $\mathbf{Z}_3[x]$ 的极大理想即可.

设 I 为 $\mathbf{Z}_3[x]$ 的任一理想，使 $\langle x^2+1\rangle\subseteq I$，在 I 中任取一个不属于 $\langle x^2+1\rangle$ 的多项式 $f(x)$，则存在 $q(x)$，$ax+b\in\mathbf{Z}_3[x]$，使

$$f(x)=(x^2+1)q(x)+ax+b,\quad \text{从而}\quad ax+b=f(x)-(x^2+1)q(x)\in I.$$

因 $f(x)\notin\langle x^2+1\rangle$，从而 $ax+b\notin\langle x^2+1\rangle$，所以 a,b 不全为零.

(1) 在 $\mathbf{Z}_3[x]$ 中，如果 $a\neq 0$，则 $a^2+b^2\neq 0$，且

$$a^2+b^2=a^2(x^2+1)-(ax+b)(ax-b)\in I.$$

于是 $1=(a^2+b^2)^{-1}(a^2+b^2)\in I$，由此得 $I=\mathbf{Z}_3[x]$.

(2) 如果 $a=0$，则 $b\neq 0$，且 $b\in\mathbf{R}$. 于是 $1=b^{-1}b\in I$，从而 $I=\mathbf{Z}_3[x]$.

这就证明了 $\langle x^2+1\rangle$ 为 $\mathbf{Z}_3[x]$ 的极大理想.

习 题 4.4

1. 提示：运用 $4=2\times 2=(1+\sqrt{-3})(1-\sqrt{-3})$，证明 $2,1+\sqrt{-3},1-\sqrt{-3}$ 都是不可约元，且没有相伴关系. 这样 4 在 $\mathbf{Z}[\sqrt{-3}]$ 中有分解存在，但不是唯一的.

2. (1) 必要性：因为 $x\mid y$，则存在 $a\in D$，使得 $y=ax$，于是 $y\in\langle x\rangle$，从而 $\langle x\rangle\supseteq\langle y\rangle$.

充分性：若 $\langle x\rangle\supseteq\langle y\rangle$，则 $y\in\langle x\rangle$. 所以存在 $a\in D$，使 $y=ax$，从而 $x\mid y$.

(2) 必要性：若 x 和 y 相伴，则 $x\mid y$，且 $y\mid x$. 由(1)得 $\langle x\rangle\subseteq\langle y\rangle$，$\langle y\rangle\subseteq\langle x\rangle$，所以 $\langle x\rangle=\langle y\rangle$.

充分性：若 $\langle x\rangle=\langle y\rangle$，则 $y\in\langle x\rangle$. 于是存在 a，使 $y=ax$，即 $x\mid y$. 由 $\langle x\rangle=\langle y\rangle$ 又有 $x\in\langle y\rangle$，于是存在 b，使 $x=yb$，即 $y\mid x$. 所以 x 和 y 相伴.

(3) 必要性：若 y 是 x 的非平凡因子，则 $y\mid x$，且 x 不整除 y. 于是存在不是单位元的 $a\in D$，使得 $x=ay$，所以 $x\in\langle y\rangle$. 这样，$\langle x\rangle\subset\langle y\rangle\subseteq D$.

充分性：若 $\langle x\rangle\subset\langle y\rangle\subseteq D$，则有 $x\in\langle y\rangle$，且 $y\notin\langle x\rangle$. 这样，y 是 x 的非平凡因子.

3. (1) 若 a 为不可约元，假设 b 不是不可约元，则 b 可以分解成两个非平凡因子的乘积，即 $b=cd$. 又因 a 与 b 相伴，则存在一个可逆元 f，使 $a=bf=cdf$. 那么 $c\mid a$，但是 $a\nmid c$（如果 $a\mid c$，因为 $a=bf$，那么 $b\mid c$，这与 c

是 b 的非平凡因子矛盾），所以 c 是 a 的平凡因子.

习 题 4.5

1. 显然，$f: a+b\sqrt{3} \mapsto a-b\sqrt{3}$ 是 T 到 T 的映射.

对 $\forall a_1 - b_1\sqrt{3}, a_2 - b_2\sqrt{3}$，若 $a_1 - b_1\sqrt{3} = a_2 - b_2\sqrt{3}$，则

$$(a_1 - a_2) - (b_2 - b_1)\sqrt{3} = 0, \quad \text{从而} \quad a_1 = a_2, b_1 = b_2.$$

因为

$$f(a_1 + b_1\sqrt{3} + a_2 + b_2\sqrt{3}) = f(a_1 + a_2 + (b_1 + b_2)\sqrt{3}) = a_1 + a_2 - (b_1 + b_2)\sqrt{3}$$

$$= a_1 - b_1\sqrt{3} + a_2 - b_2\sqrt{3} = f(a_1 + b_1\sqrt{3}) + f(a_2 + b_2\sqrt{3}),$$

$$f((a_1 + b_1\sqrt{3})(a_2 + b_2\sqrt{3})) = f(a_1 a_2 + 3b_1 b_2 + (a_1 b_2 + a_2 b_1)\sqrt{3})$$

$$= f(a_1 a_2 + 3b_1 b_2 - (a_1 b_2 + a_2 b_1)\sqrt{3}) = f(a_1 + b_1\sqrt{3})f(a_2 + b_2\sqrt{3})$$

$$= (a_1 - b_1\sqrt{3})(a_2 - b_2\sqrt{3}) = (a_1 a_2 + 3b_1 b_2) - (a_1 b_2 + a_2 b_1)\sqrt{3},$$

所以 f 是 T 上的自同态.

我们有

$$\mathrm{Ker}f = \{a + b\sqrt{3} \mid a - b\sqrt{3} = 0\} = \{0\}, \quad \mathrm{Im}f = \{a - b\sqrt{3} \mid a, b \in \mathbf{R}\}.$$

2. 作映射

$$\varphi: R \to \frac{R}{J_1} \oplus \cdots \oplus \frac{R}{J_n},$$

$$x \mapsto (x + J_1, \cdots, x + J_n).$$

这是环同态. 再证 φ 是满射，由假设和命题 1 有 $J_i + \bigcap\limits_{\substack{j=1 \\ j \neq i}}^{n} J_j = R$，于是有 $a_i \in R, b_i \in \bigcap\limits_{\substack{j=1 \\ j \neq i}}^{n} J_j$，使得 $1 = a_i + b_i$，

或写成 $b_i = 1 (\mathrm{mod} J_i)$. 当 $k \neq i$ 时，$b_k \in \bigcap\limits_{\substack{j=1 \\ j \neq k}}^{n} J_j$，乘积中有 J_i，故 $b_k \in J_i$，或写成 $b_k = 0 (\mathrm{mod} J_i)$. 现对

$(x_1 + J_1, \cdots, x_n + J_n)$，令 $x = \sum\limits_{k=1}^{n} x_k b_k$，由于

$$x_i b_i + J_i = (x_i + J_i)(b_i + J_i) = (x_i + J_i)(1 + J_i) = x_i + J_i,$$

当 $k \neq i$ 时，有 $x_k b_k + J_i = (x_k + J_i)(b_k + J_i) = (x_k + J_i)(0 + J_i) = 0 + J_i$，故

$$x + J_i = \sum\limits_{k=1}^{n} (x_k b_k + J_i) = x_i + J_i,$$

即 $\varphi(x) = (x + J_1, x + J_2, \cdots, x + J_n) = (x_1 + J_1, x_2 + J_2, \cdots, x_n + J_n)$. 这证明了 φ 是满同态.

由于 $\varphi(x) = 0$ 当且仅当 $x \in J_i (\forall i)$，当且仅当 $x \in J_1 \bigcap \cdots \bigcap J_n$，由此有 $\mathrm{Ker}\varphi = J_1 \bigcap \cdots \bigcap J_n$. 最后，由环同态基本定理得

$$\frac{R}{J_1 \bigcap \cdots \bigcap J_n} \cong \frac{R}{J_1} \oplus \cdots \oplus \frac{R}{J_n}.$$

习　题　5.1

1. 由于 $\varphi(a)=a^p=\underbrace{a\cdot\cdots\cdot a}_{p\uparrow}\in F$，其中 $\forall a\in F$，则映射 φ 是 F 到 F 的映射. 下面证明 φ 是双射，

(1) 由于 $\varphi(1)=1\neq 0$，我们知道 $\mathrm{Ker}\varphi\neq F$. 由 F 是域，则 $\mathrm{Ker}\varphi=\{0\}$. 所以 φ 是单射.

(2) 由 F 的特征是 p，则 F 含有有限个元素. 又因 φ 是单射，则 φ 是满射. 综上，φ 是双射.

由 F 的特征数是 p，则有

$$\varphi(a+b)=(a+b)^p=a^p+b^p=\varphi(a)+\varphi(b),\quad \varphi(ab)=(ab)^p=a^pb^p=\varphi(a)\varphi(b).$$

因此，φ 是同态映射. 又因 φ 是双射，则 φ 是自同构映射.

特别地，对任意 $b\in F$，因 φ 是满射，故必有 $a\in F$，使得 $b=\varphi(c)=c^p$. 因为 φ 是双射，进而知 c 是由 b 唯一确定的.

2. (1) $\mathbf{Q}$ 的子域只有 $\mathbf{Q}$ 本身.

(2) 由定义直接验证 $\mathbf{Q}[\sqrt{2}]$ 是 $\mathbf{R}$ 的子域，注意 $\mathbf{Z}[\sqrt{2}]$ 不是域. $\mathbf{Q}[\sqrt{2}]$ 的任意子域 T 必然包含 $\mathbf{Q}$，若 T 还含有 $a+b\sqrt{2}\ (b\neq 0)$，则 $\sqrt{2}\in T$，从而 $T=\mathbf{Q}[\sqrt{2}]$，即 $\mathbf{Q}[\sqrt{2}]$ 的子域为 $\mathbf{Q}$ 和 $\mathbf{Q}[\sqrt{2}]$.

3. (1) 由于 F 是一个 4 阶加群，而它的特征是 F 中非零元素关于加法的阶，且为素数，所以 F 的特征是 4 的素数因子，这样只能是 2.

(2) F 是 4 个元素的域，则 $F^*=F\setminus\{0\}$ 是一个 3 阶循环群. 设 $F^*=\langle a\rangle$，那么 $F=\{0,e,a,a^2\}$.

若 $a+e=0$，则 $a=-e=e$，不可能；若 $a+e=e$，则 $a=0$，不可能；若 $a+e=a$，则 $e=0$，不可能. 所以只能是 $a+e=a^2$，即 a 满足 $x^2=x+e$. 于是将两端平方得

$$(a^2)^2=(a+e)^2=a^2+2a+e=a^2+e,$$

即 a^2 也满足 $x^2=x+e$. 这样 F 的非零元素和非单位元素都满足方程 $x^2=x+e$.

习　题　5.2

1. 用反证法. 假设复数域 $\mathbf{C}$ 是有序域，则对任意 $a,b\in\mathbf{C}$，$a>b,a=b$ 或 $a<b$ 这三种情况只可能存在一种. 取 i 和 0. 显然 $\mathrm{i}\neq 0$. 假定 $\mathrm{i}>0$，则由定理 2(1)，有

$$\mathrm{i}+(-\mathrm{i})>0+(-\mathrm{i})\Longrightarrow 0>(-\mathrm{i}).\tag{1}$$

对于 (1) 式两边同乘以 i，由定理 2(2) 得

$$0\times\mathrm{i}>-\mathrm{i}\times\mathrm{i}\Longrightarrow 0>1.$$

对于式子 $\mathrm{i}>0$，两边同乘以 1，由定理 2(2) 得

$$\mathrm{i}\times 1<0\times 1\Longrightarrow \mathrm{i}<0.$$

这样，我们通过 $\mathrm{i}>0$，推出 $\mathrm{i}<0$，矛盾. 所以复数域 $\mathbf{C}$ 不是有序域.

习　题　5.3

1. 因为 $\mathbf{Q}(\sqrt{d})=\mathbf{Q}[\sqrt{d}]=\{a+b\sqrt{d}\,|\,a,b\in\mathbf{Q}\}$，所以 $1,\sqrt{d}$ 张成 $\mathbf{Q}(\sqrt{d})$. 又如果 $a+b\sqrt{d}=0(a,b\in\mathbf{Q})$，则 $a=b=0$. 所以 $1,\sqrt{d}$ 为 $\mathbf{Q}(\sqrt{d})$ 在 $\mathbf{Q}$ 上的基，从而 $[\mathbf{Q}(\sqrt{d}):\mathbf{Q}]=2$.

2. 对任意的 $n \in \mathbf{N}, a_i \in \mathbf{Q}, i = 0, 1, 2, \cdots, n$, 当 a_i 不全为零时, 有

$$a_0 + a_1 x + a_2 x^2 + \cdots + a_n x^n \neq 0,$$

所以 $1, x, x^2, \cdots, x^n$ 在 $\mathbf{Q}$ 上线性无关, 而 n 是任意的, 从而 $[\mathbf{Q}(x) : \mathbf{Q}] = \infty$.

3. (1) 由第 1 题的结论, 得 $[\mathbf{Q}(\sqrt{2}) : \mathbf{Q}] = 2$. 又 $1, \sqrt{3}$ 在 $\mathbf{Q}(\sqrt{2})$ 上张成 $\mathbf{Q}(\sqrt{2}, \sqrt{3})$. 显然, $\sqrt{3} \notin \mathbf{Q}(\sqrt{2})$ 线性无关, 所以 $[\mathbf{Q}(\sqrt{2}, \sqrt{3}) : \mathbf{Q}(\sqrt{2})] = 2$, 从而得

$$[K : \mathbf{Q}] = [\mathbf{Q}(\sqrt{2}, \sqrt{3}) : \mathbf{Q}(\sqrt{2})][\mathbf{Q}(\sqrt{2}) : \mathbf{Q}] = 2 \cdot 2 = 4.$$

(2) 一方面, 显然有 $\sqrt{2} + \sqrt{3} \in \mathbf{Q}(\sqrt{2}, \sqrt{3})$, 即有 $\mathbf{Q}(\sqrt{2} + \sqrt{3}) \subseteq \mathbf{Q}(\sqrt{2}, \sqrt{3})$.

另一方面, 在实数域中, 有 $(\sqrt{3} - \sqrt{2})(\sqrt{2} + \sqrt{3}) = 1$, 即有 $(\sqrt{3} - \sqrt{2}) = (\sqrt{2} + \sqrt{3})^{-1} \in \mathbf{Q}(\sqrt{2} + \sqrt{3})$, 所以

$$\sqrt{3} = \frac{1}{2}(\sqrt{3} - \sqrt{2}) + \frac{1}{2}(\sqrt{3} + \sqrt{2}) \in \mathbf{Q}(\sqrt{3} + \sqrt{2}).$$

同时

$$\sqrt{2} = -\frac{1}{2}(\sqrt{3} - \sqrt{2}) + \frac{1}{2}(\sqrt{3} + \sqrt{2}) \in \mathbf{Q}(\sqrt{3} + \sqrt{2}).$$

这样, 有 $\mathbf{Q}(\sqrt{2}, \sqrt{3}) \subseteq \mathbf{Q}(\sqrt{2} + \sqrt{3})$.

综上, $\mathbf{Q}(\sqrt{2}, \sqrt{3}) = \mathbf{Q}(\sqrt{2} + \sqrt{3})$.

4. 任取 $a \in K, a \notin F$, 则 $F \subseteq F(a) \subseteq K$, 而且 $[F(a) : F] \mid [K : F] = p$. 由于 p 是一个素数, 且 $F(a) \neq F$, 即 $[F(a) : F] \neq 1$, 知 $[F(a) : F] = p$, 也就是 $K = F(a)$, 则 K 为单纯扩张.

5. 易知复数 i 在 F 上的极小多项式为 $x^2 + 1$, $\dfrac{2\mathrm{i}+1}{\mathrm{i}-1}$ 在 F 上的极小多项式为 $x^2 - x + \dfrac{5}{2}$, 则有

$$[\mathbf{Q}(\mathrm{i}) : \mathbf{Q}] = \left[\mathbf{Q}\left(\frac{2\mathrm{i}+1}{\mathrm{i}-1}\right) : \mathbf{Q}\right] = 2.$$

因 $\dfrac{2\mathrm{i}+1}{\mathrm{i}-1} \in \mathbf{Q}(\mathrm{i})$, 则 $\mathbf{Q}(\mathrm{i}) = \mathbf{Q}\left(\dfrac{2\mathrm{i}+1}{\mathrm{i}-1}\right)$. 故这两个域是同构的.

6. 由于 i 在 $\mathbf{Q}, \mathbf{R}$ 上的极小多项式都是 $x^2 + 1$, 因此有

$$\mathbf{Q}[\mathrm{i}] \cong \mathbf{Q}[x]/\langle x^2 + 1 \rangle.$$

同时

$$\mathbf{C} = \mathbf{R}[\mathrm{i}] \cong \mathbf{R}[x]/\langle x^2 + 1 \rangle.$$

7. 设 $a = \sqrt{2} + \sqrt{3}$, 则 $a - \sqrt{2} = \sqrt{3}$. 所以 $(a - \sqrt{2})^2 = 3$, 从而得 $a^2 - 1 = 2a\sqrt{2}$. 发现系数并非都是 $\mathbf{Q}$, 则将上式两边平方得

$$a^4 - 10a^2 + 1 = 0.$$

于是 $\sqrt{2} + \sqrt{3}$ 是多项式 $f(x) = x^4 - 10x^2 + 1 = 0$ 的根. 又因

$$f(x) = (x - \sqrt{2} - \sqrt{3})(x - \sqrt{2} + \sqrt{3})(x + \sqrt{2} - \sqrt{3})(x + \sqrt{2} + \sqrt{3}) = x^4 - 10x^2 + 1 \in \mathbf{Q}[x],$$

由于 $f(x)$ 无有理根, 且 $f(x)$ 的分解式中任意两个之积都不是 $\mathbf{Q}$ 上的多项式, 所以 $f(x)$ 在 $\mathbf{Q}$ 上不可约, 从而 $\sqrt{2} + \sqrt{3}$ 在 $\mathbf{Q}$ 上的极小多项式为 $f(x) = x^4 - 10x^2 + 1$.

8. 因 $\sqrt[3]{2}$ 和 $\sqrt[4]{5}$ 在 $\mathbf{Q}$ 上的极小多项式分别是 $x^3 - 2$ 和 $x^4 - 5$, 故

$$[\mathbf{Q}(\sqrt[3]{2}) : \mathbf{Q}] = 3, \quad [\mathbf{Q}(\sqrt[4]{5}) : \mathbf{Q}] = 4.$$

又由等式

$$[\mathbf{Q}(\sqrt[3]{2}, \sqrt[4]{5}) : \mathbf{Q}] = [\mathbf{Q}(\sqrt[3]{2}, \sqrt[4]{5}) : \mathbf{Q}(\sqrt[3]{2})][\mathbf{Q}(\sqrt[3]{2}) : \mathbf{Q}]$$

和 $$[\mathbf{Q}(\sqrt[3]{2},\sqrt[4]{5}):\mathbf{Q}]=[\mathbf{Q}(\sqrt[3]{2},\sqrt[4]{5}):\mathbf{Q}(\sqrt[4]{5})][\mathbf{Q}(\sqrt[4]{5}):\mathbf{Q}],$$

于是 $[\mathbf{Q}(\sqrt[3]{2},\sqrt[4]{5}):\mathbf{Q}]\geqslant 12$. 另一方面, 有

$$[\mathbf{Q}(\sqrt[3]{2},\sqrt[4]{5}):\mathbf{Q}]\leqslant[\mathbf{Q}(\sqrt[3]{2}):\mathbf{Q}][\mathbf{Q}(\sqrt[4]{5}):\mathbf{Q}]=3\cdot 4=12.$$

所以 $$[\mathbf{Q}(\sqrt[3]{2},\sqrt[4]{5}):\mathbf{Q}]=12.$$

9. 若 $a,b\in E$ 且为代数元, 下面只证 $a+b$ 是 F 的代数元, 其他情况类似.

由定理 5 可得 $[F(a,b):F]=[F(a,b):F(a)][F(a):F]$. 因为 a 是代数元, 则 $[F(a):F]<\infty$. 又因 b 是 F 的代数元, 则存在 $g(x)\in F[x]$, 使得 $g(b)=0$. 显然 $g(x)\in F(a)[x]$, 这样 b 是 $F(a)$ 的代数元, 所以

$$[F(a,b):F(a)]=[F(a)(b):F(a)]<\infty, \quad 进而 \quad [F(a,b):F]<\infty.$$

又因 $a+b\in F(a,b)$, 所以 $[F(a+b):F]\leqslant[F(a,b):F]<\infty$. 于是 $a+b$ 是代数元.

10. (1) x^2+1 看做复数域 $\mathbf{C}$ 上的多项式, 有

$$x^2+1=(x+\mathrm{i})(x-\mathrm{i}), \quad 其中\ 1,\mathrm{i},-\mathrm{i}\in\mathbf{C}.$$

(2) 若 $\mathbf{R}$ 还有扩域 $G,\mathbf{R}\subseteq G\subseteq\mathbf{C}$, 使

$$x^2+1=(x-g)(x-h), \quad g,h\in G,$$

则必有 $g+h=0,gh=1$, 即 $gg=-1$. 而 $g\in G\subseteq\mathbf{C}$, 故必有 $g=\pm\mathrm{i}$. 我们知道, $\mathrm{i}\in G$, 则 $\mathbf{C}\subseteq G$, 于是有 $\mathbf{C}=G$. 故 $\mathbf{C}$ 是 x^2+1 的一个分裂域.